はじめての集合と位相

はじめての集合と位相

Ohta Haruto
大田春外

日本評論社

まえがき

ほとんどすべての数学は，何らかの距離や位相構造を備えた集合，すなわち，位相空間の上で展開される．大学で学ぶ数学だけでなく，中学や高校で学んだ数直線や座標平面，あるいは，空間図形を考える際の 3 次元空間は，位相空間のもっとも具体的な例である．特に，関数の連続性や数列の収束は，数直線の位相構造に基づいて定義される．また，代数系など，直接には位相に無関係な研究対象にも，適当な位相構造を与えることによって，見通しがよくなったり，新たな視点が生まれたりすることが少なくない．すなわち，集合と位相は数学を学んでいくために不可欠な基礎知識の 1 つであるといえる．

本書は，はじめて学ぶ人たちを対象にした「集合・位相」のテキストである．数学専攻の学生だけでなく，工学系，教育系，経済系などの学生が使う場合も考えて，内容を基本的事項に絞り，高校数学との接続に留意して，ていねいな説明を心がけた．また，理解を確実なものにするための問と演習問題を与えた．本書の構成は，第 1 章から第 7 章までが集合，第 8 章から第 15 章までが位相であるが，特に，次の (1), (2) の部分は基礎的内容である．

(1) 集合の基礎: 第 1 章から第 6 章まで．
(2) 位相の基礎: 第 8 章から第 13 章まで．

基礎の理解を目標とする読者は，はじめに上の (1) と (2) の部分を読むことで基本的な知識を身に付けられると思う．

一方，残りの 3 章は発展的内容である．第 7 章では，順序集合について考え，Zorn の補題と整列可能定理を証明する．第 14 章では，距離空間のコンパクト性と完備性について考察する．第 15 章では，直積空間と商空間を定義し，連結性とコンパクト性が任意の直積空間に保たれることを証明する．これら 3 章はどの順に読むことも可能であるが，第 15 章では Zorn の補題を用いる．

本書を読むために必要な予備知識は高校数学だけである．また，本文中の問はすべて理解を確かめるための問題である．巻末に解答例を与えたので，それらを例題として利用することもできる．著者は，授業中に学生に考えてもらい，その間に一息入れるために使っている．他方，各章末の演習問題には解答を与えなかった．しかし，本文で説明していない知識を必要とする問題はないので，その章の内容を理解した読者にとっては難しくないと思う．

ここで，本書を執筆した経緯を記しておきたい．著者は 12 年前に位相の入門書『はじめよう位相空間』を著した．そこでは，位相に関する概念を直観的にとらえるために，概念が生まれた動機や背景の説明にかなりのページ数を費やした．また，幾何学的な 1 つのストーリーにしたがって，位相空間を導入することを試みた．結果として，高校生から社会人まで多くの読者に恵まれたことは著者にとって望外の喜びであるが，同時に，授業の教科書として使うために，同程度の内容で，より簡潔な本がほしいという声が寄せられるようになった．そこで『はじめよう』を短縮して，集合と発展的内容を加えてできたものが本書である．上記 (2) の位相の基礎の部分が，ちょうど『はじめよう』の内容に相当している．ただし，定理の証明は短縮していない．逆に新たに加えた箇所もあるが，より直観的な説明を求める読者は『はじめよう位相空間』を参考にしてほしい．また，その後に出版された演習書『解いてみよう位相空間』は，本書の後半部分の参考書になると思う．

　最後に，草稿全体を精読して，多くの助言を頂いた横井勝弥，美佐子夫妻に心から感謝したい．もしご夫妻の助力がなければ，本書がこのような完成した形になることはなかったと思う．静岡大学理学部の依岡輝幸氏にも，原稿全体を通して数々の有益なヒントを頂いた．特に，集合と論理については，氏から教えられる点が多かった．また，同学部の鈴木信行氏からは，参考文献について貴重な情報を頂いた．さらに，本書が何とか完成に漕ぎ着けられたのは，同僚の山田耕三氏をはじめ，静岡大学教育学部数学教育教室の諸氏の日頃の協力に負うところが大きい．これらの方々に対し，心から御礼を言いたい．加えて，日本評論社の筧裕子さんには，企画から完成まで大変お世話になった．特に，完成原稿を入念に点検して頂いたことに対し，深く感謝の意を表したい．

2012 年 6 月 30 日
著者

目　次

まえがき i

第 1 章　集合とその基本演算　　1
1.1　集合とその表し方 1
1.2　部分集合と集合の相等 4
1.3　集合の演算 7
1.4　補集合とド・モルガンの公式 8
演習問題 11

第 2 章　命題と論理演算　　13
2.1　命題と論理演算 13
2.2　真理値と論理演算の基本性質 16
2.3　命題 $p \to q$ と $p \leftrightarrow q$ 20
演習問題 23

第 3 章　直積集合と写像　　25
3.1　直積集合 25
3.2　写像 28
3.3　像と逆像 31
3.4　全射，単射，全単射 35
演習問題 38

第 4 章　同値関係と分類　　41
4.1　関係 41
4.2　集合の分割 43
4.3　同値類と商集合 45
4.4　写像の分解 49
演習問題 51

第 5 章　集合演算の拡張と実数　　53

- 5.1　添え字で表される集合族 53
- 5.2　無限小数 55
- 5.3　実数の公理 57
- 5.4　実数の表現とカントル集合 61
- 演習問題 64

第 6 章　有限と無限　　66

- 6.1　集合の対等関係 66
- 6.2　集合の濃度 70
- 6.3　濃度の比較 73
- 6.4　べき集合の濃度 80
- 演習問題 82

第 7 章　順序集合　　84

- 7.1　順序と順序集合 84
- 7.2　Zorn の補題 87
- 7.3　整列集合 92
- 演習問題 99

第 8 章　距離空間　　101

- 8.1　ユークリッド空間 101
- 8.2　距離空間 104
- 8.3　部分距離空間と直積距離空間 107
- 8.4　点列の収束 108
- 演習問題 111

第 9 章　距離空間の間の連続写像　　113

- 9.1　連続写像 113
- 9.2　位相同型写像 118
- 9.3　実数値連続関数 121
- 9.4　連続関数の空間と関数列の収束 126
- 演習問題 128

第10章　距離空間の位相構造　131
10.1　開集合と閉集合 ... 131
10.2　写像の連続性と開集合，閉集合 ... 136
10.3　距離空間の開集合系 ... 138
演習問題 ... 141

第11章　位相空間　143
11.1　位相空間 ... 143
11.2　内部と閉包，集積点と孤立点 ... 145
11.3　部分空間 ... 149
11.4　連続写像と位相同型写像 ... 150
演習問題 ... 153

第12章　コンパクト空間　155
12.1　開被覆とコンパクト性 ... 155
12.2　$\mathbb{E}^n$ のコンパクト集合 ... 160
12.3　最大値・最小値の定理 ... 163
演習問題 ... 167

第13章　連結空間　169
13.1　位相空間の連結性 ... 169
13.2　連結成分 ... 172
13.3　$\mathbb{E}^n$ の連結集合と中間値の定理 ... 173
演習問題 ... 179

第14章　距離空間のコンパクト性と完備性　181
14.1　距離空間のコンパクト性 ... 181
14.2　距離空間の完備性 ... 185
14.3　完備距離空間の位相的性質 ... 190
14.4　完備化 ... 195
演習問題 ... 198

第 15 章　位相の生成と直積空間，商空間　200
- 15.1 基底と部分基底 200
- 15.2 直積集合と直積位相空間 205
- 15.3 直積空間の連結性とコンパクト性 209
- 15.4 商空間 214
- 演習問題 216

A　問の解答例と補足　218
- A.1 第 1 章の問の解答例 218
- A.2 第 2 章の問の解答例 220
- A.3 第 3 章の問の解答例 221
- A.4 第 4 章の問の解答例 225
- A.5 第 5 章の問の解答例 226
- A.6 第 6 章の問の解答例 229
- A.7 第 7 章の問の解答例 231
  - A.7.1 数学的帰納法と超限帰納法 234
- A.8 第 8 章の問の解答例 235
- A.9 第 9 章の問の解答例 237
- A.10 第 10 章の問の解答例 239
- A.11 第 11 章の問の解答例 240
- A.12 第 12 章の問の解答例 242
- A.13 第 13 章の問の解答例 243
- A.14 第 14 章の問の解答例 246
- A.15 第 15 章の問の解答例 249

参考書　253

索引　254

第1章

集合とその基本演算

集合の概念は二重の意味で大切である．数学を建築物にたとえると，その土台にあたるものが集合である．集合の上に，演算や距離などの構造が与えられ，数学の理論が構築される．また，次章で考察するように，集合は数学の文法である論理と表裏一体の関係にある．したがって，数学は集合の上に集合を使って築かれるといえる．本章では，集合の概念とその表し方，集合の基本演算について学ぶ．一部は，高校数学の復習の内容である．

1.1 集合とその表し方

定義 1.1 集合とは「もの」の集まりのことである．ただし，本書で扱う集合は，明確な定義をもつ数学的な対象物の集まりである．たとえば，整数全体の集合や座標平面上の直線全体の集合などである．集合を構成する「もの」を，その集合の**要素**または**元**(げん)という．一般に，a が集合 A の要素であることを

$$a \in A \quad \text{または} \quad A \ni a$$

で表し，a は A に属するという．また，a が A の要素でないことを $a \notin A$ または $A \not\ni a$ で表す．

☞ 12 の正の約数の集合を A とする．このとき，$1 \in A, 2 \in A, A \ni 4$ である．また，$5 \notin A, A \not\ni -2$ である．

例 1.2 固有の記号で表される集合がある．

$$\mathbb{N} = 自然数全体の集合,$$
$$\mathbb{Z} = 整数全体の集合,$$
$$\mathbb{Q} = 有理数全体の集合,$$
$$\mathbb{R} = 実数全体の集合.$$

ここで，自然数とは正の整数のことである．整数 0 を自然数に含める場合があるが，本書では $0 \notin \mathbb{N}$ とする．上記のような記号を定めておくことによって，たとえば「x は実数である」と書く代わりに「$x \in \mathbb{R}$」と書くことができる．

定義 1.3 要素の個数が 0 またはある自然数で表される集合を**有限集合**という．有限集合でない集合を**無限集合**という．

☞ 12 の正の約数の集合 A の要素の個数は 6 だから，A は有限集合である．一方，$\mathbb{N}, \mathbb{Z}, \mathbb{Q}, \mathbb{R}$ はすべて無限集合である．

集合を表す方法の 1 つは，その要素をすべて書き並べて，中カッコでくくることである．たとえば，12 の正の約数の集合 A は，

$$A = \{1, 2, 3, 4, 6, 12\}$$

と表される．この表し方を**列記法**または**外延的記法**という．列記法では要素の順序は変えてもよい．また，重複して書かれた要素は 1 つのものと考える（たとえば，$\{0, 1, 1\} = \{0, 1\}$）が，一般には同じ要素を重複して書かない．上の集合 A を，要素の性質を説明することによって，

$$A = \{x : x \text{ は } 12 \text{ の正の約数}\}$$

と表すこともできる．要素 x の性質 $p(x)$ を使って，集合を $\{x : p(x)\}$ または $\{x \mid p(x)\}$ の形で表す方法を**説明法**または**内包的記法**という．

例 1.4 いろいろな集合を列記法と説明法で表してみよう．

(1) 100 以下の自然数の集合を A とすると，
$$A = \{1, 2, 3, \cdots, 100\}$$
$$= \{x : x \text{ は } 100 \text{ 以下の自然数}\}$$
$$= \{x : x \in \mathbb{N}, x \leq 100\}$$
$$= \{x \in \mathbb{N} : x \leq 100\}.$$

(2) 方程式 $x^4+2x^2-3=0$ の実数解の集合を B とすると，
$$B=\{-1,1\}$$
$$=\{x:x \text{ は } x^4+2x^2-3=0 \text{ の実数解}\}$$
$$=\{x:x\in\mathbb{R}, x^4+2x^2-3=0\}$$
$$=\{x\in\mathbb{R}:x^4+2x^2-3=0\}.$$

(3) 1 を引くと 3 の倍数になる整数全体の集合を C とすると，
$$C=\{\cdots,-8,-5,-2,1,4,7,\cdots\}$$
$$=\{x:x \text{ は } 1 \text{ を引くと } 3 \text{ の倍数になる整数}\}$$
$$=\{n\in\mathbb{Z}:n-1 \text{ は } 3 \text{ の倍数}\}$$
$$=\{3n+1:n\in\mathbb{Z}\}.$$

(1), (2) の最後の表現や (3) の 3 番目の表現のように，大前提である $x\in\mathbb{N}$ や $x\in\mathbb{R}$ や $n\in\mathbb{Z}$ をコロンの前に書くことがある．(3) の最後の表現は，n が整数全体を動くときの $3n+1$ の集合であることを表している．

例 1.5 (区間の記号) 集合 $\mathbb{R}$ は実数直線として表される．このとき，区間は以下のような記号で表される．$a,b\in\mathbb{R}$ $(a<b)$ とする．
$$[a,b]=\{x\in\mathbb{R}:a\leq x\leq b\}, \quad (a,b)=\{x\in\mathbb{R}:a<x<b\}$$
を，それぞれ，a,b を端点とする**閉区間**，**開区間**とよぶ．また，
$$[a,b)=\{x\in\mathbb{R}:a\leq x<b\}, \quad (a,b]=\{x\in\mathbb{R}:a<x\leq b\}$$
の形の集合を a,b を端点とする**半開区間**とよぶ．さらに，
$$[a,+\infty)=\{x\in\mathbb{R}:x\geq a\}, \quad (a,+\infty)=\{x\in\mathbb{R}:x>a\},$$
$$(-\infty,b]=\{x\in\mathbb{R}:x\leq b\}, \quad (-\infty,b)=\{x\in\mathbb{R}:x<b\}$$
と定める．ここで，$+\infty,-\infty$ は便宜上の記号で，$\mathbb{R}$ の要素ではないことに注意しよう．

定義 1.6 要素の個数が 0 である集合を**空集合**とよび，記号 $\emptyset$ で表す．空集合はまったく要素をもたない集合である．

- ☞ 任意の x に対し，$x\notin\emptyset$ である．
- ☞ $\{x\in\mathbb{R}:x^2<0\}$ は $\emptyset$ である．

問 1 次の集合 A, B, C を列記法と説明法で表せ．

(1) 30 以下の素数の集合 A，
(2) 方程式 $x^3 - 7x - 6 = 0$ の実数解の集合 B，
(3) 2 を加えると 5 の倍数になる整数全体の集合 C．

問 2 次の集合 A, B, C を区間の記号を使って表せ．

(1) $A = \{x \in \mathbb{R} : x^2 + 2x - 3 < 0\}$，
(2) $B = \{x \in \mathbb{R} : 2^x \geq 0.25\}$，
(3) $C = \{x \in \mathbb{R} : -1 < \log_{10} x \leq 2\}$．

1.2　部分集合と集合の相等

定義 1.7　2 つの集合 A, B について，A の要素がすべて B の要素であるとき，A は B の**部分集合**であるといい，

$$A \subseteq B \quad \text{または} \quad B \supseteq A$$

で表す．

上の定義より，$A \subseteq B$ であるとは，条件

$$(\forall x)(x \in A \text{ ならば } x \in B) \tag{1.1}$$

が満たされることである．ここで，$\forall$ は 'For any' または 'For all' を意味する論理記号である．一般に，x に関する条件 $p(x)$ が与えられたとき，

$$(\forall x)(p(x))$$

の意味は「任意の x に対して，$p(x)$ が成立する」である．したがって，(1.1) は「どんな x に対しても，もし $x \in A$ ならば $x \in B$ である」ことを主張している．また，(1.1) の代わりに，

$$(\forall x \in A)(x \in B) \tag{1.2}$$

と書いても同じ意味である．(1.2) は「任意の $x \in A$ に対して，$x \in B$ が成立する」ことを主張している．

☞ 部分集合を表す記号として，"$\subseteq$" の代わりに "$\subset$" が使われることがある．これらはまったく同じ意味をもつ記号である．

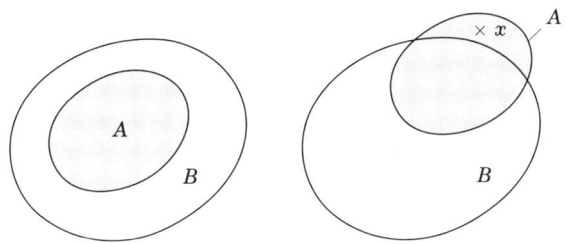

図 1.1 $A \subseteq B$ (左) と $A \not\subseteq B$ (右). このように集合を模式的に表す図を **Venn** (ベン) の図式という.

☞ 12 と 36 の正の約数の集合をそれぞれ A, B とすると, $A \subseteq B$.

☞ $\mathbb{N} \subseteq \mathbb{Z} \subseteq \mathbb{Q} \subseteq \mathbb{R}$.

☞ 任意の集合 A に対して, $\emptyset \subseteq A$.

註 1.8 集合 A に対して, $\emptyset \subseteq A$ が成立するためには, 条件

$$(\forall x)(x \in \emptyset \text{ ならば } x \in A) \tag{1.3}$$

が満たされることが必要である. 論理では, 命題「p ならば q」は, 前提 p が偽のときには常に真であると考える (註 2.19 を見よ). この事実から, すべての x に対して, 命題「$x \in \emptyset$ ならば $x \in A$」は, 前提 $x \in \emptyset$ が偽だから真である. したがって, 条件 (1.3) は常に満たされている.

註 1.9 集合 A が集合 B の部分集合でない, すなわち, $A \not\subseteq B$ であるとは, 条件

$$(\exists x)(x \in A \text{ かつ } x \notin B) \tag{1.4}$$

が満たされることである. ここで, $\exists$ は 'There exists' を意味する論理記号である. 一般に, x に関する条件 $p(x)$ が与えられたとき,

$$(\exists x)(p(x))$$

の意味は「$p(x)$ を満たす x が存在する」である. すなわち, (1.4) は「$x \in A$ かつ $x \notin B$ である x が存在する」ことを主張している (図 1.1 を見よ).

定義 1.10 2 つの集合 A, B について, $A \subseteq B$ と $B \subseteq A$ が同時に成立するとき, A と B は**等しい**といい, $A = B$ で表す.

条件 (1.1) を使って表現すると, $A=B$ であるとは,
$$(\forall x)(x\in A \iff x\in B) \tag{1.5}$$
が成り立つことである. (1.5) は「A と B が同じ要素からなる」ことを主張している. 定義 1.7, 1.10 より, 次の命題が導かれる.

命題 1.11 任意の集合 A, B, C に対して, 次が成り立つ.

(1) $A \subseteq A$, (反射律)

(2) $A \subseteq B$ かつ $B \subseteq A$ ならば, $A = B$, (反対称律)

(3) $A \subseteq B$ かつ $B \subseteq C$ ならば, $A \subseteq C$. (推移律)

命題 1.11 は, 集合の包含関係 $\subseteq$ と数の大小関係 $\leq$ の共通点を示している. 関係 $A \subseteq B$ は $A = B$ である場合を含むことに注意しよう. 特に, $A \subseteq B$ かつ $A \neq B$ のとき, A は B の**真部分集合**であるといい, そのことを強調したいときには, $A \subsetneq B$ と書く.

☞ $\mathbb{N} \subsetneq \mathbb{Z} \subsetneq \mathbb{Q} \subsetneq \mathbb{R}$.

定義 1.12 集合 A に対して, A の部分集合全体の集合を A の**べき集合**といい, $\mathcal{P}(A)$ で表す.

☞ $A = \{a, b\}$ のとき, $\mathcal{P}(A) = \{\emptyset, \{a\}, \{b\}, A\}$.

問 3 集合 $A = \{a, b, c\}$ のべき集合を求めよ.

問 4 次の (1)–(4) のうち, 正しいものを選べ.

(1) $\emptyset \in \emptyset$, (2) $\emptyset \subseteq \emptyset$, (3) $\emptyset \in \{\emptyset\}$, (4) $\emptyset \subseteq \{\emptyset\}$.

註 1.13 $\{\emptyset\} \neq \emptyset$ であることに注意しよう. なぜなら, 集合 $\{\emptyset\}$ は $\emptyset$ を要素としてもつが, 空集合 $\emptyset$ は要素をもたないからである. 一般に, 集合とその要素は常に異なるものである. すなわち,「$a \in A$ ならば $A \neq a$」が成立する. 特に, 任意の a に対して, $\{a\} \neq a$ が成り立つ. その理由を説明するためには, 本章の最初に与えたような集合を単に「もの」の集まりとする定義では不十分であって, いくつかの公理 (= 集合とは何かを定める条件) によって集合を厳密に定義する必要がある. 通常の集合論の公理系において基礎の公理または正則性の公理とよばれる公理から, 任意の集合 A は

$$A \notin A \tag{1.6}$$

を満たすことが導かれる．つまり，自分自身を要素として含む集まりは集合とは認めないということである．いま，$a \in A$ のとき $A = a$ ならば，

$$A = a \in A$$

が成り立つので，(1.6) に矛盾が生じる．公理に基づいた集合の研究は公理的集合論とよばれ，20 世紀に発展した数学の分野の 1 つである (参考書 [4], [13], [14], [16] を見よ)．

1.3 集合の演算

定義 1.14 2 つの集合 A, B に対して，次のように定める．

$$A \cup B = \{x : x \in A \text{ または } x \in B\},$$
$$A \cap B = \{x : x \in A \text{ かつ } x \in B\}.$$

集合 $A \cup B$ を A と B の**和集合**，$A \cap B$ を A と B の**共通部分**という (図 1.2 を見よ)．

註 1.15 定義より，次の (1), (2) が成立する．

(1) $A \subseteq A \cup B$, $B \subseteq A \cup B$,
(2) $A \cap B \subseteq A$, $A \cap B \subseteq B$.

問 5 区間 $A = [-2, 3]$, $B = [1, 4]$ に対して，$A \cup B$ と $A \cap B$ を求めよ．

問 6 註 1.15 の 4 つの包含関係 $\subseteq$ で等号が成立するのは，それぞれどのような場合か．

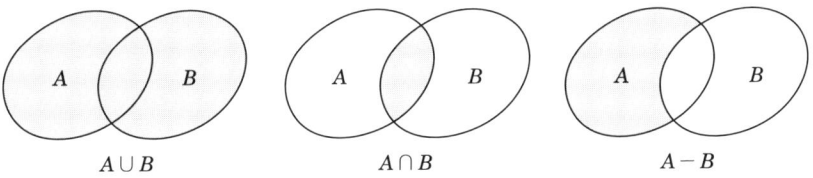

図 **1.2** 和集合，共通部分，差集合．

2つの集合 A, B が共通の要素をもたないとき，すなわち，$A \cap B = \emptyset$ のとき，A と B は**交わらない**という．逆に，$A \cap B \neq \emptyset$ のとき，それらは**交わる**という．

命題 1.16 (集合演算の基本性質 1)　任意の集合 A, B, C に対し，次が成り立つ．

(1) $A \cup A = A$, $A \cap A = A$,　（べき等法則）
(2) $A \cup B = B \cup A$, $A \cap B = B \cap A$,　（交換法則）
(3) $(A \cup B) \cup C = A \cup (B \cup C)$,　（結合法則）
(4) $(A \cap B) \cap C = A \cap (B \cap C)$,　（結合法則）
(5) $A \cup (B \cap C) = (A \cup B) \cap (A \cup C)$,　（分配法則）
(6) $A \cap (B \cup C) = (A \cap B) \cup (A \cap C)$.　（分配法則）

命題 1.16 が成立することは Venn の図式を使って確かめられるが，論理演算の基本性質の直接の結果でもある (2.2 節を見よ)．結合法則が成立するので，和集合 $(A \cup B) \cup C$ をカッコを省略して $A \cup B \cup C$ と書くことができる．4つ以上の集合の場合や，共通部分に対しても同様である．

問 7　分配法則 (5), (6) が成立することを，Venn の図式を使って確かめよ．

定義 1.17　2つの集合 A, B に対して，次のように定める．
$$A - B = \{x : x \in A \text{ かつ } x \notin B\}.$$
集合 $A - B$ を A から B をひいた**差集合**という（図 1.2 を見よ）．

☞　差集合を表すために，$A - B$ の代わりに $A \setminus B$ と書くことがある．

問 8　区間 $A = [-2, 3]$, $B = [1, 4]$ に対して，$A - B$ と $B - A$ を求めよ．

問 9　平面 $\mathbb{R}^2$ の部分集合 $A = \{(x, y) : x^2 + y^2 \leq 1\}$, $B = \{(x, y) : x \leq y\}$ に対して，$A \cup B$, $A \cap B$, $A - B$, $B - A$ を図示せよ．

1.4　補集合とド・モルガンの公式

特定の集合 U の要素と部分集合について議論をするとき，U を (その議論における) **全体集合**という．たとえば，整数の性質を調べる際には，整数全体の

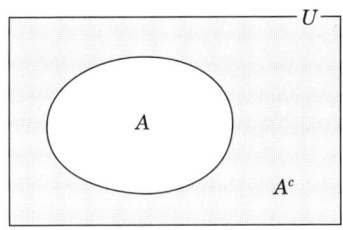

図 1.3　全体集合 U における A の補集合 A^c.

集合 $\mathbb{Z}$ が全体集合である．また，座標平面上の幾何を考える際には，座標平面 $\mathbb{R}^2$ が全体集合である．

定義 1.18　全体集合 U が与えられたとする．このとき，任意の集合 $A \subseteq U$ に対して，差集合 $U - A$ を (U における) A の**補集合**とよび，

$$A^c \quad \text{または} \quad \sim A \quad \text{または} \quad \overline{A}$$

で表す．本書では，最初の記号を採用する．任意の $x \in U$ に対して，

$$x \in A^c \iff x \notin A \tag{1.7}$$

が成立する．

☞　全体集合 $\mathbb{N}$ における偶数の集合の補集合は，奇数の集合である．

☞　全体集合 $\mathbb{R}$ における $\mathbb{Q}$ の補集合は，無理数の集合である．また，$A = [0, 1)$ とするとき，$A^c = (-\infty, 0) \cup [1, +\infty)$．

問 10　$\mathbb{R}$ を全体集合とするとき，区間 $A = [-2, 3]$, $B = [1, 4]$ に対して，集合 A^c, $A^c \cup B$, $A^c \cup B^c$, $A \cap B^c$, $A - B^c$ を求めよ．

本節の残りの部分では，U は常に全体集合を表す．次の 2 つの基本的な命題が成立する．

命題 1.19 (集合演算の基本性質 2)　任意の $A \subseteq U$ に対して，次が成り立つ．

(1) $(A^c)^c = A$,
(2) $A \cup A^c = U$,
(3) $A \cap A^c = \varnothing$,
(4) $U^c = \varnothing$, $\varnothing^c = U$,

(5) $A \cup U = U$, $A \cup \varnothing = A$,

(6) $A \cap U = A$, $A \cap \varnothing = \varnothing$.

命題 1.20 (ド・モルガンの公式)　任意の $A, B \subseteq U$ に対して，次が成り立つ．

(1) $(A \cup B)^c = A^c \cap B^c$,

(2) $(A \cap B)^c = A^c \cup B^c$.

問 11　ド・モルガンの公式 (1), (2) が成り立つことを，Venn の図式を使って確かめよ．

補題 1.21　任意の $A, B \subseteq U$ に対して，$A - B = A \cap B^c$ が成り立つ．

証明　Venn の図式を使わない証明を与えよう．任意の $x \in U$ に対し，
$$x \in A - B \iff x \in A \text{ かつ } x \notin B \quad (差集合の定義)$$
$$\iff x \in A \text{ かつ } x \in B^c \quad (補集合の定義)$$
$$\iff x \in A \cap B^c. \quad (共通部分の定義)$$
ゆえに，等式 $A - B = A \cap B^c$ が成立する． □

命題 1.16, 1.19 とド・モルガンの公式 (命題 1.20) を合わせて，**集合演算の基本性質**とよぶ．それらと補題 1.21 を使うことによって，複雑な式で表された集合を簡単にすることができる．

例題 1.22　集合 $A, B \subseteq U$ に対して，$(A^c \cup B) \cap (A - B^c)^c$ を簡単にせよ．

解　$(A^c \cup B) \cap (A - B^c)^c = (A^c \cup B) \cap (A \cap (B^c)^c)^c$　(補題 1.21)
$$= (A^c \cup B) \cap (A \cap B)^c \quad (命題 1.19\ (1))$$
$$= (A^c \cup B) \cap (A^c \cup B^c) \quad (命題 1.20\ (2))$$
$$= A^c \cup (B \cap B^c) \quad (命題 1.16\ (5))$$
$$= A^c \cup \varnothing \quad (命題 1.19\ (3))$$
$$= A^c. \quad (命題 1.19\ (5)) \qquad \square$$

問 12　例題 1.22 にならって，集合 $A, B \subseteq U$ に対して，$(A \cup B) - (A^c \cap B)$ を簡単にせよ．

演習問題

1. 次の集合 A, B, C, D を列記法で表せ.

(1) $A = \{x \in \mathbb{Z} : x^2 - 2x - 7 < 0\}$,

(2) $B = \{x \in \mathbb{Q} : x^3 - 2x^2 - 3x + 6 = 0\}$,

(3) $C = \{\sin(n\pi/2) : n \in \mathbb{Z}\}$,

(4) $D = \{z \in \mathbb{C} : z^3 + 27 = 0\}$ (ただし, $\mathbb{C}$ は複素数全体の集合).

2. 集合 $A = \{4, 6, 8, 12, 20\}$ を説明法で表せ.

3. 次の集合 A, B を区間の記号で表せ.

(1) $A = \{x \in \mathbb{R} : (\forall \varepsilon > 0)(x > 1 - \varepsilon)\}$,

(2) $B = \{x \in \mathbb{R} : (\exists \varepsilon > 0)(x \geq 1 + \varepsilon)\}$.

4. 区間 $I = [0, 1]$ と $J = (2, 3)$ に対し, 次の集合 A, B を区間の記号で表せ.

(1) $A = \{x \in \mathbb{R} : (\forall a \in I)(\forall b \in J)(a < x < b)\}$,

(2) $B = \{x \in \mathbb{R} : (\exists a \in I)(\exists b \in J)(a < x < b)\}$.

5. 集合 $A = \{x \in \mathbb{R} : 2x^2 = x\}$ と $B = \{x \in \mathbb{R} : \sin \pi x = 4^x - 1\}$ に対して, $A \subseteq B$ が成り立つことを示せ.

6. 集合 $A = \{a, b, c, d\}$ のべき集合を求めよ.

7. べき集合 $\mathcal{P}(\emptyset), \mathcal{P}(\mathcal{P}(\emptyset)), \mathcal{P}(\mathcal{P}(\mathcal{P}(\emptyset)))$ を求めよ.

8. 有限集合 A の要素の個数が n のとき, べき集合 $\mathcal{P}(A)$ の要素の個数は 2^n であることを示せ.

9. 区間 $A = [a, c), B = [b, d)$ に対し, 集合 $A \cup B, A \cap B, A - B, B - A$ を求めよ. ただし, $a < b < c < d$ とする.

10. 平面 $\mathbb{R}^2$ の部分集合 $A = \{(x, y) : y > x^2\}, B = \{(x, y) : x - y + 2 < 0\}$ に対し, 集合 $A \cup B, A \cap B, A - B, B - A$ を図示せよ.

11. 平面 $\mathbb{R}^2$ の部分集合 $A = \{(x, y) : y > x^3 - x\}, B = \{(x, y) : y \leq 0\}$ に対し, 集合 $A \cup B, A \cap B, A - B, B - A$ を図示せよ.

12. 任意の集合 A, B, C に対し, 次の (1), (2) が成立することを示せ.

(1) $A - (B \cup C) = (A - B) \cap (A - C)$,

(2) $A - (B \cap C) = (A - B) \cup (A - C)$.

13. 任意の集合 A, B, C に対し，次の (1), (2) が成立することを示せ．

(1) $(A-B)-C = A-(B \cup C)$,

(2) $A-(B-C) = (A-B) \cup (A \cap C)$.

14. 次の等式 (1)–(4) の中で，任意の集合 A, B, C に対して成立するものはどれか．

(1) $(A \cup B) - C = (A-C) \cup (B-C)$,

(2) $(A \cap B) - C = (A-C) \cap (B-C)$,

(3) $A \cup (B-C) = (A \cup B) - (A \cup C)$,

(4) $A \cap (B-C) = (A \cap B) - (A \cap C)$.

15. 集合 A, B に対して，$A \cup B = A \cap B$ ならば $A = B$ であることを示せ．

16. 集合 A, B, C に対して，$A \cap C = B \cap C$ かつ $A \cup C = B \cup C$ ならば，$A = B$ であることを示せ．

17. 実数の集合 $\mathbb{R}$ を全体集合とするとき，区間 $A = [0, +\infty)$, $B = (0, 1)$ に対し，集合 $A \cup B^c$, $A^c \cup B$, $A \cap B^c$, $A^c \cap B$, $A - B^c$ を求めよ．

18. 全体集合 $U = \{n \in \mathbb{N} : n \leq 1000\}$ に対して，3 の倍数からなる U の部分集合を A とし，4 の倍数からなる U の部分集合を B とする．このとき，集合 $A \cup B$, $A \cap B$, $A \cap B^c$, $A^c \cap B^c$, $(B-A)^c$ の要素の個数を求めよ．

19. 全体集合 U の部分集合 A, B, C に対して，次の集合 (1)–(4) を，"∩" と "−" を使わずに，"∪" と補集合の記号 "c" だけを使って表せ．

(1) $A \cap B$,

(2) $A - B$,

(3) $A \cap B \cap C$,

(4) $(A-B) \cap C$.

20. 全体集合 U の部分集合 A, B が与えられたとする．例題 1.22 にならって，$(A - B^c) \cup (A \cup B^c)^c$ を簡単にせよ．

第2章

命題と論理演算

　数学は，世界中で，それぞれ異なる言葉で考えられ，異なる文字で書かれている．しかし，その内容はすべて同じである．この事実は，表面的な言語の違いに左右されない，数学を思考し記述するための人類共通の文法が存在することを示している．それが論理である．本章では，集合演算と論理演算の関係，否定命題の作り方，対偶を使った証明など，数学を学ぶ際に必要となる論理の基本について説明する．論理は，すでに無意識に使っている事柄でもある．先を急ぐ読者は，本章を省略することができる．

2.1　命題と論理演算

定義 2.1　真偽が定まる文章を**命題**という．

☞　「12 は 4 で割り切れる」や「三角形の内角の和は 180° である」は真な命題である．

☞　数式「$2+5=7$」は「2 たす 5 は 7」という文章を式で表したものと考えられるので命題である．この命題も真である．

☞　「$\sqrt{2}$ は有理数である」や「$4^2<10$」は偽な命題である．

定義 2.2　変数とよばれる文字を含む文章で，変数に値を代入すると命題になるものを**命題関数**または**述語**という．

例 2.3 文章「x は素数である」は x を変数とする命題関数である．この文章を $p(x)$ で表す．このとき，変数 x に具体的な値を代入すると真偽が定まる．

$$p(1):1 \text{ は素数である} \cdots\cdots (偽),$$
$$p(2):2 \text{ は素数である} \cdots\cdots (真),$$
$$p(3):3 \text{ は素数である} \cdots\cdots (真),$$
$$p(4):4 \text{ は素数である} \cdots\cdots (偽),$$
$$\cdots.$$

数式「$x+5=7$」や「$x^2<10$」なども x を変数とする命題関数である．実際，変数 x に値を代入すると真偽が定まる．

例 2.4 数式「$x+2y-3=0$」は 2 変数 x,y をもつ命題関数である．この数式を $p(x,y)$ で表すと，$p(1,1)$ は真であり，$p(1,2)$ は偽である．

命題関数において変数に代入できる値の範囲を，その変数の**変域**という．変域は明記されないことが多いが，命題の主張や前後の関係から自然に定まっている．たとえば，例 2.3 の命題関数 $p(x)$ では，x の変域は $\mathbb{N}$ である．

問 1 命題関数「$|x^2-10|<8$」を真にする x をすべて求めよ．ただし，x の変域は $\mathbb{Z}$ とする．

以後，本章では，命題と命題関数をあわせて単に命題とよぶ．いくつかの命題を組み合わせて新しい命題を作る方法について考えよう．

定義 2.5 2 つの命題 p,q に対して，次のように定める．

$$\text{``}p \vee q\text{''} = \lceil p \text{ または } q \rfloor,$$
$$\text{``}p \wedge q\text{''} = \lceil p \text{ かつ } q \rfloor,$$
$$\text{``}\neg p\text{''} = \lceil p \text{ でない} \rfloor,$$
$$\text{``}p \to q\text{''} = \lceil p \text{ ならば } q \rfloor,$$
$$\text{``}p \leftrightarrow q\text{''} = \text{``}(p \to q) \wedge (q \to p)\text{''}.$$

命題 $p \vee q, p \wedge q$ をそれぞれ p と q の**論理和**，**論理積**，$\neg p$ を p の**否定**という．また，$p \leftrightarrow q$ は「p と q は**同値である**」と読む．5 つの記号 "$\vee, \wedge, \neg, \to, \leftrightarrow$" を**論理演算子**という．

論理演算子を使うことによって，いくつかの命題 $p_1, p_2, \cdots, p_n$ を組み合わせて新しい命題 P を作ることができる．この操作を**論理演算**といい，P を $p_1, p_2, \cdots, p_n$ の**合成命題**という．逆に，複雑な命題を単純な命題の合成命題として表すこともできる．

例 2.6 論理演算子を使って，いろいろな命題を表してみよう．

(1) 「$x \neq 0$」$=$ "$\neg(x=0)$"．
(2) 「$x \geq 0$」$=$ "$(x>0) \vee (x=0)$"．
(3) 「x は正整数である」$=$ "$(x>0) \wedge (x \in \mathbb{Z})$"．
(4) 「x が実数ならば，その平方は負ではない」$=$ "$(x \in \mathbb{R}) \to \neg(x^2 < 0)$"．この命題は $p \to \neg q$ の形である．
(5) 自然数 a, b に関する命題「ab が偶数であることは，a と b の少なくとも一方が偶数であることと同値である」は，次のように分解される．

$$\text{"}\underbrace{(ab \text{ は偶数})}_{p} \leftrightarrow (\underbrace{(a \text{ は偶数})}_{q} \vee \underbrace{(b \text{ は偶数})}_{r})\text{"．}$$

結果として，この命題は $p \leftrightarrow (q \vee r)$ の形をしていることがわかる．

註 2.7 否定を表す記号 "$\neg$" はその直後の命題だけを否定する．したがって，命題 $(\neg p) \vee q$ はカッコを省いて $\neg p \vee q$ と書くことができる．逆に，$p \vee q$ 全体を否定するときには，$\neg(p \vee q)$ と書かなければならない．

問 2 命題「a は 3 の倍数である」を p, 命題「b は 3 の倍数である」を q とする．このとき，p, q と論理演算子を使って，次の命題を表せ．

(1) a と b はどちらも 3 の倍数である．
(2) a と b の少なくとも一方は 3 の倍数である．
(3) a は 3 の倍数だが b は 3 の倍数でない．
(4) a と b のどちらも 3 の倍数でない．
(5) a と b の一方だけが 3 の倍数である．
(6) a が 3 の倍数ならば b も 3 の倍数である．

問 3 自然数 a, b に関する命題「$a+b$ が偶数であることは，a と b がともに偶数であるか，ともに奇数であることと同値である」を論理演算子を使って表せ．

表 2.1 論理和, 論理積, 否定の真理値表.

p	q	$p \vee q$
1	1	1
1	0	1
0	1	1
0	0	0

p	q	$p \wedge q$
1	1	1
1	0	0
0	1	0
0	0	0

p	$\neg p$
1	0
0	1

2.2 真理値と論理演算の基本性質

定義 2.8 命題 p が真のとき, p の**真理値**は 1 であるといい, 命題 p が偽のとき, p の**真理値**は 0 であるという.

真理値は命題の真偽を示す数値である. 命題 $p \vee q$, $p \wedge q$, $\neg p$ の真理値は, p, q の真理値に応じて表 2.1 のように定まる. いま, 命題 $p_1, p_2, \cdots, p_n$ の合成命題 P が与えられたとする. すなわち,

$$p_1, p_2, \cdots, p_n \xrightarrow{\text{論理演算}} P.$$

論理演算の特徴は, 各 $p_1, p_2, \cdots, p_n$ の真理値から, P の真理値が機械的に定まることである. したがって, $p_1, p_2, \cdots, p_n$ の真偽から P の真偽を判断するためには, 命題の意味を解釈する必要がない. 例を与えよう.

例 2.9 命題 p が真, q が偽, r が真のとき, 合成命題 $P = p \wedge \neg(q \vee r)$ の真偽を調べよう. いま, p, q, r の真理値はそれぞれ $1, 0, 1$ だから, 表 2.1 を使って, 下表のように P の真理値を計算することができる. ゆえに, P は偽である.

p	q	r	$q \vee r$	$\neg(q \vee r)$	$p \wedge \neg(q \vee r)$
1	0	1	1	0	0

問 4 命題「$\sqrt{2}$ は無理数である」を p とし, 命題「$\sqrt{2} + \sqrt{2} = 2$」を q とする. このとき, 次の命題の真偽を調べよ.

(1) $p \vee q$, (2) $p \wedge q$, (3) $\neg(p \vee (p \wedge q))$, (4) $(p \wedge q) \vee (p \wedge \neg q)$.

命題 $p_1, p_2, \cdots, p_n$ の合成命題 P が与えられたとき, $p_1, p_2, \cdots, p_n$ の真理値のすべての組み合わせについて P の真理値を計算した表を, P の**真理値表**という.

表 2.2　$P = p \vee (q \wedge r)$ と $Q = (p \vee q) \wedge (p \vee r)$ の真理値表.

p	q	r	$q \wedge r$	$p \vee (q \wedge r)$	$p \vee q$	$p \vee r$	$(p \vee q) \wedge (p \vee r)$
1	1	1	1	1	1	1	1
1	1	0	0	1	1	1	1
1	0	1	0	1	1	1	1
1	0	0	0	1	1	1	1
0	1	1	1	1	1	1	1
0	1	0	0	0	1	0	0
0	0	1	0	0	0	1	0
0	0	0	0	0	0	0	0

例 2.10　表 2.2 は，2 つの合成命題
$$P = p \vee (q \wedge r), \quad Q = (p \vee q) \wedge (p \vee r)$$
の真理値表をまとめて書いたものである．3 つの命題 p, q, r の真理値の組み合わせは全部で 8 通りある．ここで，P と Q の真理値が一致していることに注目しよう．

定義 2.11　命題 $p_1, p_2, \cdots, p_n$ の 2 つの合成命題 P, Q が与えられたとする．真理値表において P と Q の真理値が一致するとき，P と Q は**論理的に同値**であるといい，$P \equiv Q$ で表す．

論理的に同値な命題 P, Q は，一方が真ならば他方も真である．この事実は，P が成立することを証明するためには，P の代わりに Q を証明してもよいことを意味している．

命題 2.12 (論理演算の基本性質 1)　任意の命題 p, q, r に対して，次が成り立つ．

(1) $p \vee p \equiv p,\ p \wedge p \equiv p,$　（べき等法則）
(2) $p \vee q \equiv q \vee p,\ p \wedge q \equiv q \wedge p,$　（交換法則）
(3) $(p \vee q) \vee r \equiv p \vee (q \vee r),$　（結合法則）
(4) $(p \wedge q) \wedge r \equiv p \wedge (q \wedge r),$　（結合法則）
(5) $p \vee (q \wedge r) \equiv (p \vee q) \wedge (p \vee r),$　（分配法則）
(6) $p \wedge (q \vee r) \equiv (p \wedge q) \vee (p \wedge r).$　（分配法則）

表 2.3 $P=(p\vee q)\vee \neg p$ と $Q=p\wedge(\neg p\wedge q)$ の真理値表.

p	q	$p\vee q$	$\neg p$	$(p\vee q)\vee \neg p$	$\neg p\wedge q$	$p\wedge(\neg p\wedge q)$
1	1	1	0	1	0	0
1	0	1	0	1	0	0
0	1	1	1	1	1	0
0	0	0	1	1	0	0

例 2.10 は，分配法則 (5) が成立することを示している．他の法則が成立することを確かめることは，章末の演習問題 3 とする．

例 2.13 表 2.3 は，2 つの合成命題

$$P=(p\vee q)\vee \neg p, \quad Q=p\wedge(\neg p\wedge q)$$

の真理値表をまとめて書いたものである．命題 p,q の真理値に無関係に，P の真理値は常に 1 であること，Q の真理値は常に 0 であることに注目しよう．

定義 2.14 命題 $p_1,p_2,\cdots,p_n$ の合成命題を P とする．真理値表において P の真理値が常に 1 であるとき，P を**恒真命題**または**トートロジー**という．また，P の真理値が常に 0 であるとき，P を**矛盾命題**という．恒真命題を数字 **1** で，矛盾命題を数字 **0** で表す．

☞ 例 2.13 より，$(p\vee q)\vee \neg p \equiv \mathbf{1}$.

☞ 例 2.13 より，$p\wedge(\neg p\wedge q) \equiv \mathbf{0}$.

次の 2 つの命題が成立する．どちらも，真理値表を作ることによって確かめられる．

命題 2.15 (論理演算の基本性質 2) 任意の命題 p に対して，次が成り立つ．

(1) $\neg\neg p\equiv p$,
(2) $p\vee \neg p\equiv \mathbf{1}$, （排中律）
(3) $p\wedge \neg p\equiv \mathbf{0}$, （矛盾律）
(4) $\neg \mathbf{1}\equiv \mathbf{0}, \neg \mathbf{0}\equiv \mathbf{1}$,
(5) $p\vee \mathbf{1}\equiv \mathbf{1}, p\vee \mathbf{0}\equiv p$,
(6) $p\wedge \mathbf{1}\equiv p, p\wedge \mathbf{0}\equiv \mathbf{0}$.

表 2.4 集合演算と論理演算の同一性.

集合演算	論理演算
∪	∨
∩	∧
c	¬
U	**1**
∅	**0**
=	≡

命題 2.16 (ド・モルガンの公式) 任意の命題 p, q に対して，次が成り立つ．

(1) $\neg(p \lor q) \equiv \neg p \land \neg q$,

(2) $\neg(p \land q) \equiv \neg p \lor \neg q$.

問 5 命題 2.16 を，真理値表を使って確かめよ．

命題 2.12, 2.15, 2.16 を合わせて，**論理演算の基本性質**とよぶ．特に，ド・モルガンの公式は，否定命題を作るための基本原理である．

☞ 命題「a は 3 または 4 で割り切れる」の否定は，ド・モルガンの公式 (1) より「a は 3 でも 4 でも割り切れない」．

☞ 命題「a は 3 と 4 で割り切れる」の否定は，ド・モルガンの公式 (2) より「a は 3 で割り切れない，または，a は 4 で割り切れない」．

問 6 自然数 a に関する次の命題の否定命題を作れ．

(1) a は 3 で割り切れるが 4 で割り切れない．

(2) a は 3 または 4 で割り切れる偶数である．

註 2.17 第 1 章では，集合演算の基本性質 (命題 1.16, 1.19, 1.20) を学んだ．それらを本章の論理演算の基本性質と比較すると，表 2.4 の左右の記号を入れ替えることにより，互いに他方に読みかえられることがわかる．この事実は，集合演算の基本性質が論理演算の基本性質の別の姿であることを示している．実際，前者を後者から導くことができる (下の問 7 を見よ)．また，集合演算と論理演算の共通点は，ブール代数とよばれる代数系に抽象化される (参考書 [2] を見よ)．

表 2.5　命題 $p\to q$ と $p\leftrightarrow q$ の真理値表.

p	q	$p\to q$
1	1	1
1	0	0
0	1	1
0	0	1

p	q	$p\to q$	$q\to p$	$p\leftrightarrow q$
1	1	1	1	1
1	0	0	1	0
0	1	1	0	0
0	0	1	1	1

問 7　命題 2.16 を使って命題 1.20 を証明せよ．

註 2.18　定義 2.8 では，命題に真理値 1 (真) または 0 (偽) を対応させた．この真理値に基づく論理を**二値論理**という．これに対し，命題の真理値として 3 つ以上の値をとり得る論理を**多値論理**という．特に，**ファジー論理**は単位閉区間 $[0,1]$ を真理値の集合とする論理である．この場合，命題の真理値として，1 と 0 以外に 0.8 や 0.99 のような値をとることが可能である．興味をもつ読者のために，専門書 [18] を紹介しておこう．

2.3　命題 $p\to q$ と $p\leftrightarrow q$

命題 $p\to q$ (p ならば q) の真理値は，表 2.5 の左表のように定まる．結果として，命題 $p\leftrightarrow q$ ($=(p\to q)\wedge(q\to p)$) の真理値も，表 2.5 の右表のように定まる．

註 2.19　命題 $p\to q$ の真理値表 (表 2.5) において，p が偽のときには，q の真偽に関係なく，$p\to q$ は真であることに注意しよう．その結果，たとえば，命題「$1/2>1$ ならば $1/4>1$」は真である．このような主張が必ずしも無意味でないことを示すために，次の命題について考えてみよう．

$$(\forall x\in\mathbb{R})((|x|>1)\to(x^2>1)). \tag{2.1}$$

(2.1) の主張は，「どんな実数 x に対しても，$|x|>1$ ならば $x^2>1$」である．これは真であるが，そういえるのは，たとえば $x=1/2$ のときにも，

$$1/2>1 \quad \text{ならば} \quad (1/2)^2>1$$

が真だからである．

表 2.6 命題 $\neg p \vee q$ の真理値表.

p	q	$\neg p$	$\neg p \vee q$
1	1	0	1
1	0	0	0
0	1	1	1
0	0	1	1

問 8 命題「$\sqrt{2}$ は有理数である」を p とし，命題「$\log_{\sqrt{2}} 2 = 2$」を q とする．このとき，次の命題の真偽を調べよ．

(1) $p \to q$, (2) $q \to p$, (3) $p \to (p \vee q)$, (4) $(\neg p \wedge q) \to p$.

補題 2.20 任意の命題 p, q に対して，$p \to q \equiv \neg p \vee q$ が成り立つ．

証明 表 2.6 は，命題 $\neg p \vee q$ の真理値表である．表 2.5 の $p \to q$ の真理値と $\neg p \vee q$ の真理値が一致するから，補題が成立する． □

補題 2.20 より，論理演算子 "$\to, \leftrightarrow$" を使って作られた合成命題は，それらを使わずに書き直すことができる．この意味で，"$\to$" と "$\leftrightarrow$" は補助的な記号であるといえる．特に，$p \to q$ の否定命題は，次のように求められる．

$$\neg(p \to q) \equiv \neg(\neg p \vee q) \quad (\text{補題 2.20})$$
$$\equiv \neg\neg p \wedge \neg q \quad (\text{ド・モルガンの公式})$$
$$\equiv p \wedge \neg q. \quad (\text{命題 2.15 (1)})$$

すなわち，「p ならば q」の否定は「p であって q でない」である．

問 9 次の合成命題 (1), (2) を "$\to$" を使わない形で，できるだけ簡単に表せ．

(1) $(p \to q) \to q$,
(2) $(p \to q) \wedge \neg(p \wedge q)$.

註 2.21 日常会話でも $p \to q$ 型の命題はよく使われる．「あと 10 歳若かったら，もっと勉強したのに」といった主張は常に真である．偽な命題を前提としているからである．また，「電車で行かなかったらバスで行く」という文章は「電車またはバスで行く」と同じ意味である．命題「電車で行かない」を p とし，命題「バスで行く」を q とすると，$p \to q \equiv \neg p \vee q$ が成り立つからである．

表 2.7 命題 $p \to q$ と，その逆と対偶の真理値表．

p	q	$p \to q$	$q \to p$	$\neg q$	$\neg p$	$\neg q \to \neg p$
1	1	1	1	0	0	1
1	0	0	1	1	0	0
0	1	1	0	0	1	1
0	0	1	1	1	1	1

定義 2.22 2つの命題 p, q に対して，$q \to p$ を $p \to q$ の**逆**といい，$\neg q \to \neg p$ を $p \to q$ の**対偶**という．

表 2.7 は，命題 $p \to q$ の逆と対偶の真理値表である．最初に，
$$p \to q \not\equiv q \to p$$
であることに注意しよう．これは，$p \to q$ が真であっても，その逆 $q \to p$ は真であるとは限らないことを意味している．したがって，$p \to q$ 型の命題に対しては，その逆が成立するかどうかを考えてみることが大切である．次に，
$$p \to q \equiv \neg q \to \neg p$$
が成り立つことに注意しよう．これは，$p \to q$ 型の命題を証明するためには，その対偶を証明してもよいことを示している．

例題 2.23 任意の自然数 m, n に対し，積 mn が偶数ならば，m と n の少なくとも一方は偶数であることを証明せよ．

これは対偶を示す問題である．証明すべき命題は
$$\underbrace{(mn \text{ は偶数})}_{p} \to \underbrace{((m \text{ は偶数})}_{q} \vee \underbrace{(n \text{ は偶数}))}_{r}$$
だから，その対偶は，ド・モルガンの公式より，
$$\neg (q \vee r) \to \neg p \equiv (\neg q \wedge \neg r) \to \neg p$$
$$= ((m \text{ は奇数}) \wedge (n \text{ は奇数})) \to (mn \text{ は奇数}).$$
以上を頭の中で考えて，実際の証明は次のように書けばよい．

証明 対偶「m と n がともに奇数ならば，mn は奇数」を示す．いま，m と n がともに奇数であるとすると，ある $k, l \in \mathbb{Z}$ が存在して，$m = 2k+1, n =$

$2l+1$ と表すことができる．このとき，
$$mn = (2k+1)(2l+1) = 2(2kl+k+l)+1$$
だから，mn は奇数である． □

問 10 任意の自然数 m, n に対し，積 mn が奇数ならば，m と n はともに奇数であることを証明せよ．

註 2.24 教科書や授業の黒板など実際に数学を学ぶ場面では，論理演算子を使って書かれた命題を目にする機会はあまりない．論理は数学を縁の下で支えていて，表舞台では数学は通常の言語で表現される．その際に，命題を正しく，わかりやすい表現で書くことは，別の難しい問題である．また，命題 $p \to q$ やそれが真であることは，$p \Longrightarrow q$ で表されることが多い．同様に，$p \leftrightarrow q$ に対しては，$p \Longleftrightarrow q$ が使われる．本書でも，本章以外では，これらの習慣に従おう．

演習問題

1. 例 2.6 にならって，整数 a, b に関する次の命題 (1)–(4) を論理演算子を使って表せ．

(1) a は 3 または 4 の倍数である．

(2) a は 3 の倍数であるが，4 の倍数でない．

(3) a と b がともに 3 の倍数ならば，$a+b$ も 3 の倍数である．

(4) a と b の一方が 3 の倍数ならば，ab は 3 の倍数である．

2. 命題関数 $p(x)$：「$x^2+x-6 \geq 0$」と $q(x)$：「$|x^2-4x-1| < 4$」に対して，次の集合 (1)–(4) を区間の記号で表せ．

(1) $A = \{x \in \mathbb{R} : p(x) \vee q(x)\}$,

(2) $B = \{x \in \mathbb{R} : p(x) \wedge q(x)\}$,

(3) $C = \{x \in \mathbb{R} : p(x) \vee \neg q(x)\}$,

(4) $D = \{x \in \mathbb{R} : \neg p(x) \wedge q(x)\}$.

3. 命題 2.12 が成立することを，真理値表を使って確かめよ．

4. 真理値表を用いて，次の (1), (2) が成立することを確かめよ．

(1) $p \wedge (p \vee q) \equiv p$,

(2) $p \vee (p \wedge q) \equiv p$.

5. 論理演算の基本性質を使って，次の命題 (1), (2) を簡単にせよ．

(1) $\neg((p \wedge q) \vee (\neg p \wedge q))$,

(2) $\neg(\neg p \wedge q) \wedge \neg(\neg p \wedge \neg q)$.

6. 問 2 (15 ページ) の命題 (1)–(6) の否定命題を作れ．

7. 実数 x に関する次の命題 (1)–(4) の否定命題を作れ．

(1) $x < -3$ または $x \geq 2$.

(2) $3 < x \leq 5$.

(3) $x = \pm 1$.

(4) $x > 1$ ならば $x^2 > 1$.

(5) x は有理数かまたは正の無理数である．

8. 論理演算の基本性質と補題 2.20 を使って，次の (1)–(4) が成立することを示せ．

(1) $p \to (q \vee r) \equiv (p \to q) \vee (p \to r)$,

(2) $p \to (q \wedge r) \equiv (p \to q) \wedge (p \to r)$,

(3) $(p \vee q) \to r \equiv (p \to r) \wedge (q \to r)$,

(4) $(p \wedge q) \to r \equiv (p \to r) \vee (q \to r)$.

9. 命題 p, q に対して，$\neg((p \wedge q) \vee (\neg p \wedge \neg q)) \equiv (p \wedge \neg q) \vee (\neg p \wedge q)$ が成立することを示せ．

10. 命題 $p \leftrightarrow q$ と論理的に同値な命題を，論理演算子 "$\wedge, \to, \leftrightarrow$" を使わずに作れ．

11. 任意の実数 x, y に対し，次の (1), (2) が成立することを証明せよ．また，それらの逆が正しいかどうか答えよ．

(1) 和 $x + y$ が無理数ならば，x または y は無理数である．

(2) 積 xy が無理数ならば，x または y は無理数である．

12. $n \times n$ 行列 A, B に関する命題「A または B が零行列ならば，積 AB は零行列である」の逆と対偶を述べよ．また，任意の $n \times n$ 行列 A, B に対して，逆が正しいかどうかを答えよ．

第3章

直積集合と写像

　高校数学における関数は，主に実数と実数の間の対応関係を表す概念であった．写像は関数と同じ意味をもつ用語であるが，より一般的な対応関係を表すために使われる．数の演算や図形の移動，微分における関数と導関数の対応などはすべて写像として捉えることができる．本章では，集合のもう1つの演算である直積集合を定義した後，写像について考察する．

3.1 直積集合

定義 3.1　2つの集合 A, B に対して，次のように定める．
$$A \times B = \{(a,b) : a \in A, b \in B\}.$$
ここで，(a,b) は，A の要素 a の後に B の要素 b を並べて作った組である．集合 $A \times B$ を A と B の**直積集合**または単に**直積**という．直積集合 $A \times A$ を A^2 と書く．直積集合の要素 (a,b) に対し，a をその**第1座標**，b をその**第2座標**という．

　☞　集合 $A = \{1, 2\}$, $B = \{a, b, c\}$ に対し，
$$A \times B = \{(1,a), (1,b), (1,c), (2,a), (2,b), (2,c)\},$$
$$A^2 = A \times A = \{(1,1), (1,2), (2,1), (2,2)\}.$$

問 1　集合 $A = \{1, 2\}$, $B = \{a, b, c\}$ に対し，$B \times A$ と B^2 を列記法で表せ．

☞ 任意の a,b に対して,
$$(a,b)\in A\times B \Longleftrightarrow a\in A \text{ かつ } b\in B. \tag{3.1}$$
☞ 任意の $(a,b),(a',b')\in A\times B$ に対して,
$$(a,b)=(a',b') \Longleftrightarrow a=a' \text{ かつ } b=b'. \tag{3.2}$$

例 3.2 座標平面は,直積集合
$$\mathbb{R}^2 = \mathbb{R}\times\mathbb{R} = \{(x,y):x,y\in\mathbb{R}\}$$
のことである.図 3.1 (左) に示す正方形は,閉区間 $I=[0,1]$ を使うと,
$$I^2 = I\times I = \{(x,y):x,y\in I\}$$
と表される.また,図 3.1 (右) のような,正方形 I^2 から右側の辺 $E=\{1\}\times I$ を取り除いた図形,すなわち,差集合 I^2-E は,
$$I^2 - E = [0,1)\times I$$
と表される.

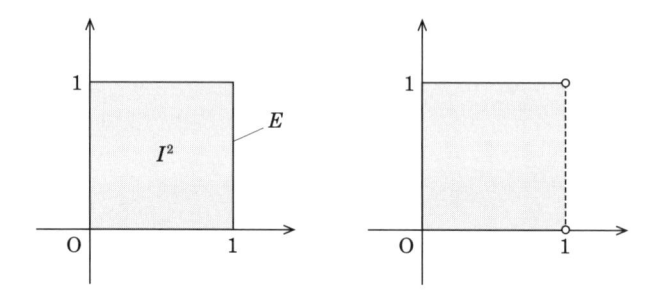

図 3.1 正方形 I^2 (左) と図形 $I^2-E=[0,1)\times I$ (右).

問 2 閉区間 $I=[0,2]$ と開区間 $J=(1,3)$ に対し,集合 $I^2, J^2, I\times J, J\times I$, $I^2\cup J^2, I^2\cap J^2$ を平面 $\mathbb{R}^2$ 上に図示せよ.

例題 3.3 任意の集合 A,B,C に対し,次の (1), (2) が成立することを示せ.
(1) $A\times(B\cup C)=(A\times B)\cup(A\times C)$,
(2) $A\times(B\cap C)=(A\times B)\cap(A\times C)$.

証明 (1) 任意の x, y に対して,
$$(x,y) \in A \times (B \cup C) \stackrel{\text{(i)}}{\Longleftrightarrow} x \in A \text{ かつ } y \in B \cup C$$
$$\stackrel{\text{(ii)}}{\Longleftrightarrow} x \in A \text{ かつ } (y \in B \text{ または } y \in C)$$
$$\stackrel{\text{(iii)}}{\Longleftrightarrow} (x \in A \text{ かつ } y \in B) \text{ または } (x \in A \text{ かつ } y \in C)$$
$$\stackrel{\text{(iv)}}{\Longleftrightarrow} (x, y) \in A \times B \text{ または } (x, y) \in A \times C$$
$$\stackrel{\text{(v)}}{\Longleftrightarrow} (x, y) \in (A \times B) \cup (A \times C).$$

ここで, 同値 (i), (iv) は (3.1) から, (ii), (v) は和集合の定義から, (iii) は論理演算の基本性質 (命題 2.12 (6)) から導かれる (数学ではすべての主張に理由がある！). ゆえに (1) が成立する. (2) の証明は読者に残そう. □

問 3 例題 3.3 (2) を証明せよ.

定義 3.4 n 個の集合 $A_1, A_2, \cdots, A_n$ に対して, それらの**直積集合**を
$$A_1 \times A_2 \times \cdots \times A_n = \{(a_1, a_2, \cdots, a_n) : a_1 \in A_1, a_2 \in A_2, \cdots, a_n \in A_n\}$$
によって定める. ここで, $(a_1, a_2, \cdots, a_n)$ は, 各 $i = 1, 2, \cdots, n$ について, 集合 A_i から要素 a_i を 1 つずつ選び, それらを順に並べて作った組である. 直積集合 $A_1 \times A_2 \times \cdots \times A_n$ を,
$$\prod_{i=1}^{n} A_i$$
と表すこともできる. 特に, $A = A_1 = A_2 = \cdots = A_n$ のとき, この直積集合を A^n で表す. 直積集合の要素 $(a_1, a_2, \cdots, a_n)$ と各 $i = 1, 2, \cdots, n$ に対し, a_i をその**第 i 座標**という.

例 3.5 高校数学における空間図形を考える際の空間は, 直積集合 $\mathbb{R}^3$ である. 一般に, 直積集合
$$\mathbb{R}^n = \{(x_1, x_2, \cdots, x_n) : x_1, x_2, \cdots, x_n \in \mathbb{R}\}$$
は n 次元空間を表すために使われるが, 長さ n の実数列全体の集合であると考えることもできる.

問 4 閉区間 $I = [0, 1]$ に対し, 直積集合 I^3 は $\mathbb{R}^3$ における立方体を表す. 立方体 I^3 の 6 個の面と 12 個の辺を, I と直積集合の記号を使って表せ. また, I^3 の 8 個の頂点の座標を求めよ.

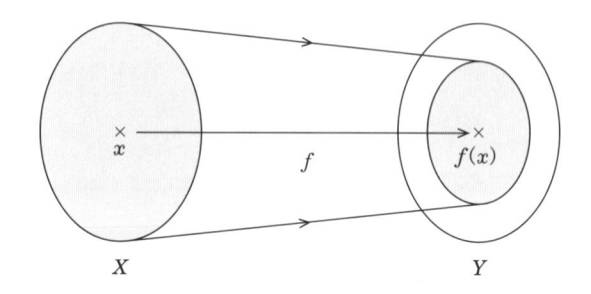

図 3.2 写像のイメージ．写像 $f:X\longrightarrow Y\,;x\longmapsto f(x)$ は，定義域 X, 終域 Y と対応関係 $x\longmapsto f(x)$ が 3 点セットになった概念である．定義域 X のどの要素 x に対しても，終域 Y の要素 $f(x)$ が一意的に定まることがキー・ポイント．

問 5 集合 A が p 個，集合 B が q 個の要素をもち，$A\cap B$ が r 個の要素をもつとき，集合 A^n, B^n, $A^n\cap B^n$, $A^n\cup B^n$ の要素の個数を求めよ．

3.2　写像

定義 3.6　2 つの集合 X, Y が与えられ，X のどの要素に対しても，それぞれ Y の要素が一意的に (=ただ 1 つ) 対応しているとき，この対応関係を X から Y への**写像**という．集合 X から集合 Y への写像を f とするとき，X を f の**定義域**，Y を f の**終域**という．また，各 $x\in X$ に対応する Y の要素を $f(x)$ で表し，f による x の**像**または**値**という．この写像 f を

$$f:X\longrightarrow Y\,;x\longmapsto f(x) \tag{3.3}$$

で表す (図 3.2 を見よ)．

例 3.7　いくつかの写像の例を与えよう．

(1) 任意の $x\in\mathbb{R}$ に対して，その平方 x^2 は一意的に定まるから，2 次関数 $y=x^2$ は $\mathbb{R}$ から $\mathbb{R}$ への写像である．上の表記法 (3.3) を使うと，

$$f:\mathbb{R}\longrightarrow\mathbb{R}\,;x\longmapsto x^2$$

と表される．高校数学で学んだ関数は，すべて写像の例である．

(2) 任意の整数の組 $(m,n)\in\mathbb{Z}^2$ に対して，和 $m+n$ は一意的に定まる．したがって，整数の加法は，写像

$$f:\mathbb{Z}^2 \longrightarrow \mathbb{Z}\,;(m,n)\longmapsto m+n$$

として表現される．一般に，演算は写像として表現される．

(3) 平面 $\mathbb{R}^2$ の任意の点 $\mathrm{P}(x,y)$ に対して，P をベクトル $\boldsymbol{v}=(a,b)$ だけ平行移動した点 $(x+a,y+b)$ は一意的に定まる．したがって，$\mathbb{R}^2$ の点全体をベクトル $\boldsymbol{v}$ だけ平行移動する変換は，写像

$$f:\mathbb{R}^2 \longrightarrow \mathbb{R}^2\,;(x,y)\longmapsto (x+a,y+b)$$

として表現される．回転や鏡映などの変換も写像の例である．

問 6 次の中から，写像の定義に反しているものを選び，その理由を述べよ．

(1) $f:\mathbb{R} \longrightarrow \mathbb{R}\,;x \longmapsto \tan x$,
(2) $f:\mathbb{R} \longrightarrow \mathbb{R}\,;x \longmapsto \pm\sqrt{x}$,
(3) $f:\mathbb{N}^2 \longrightarrow \mathbb{N}\,;(m,n) \longmapsto m-n$,
(4) $f:\mathbb{Z}^2 \longrightarrow \mathbb{Z}\,;(m,n) \longmapsto m-n$.

註 3.8 写像 f を，定義 3.6 の表記 (3.3) の代わりに，

$$f:X\longrightarrow Y, \quad X\xrightarrow{f}Y, \quad x\longmapsto f(x), \quad y=f(x)$$

のように略記することがある．また，3つの用語「写像，関数，変換」はまったく同じ意味をもち，習慣にしたがって使い分けられる．本書でも，場合に応じてそれらの用語を使用する．

定義 3.9 2つの写像 $f:X\longrightarrow Y$ と $f':X'\longrightarrow Y'$ が**同じ写像**であるとは，$X=X'$ かつ $Y=Y'$ であって，要素の対応の仕方が同じ，すなわち，

$$(\forall x \in X)(f(x)=f'(x))$$

が成り立つことをいう．このとき，$f=f'$ と書く．

定義 3.10 写像 $f:X\longrightarrow Y$ に対し，直積集合 $X\times Y$ の部分集合

$$G(f)=\{(x,f(x)):x\in X\}$$

を f の**グラフ**という．

いろいろな関数 $f:\mathbb{R}\longrightarrow \mathbb{R}$ のグラフについては，すでに高校数学で学んだ．また，グラフ自身を写像の実体とみなす考え方がある (註 3.15 を見よ)．

定義 3.11 集合 X, Y, Z と，2 つの写像
$$X \xrightarrow{f} Y \xrightarrow{g} Z$$
が与えられたとする．各 $x \in X$ を f によって $f(x) \in Y$ にうつし，次にそれを g によって $g(f(x)) \in Z$ にうつすことにより，X から Z への写像が定められる．この写像を f と g の**合成写像** (または，**合成関数**，**合成変換**) といい，
$$g \circ f : X \longrightarrow Z \,;\, x \longmapsto g(f(x))$$
で表す．この定義のキー・ポイントは，
$$(g \circ f)(x) = g(f(x))$$
と定めたところである．記号 $g \circ f$ における f と g の順序にも注意しよう．

註 3.12 関数 $f : \mathbb{R} \longrightarrow \mathbb{R} \,;\, x \longmapsto 2x$ と $g : \mathbb{R} \longrightarrow \mathbb{R} \,;\, x \longmapsto \sin x$ に対して，
$$(g \circ f)(x) = g(f(x)) = g(2x) = \sin 2x,$$
$$(f \circ g)(x) = f(g(x)) = f(\sin x) = 2 \sin x$$
だから，$g \circ f \neq f \circ g$．この例は，写像の合成に関して，一般に交換法則が成立しないことを示している．他方，任意の 3 つの写像
$$W \xrightarrow{f} X \xrightarrow{g} Y \xrightarrow{h} Z \qquad (3.4)$$
に対して，$h \circ (g \circ f) = (h \circ g) \circ f$ が成立する (下の問 7 を見よ)．すなわち，写像の合成に関して結合法則が成立する．

問 7 上の図式 (3.4) の写像 f, g, h に対して，$h \circ (g \circ f) = (h \circ g) \circ f$ が成り立つことを示せ．

問 8 関数 $f : \mathbb{R} \longrightarrow \mathbb{R} \,;\, x \longmapsto 2^x$ と $g : \mathbb{R} \longrightarrow \mathbb{R} \,;\, x \longmapsto |2x - 4|$ に対して，合成関数 $g \circ f$ と $f \circ g$ を求めて，それらのグラフを描け．

定義 3.13 写像 $f : X \longrightarrow Y$，$A \subseteq X$ と写像 $g : A \longrightarrow Y$ に対し，
$$(\forall x \in A)(f(x) = g(x))$$
が成り立つとする．このとき，g を f の A への**制限**とよび，$g = f \!\restriction_A$ で表す．また，f を g の X への**拡張**とよぶ (図 3.3 を見よ)．

☞ 関数 $f : \mathbb{R} \longrightarrow \mathbb{R} \,;\, x \longmapsto x$ と $g : \mathbb{R} \longrightarrow \mathbb{R} \,;\, x \longmapsto |x|$ に対し，$A = [0, +\infty)$ とするとき，$f \!\restriction_A = g \!\restriction_A$．

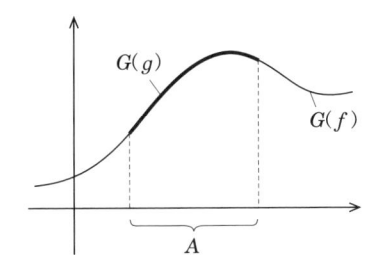

図 3.3 定義 3.13. $g = f\restriction_A$ であるとき，g と f のグラフについて，関係 $G(g) \subseteq G(f)$ が成り立つ．

例 3.14 直積集合 $X = X_1 \times X_2 \times \cdots \times X_n$ と，各 $i = 1, 2, \cdots, n$ に対して，X の各要素にその第 i 座標を対応させる写像

$$\mathrm{pr}_i : X \longrightarrow X_i \,;\, (x_1, x_2, \cdots, x_n) \longmapsto x_i$$

を，X から X_i への (または，第 i 座標への) **射影** (projection) という．

註 3.15 定義 3.6 では，ある種の対応関係のことを写像と定義したが，対応関係という用語の定義は与えていなかった．その意味で，定義 3.6 は不完全である．ここで，写像のより明確な定義を与えておこう．集合 X の要素に集合 Y の要素を対応させる**対応関係**は，直積集合 $X \times Y$ の部分集合 G として定義される．このとき，$x \in X$ に対して，$(x, y) \in G$ を満たす $y \in Y$ が，x に対応する Y の要素である．対応関係 G の中で，どの $x \in X$ に対しても，$(x, y) \in G$ を満たす $y \in Y$ が一意的に存在するものを**写像**と定義する．この定義における写像 G は，定義 3.10 で定めた写像のグラフ $G(f)$ のことに他ならない．すなわち，グラフ $G(f)$ を f の実体と考えるのが，写像の明確な定義である．この定義により，写像もまた集合であると考えられる (参考書 [4], [5], [9])．

3.3 像と逆像

定義 3.16 写像 $f : X \longrightarrow Y$ に対して，以下のように定める．

(1) 任意の $A \subseteq X$ に対して，A のすべての要素 x の像 $f(x)$ からなる集合を，f による A の**像**とよび，$f(A)$ で表す．すなわち，

$$f(A) = \{f(x) : x \in A\} \subseteq Y.$$

(2) 任意の $B \subseteq Y$ に対して，$f(x) \in B$ を満たすすべての要素 $x \in X$ からなる集合を，f による B の**逆像**とよび，$f^{-1}(B)$ で表す．すなわち，
$$f^{-1}(B) = \{x \in X : f(x) \in B\} \subseteq X.$$

☞ 任意の写像 $f : X \longrightarrow Y$ および，$A \subseteq X$ と $y \in Y$ に対して，
$$y \in f(A) \iff (\exists x \in A)(y = f(x)). \tag{3.5}$$

☞ 任意の写像 $f : X \longrightarrow Y$ および，$B \subseteq Y$ と $x \in X$ に対して，
$$x \in f^{-1}(B) \iff f(x) \in B. \tag{3.6}$$

例 3.17 集合 $X = \{1, 2, 3, 4\}$ から集合 $Y = \{a, b, c\}$ への写像 $f : X \longrightarrow Y$ を図 3.4 のように定める．このとき，$A = \{1, 2\} \subseteq X$ に対して $f(A) = \{a, b\}$．$B = \{b, c\} \subseteq Y$ に対して $f^{-1}(B) = \{2, 4\}$．

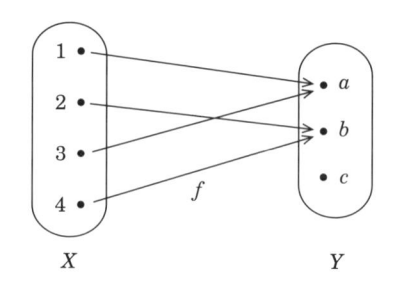

図 **3.4** 例 3.17. $f(1) = f(3) = a$, $f(2) = f(4) = b$.

例 3.18 関数 $f : \mathbb{R} \longrightarrow \mathbb{R} : x \longmapsto x^2$ について，$f([0, 2]) = f([-1, 2]) = [0, 4]$, $f^{-1}([0, 4]) = [-2, 2]$, $f^{-1}((-\infty, 0)) = \emptyset$. グラフを描いて考えてみよ．

問 9 例 3.17 の写像 $f : X \longrightarrow Y$ について，$f(\{1\})$, $f(\{2, 3\})$, $f(\{2, 3, 4\})$, $f(X)$ と $f^{-1}(\{a\})$, $f^{-1}(\{a, b\})$, $f^{-1}(\{a, c\})$, $f^{-1}(\{c\})$ を求めよ．

問 10 関数 $f : \mathbb{R} \longrightarrow \mathbb{R} ; x \longmapsto x^2 - 2x - 1$ について，次の問に答えよ．

(1) $f([0, 1])$, $f([-1, 2])$, $f([0, +\infty))$, $f(\mathbb{R})$ を求めよ．
(2) $f^{-1}([-1, 1])$, $f^{-1}([-2, 1])$, $f^{-1}([0, +\infty))$ を求めよ．
(3) $f([-a, a])$ $(a > 0)$ と $f^{-1}([-b, b])$ $(b > 0)$ を求めよ．

定義 3.19 写像 $f\colon X \longrightarrow Y$ に対して，$f(X) = \{f(x) : x \in X\}$ を f の**値域**という．明らかに，$f(X) \subseteq Y$ が成り立つ．

- ☞ 例 3.17 の写像 $f\colon X \longrightarrow Y$ の値域は，$f(X) = \{a, b\}$．
- ☞ 2 次関数 $f\colon \mathbb{R} \longrightarrow \mathbb{R}\,;\,x \longmapsto x^2$ の値域は，$f(\mathbb{R}) = [0, +\infty)$．

例 3.20 時刻 a から b までの平面 $\mathbb{R}^2$ 上の点 P の運動は，閉区間 $I = [a, b]$ を定義域とする写像

$$f\colon I \longrightarrow \mathbb{R}^2\,;\,t \longmapsto \text{時刻 } t \text{ における P の位置}$$

として表現される．このとき，f の値域 $f(I)$ は点 P の軌跡である (図 3.5 を見よ)．

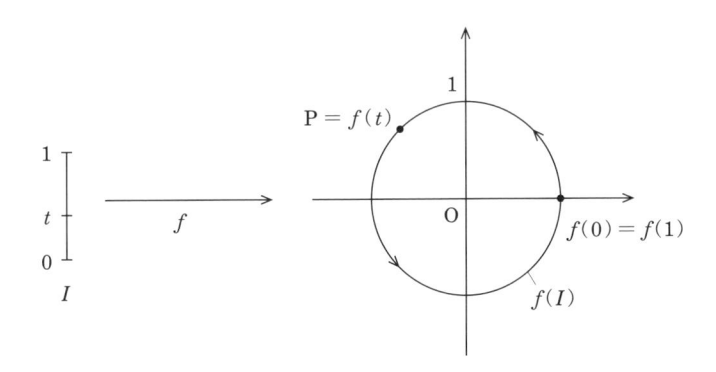

図 3.5 $I = [0, 1]$ のとき，写像 $f\colon I \longrightarrow \mathbb{R}^2\,;\,t \longmapsto (\cos 2\pi t, \sin 2\pi t)$ で表される平面 $\mathbb{R}^2$ 上の点 P の運動．

補題 3.21 任意の写像 $f\colon X \longrightarrow Y$ と，任意の $A_1, A_2 \subseteq X$ に対し，

$$A_1 \subseteq A_2 \quad \text{ならば} \quad f(A_1) \subseteq f(A_2) \tag{3.7}$$

が成立する．

証明 [方針：$A_1 \subseteq A_2$ のとき，$f(A_1)$ の任意の要素が $f(A_2)$ の要素であることを示す．] いま，$A_1 \subseteq A_2$ であるとする．任意の $y \in f(A_1)$ をとると，(3.5) より $y = f(x)$ を満たす $x \in A_1$ が存在する．このとき，$A_1 \subseteq A_2$ だから，$x \in A_2$．したがって，$y = f(x) \in f(A_2)$．ゆえに，$f(A_1) \subseteq f(A_2)$． □

問 11 補題 3.21 において，(3.7) の逆が成立するかどうか考えよ．

例題 3.22 任意の写像 $f: X \longrightarrow Y$ と，任意の $A_1, A_2 \subseteq X$ に対して，等式
$$f(A_1 \cup A_2) = f(A_1) \cup f(A_2) \tag{3.8}$$
が成立することを証明せよ．

証明 [方針："左辺 $\subseteq$ 右辺" と "左辺 $\supseteq$ 右辺" が成り立つことを示す．]

"左辺 $\subseteq$ 右辺" を示す．任意の $y \in f(A_1 \cup A_2)$ をとると，$y = f(x)$ を満たす $x \in A_1 \cup A_2$ が存在する．このとき，
$$x \in A_1 \quad \text{または} \quad x \in A_2.$$
もし $x \in A_1$ ならば $y = f(x) \in f(A_1)$．もし $x \in A_2$ ならば $y = f(x) \in f(A_2)$．いずれの場合も $y \in f(A_1) \cup f(A_2)$．ゆえに，
$$f(A_1 \cup A_2) \subseteq f(A_1) \cup f(A_2).$$

"左辺 $\supseteq$ 右辺" を示す．$A_1 \subseteq A_1 \cup A_2$ だから，補題 3.21 より $f(A_1) \subseteq f(A_1 \cup A_2)$．同様に，$A_2 \subseteq A_1 \cup A_2$ だから $f(A_2) \subseteq f(A_1 \cup A_2)$．ゆえに，
$$f(A_1) \cup f(A_2) \subseteq f(A_1 \cup A_2).$$

以上により，等式 (3.8) が成立する． □

問 12 任意の写像 $f: X \longrightarrow Y$ と，任意の $A_1, A_2 \subseteq X$ に対して，次の (1) と (2) が成立することを示せ．

(1) $f(A_1 \cap A_2) \subseteq f(A_1) \cap f(A_2)$,
(2) $f(A_1 - A_2) \supseteq f(A_1) - f(A_2)$.

問 13 関数 $f: \mathbb{R} \longrightarrow \mathbb{R}; x \longmapsto x^2$ を使って，問 12 (1), (2) で示した包含関係において，等号が必ずしも成立しないことを示す例を作れ．

問 14 任意の写像 $f: X \longrightarrow Y$ と，任意の $B_1, B_2 \subseteq Y$ に対して，次の (1)–(4) が成立することを示せ．

(1) $B_1 \subseteq B_2$ ならば $f^{-1}(B_1) \subseteq f^{-1}(B_2)$,
(2) $f^{-1}(B_1 \cup B_2) = f^{-1}(B_1) \cup f^{-1}(B_2)$,
(3) $f^{-1}(B_1 \cap B_2) = f^{-1}(B_1) \cap f^{-1}(B_2)$,
(4) $f^{-1}(B_1 - B_2) = f^{-1}(B_1) - f^{-1}(B_2)$.

3.4 全射，単射，全単射

定義 3.23 写像 $f: X \longrightarrow Y$ に対して，次のように定める．

(1) 等式 $f(X) = Y$ が成り立つとき，f は**全射**または**上への写像**であるという．包含関係 $f(X) \subseteq Y$ は常に成立しているから，

$$f \text{ は全射} \iff Y \subseteq f(X)$$
$$\iff (\forall y \in Y) \underbrace{(\exists x \in X)(y = f(x))}_{y \in f(X)}. \tag{3.9}$$

(2) 定義域 X の任意の異なる要素が異なる像をもつとき，f は**単射**または **1 対 1 写像**であるという．すなわち，

$$f \text{ は単射} \iff (\forall x, x' \in X)(x \neq x' \text{ ならば } f(x) \neq f(x'))$$
$$\iff (\forall x, x' \in X)(f(x) = f(x') \text{ ならば } x = x'). \tag{3.10}$$

(3) 写像 f が全射であると同時に単射でもあるとき，f は**全単射**であるという．

- ☞ 1 次関数 $f: \mathbb{R} \longrightarrow \mathbb{R}; x \longmapsto ax + b \ (a \neq 0)$ は全単射である．
- ☞ 例 3.17 の写像 $f: X \longrightarrow Y$ は全射でも単射でもない．

註 3.24 関数 $f: \mathbb{R} \longrightarrow \mathbb{R}; x \longmapsto x^2$ は全射でないが，関数

$$g: \mathbb{R} \longrightarrow [0, +\infty); x \longmapsto x^2$$

は全射である．関数 f と g は本質的に同じ写像だが，終域が異なるので異なる写像であると考える (定義 3.9 を見よ)．

問 15 次の関数は全射であるか単射であるかを調べよ．

(1) $f: \mathbb{R} \longrightarrow \mathbb{R}; x \longmapsto 2^x$,
(2) $f: \mathbb{R} \longrightarrow \mathbb{R}; x \longmapsto x^3 - 4x$,
(3) $f: \mathbb{R} \longrightarrow \mathbb{R}; x \longmapsto x^3 + x^2 + 2x + 3$,
(4) $f: \mathbb{R} \longrightarrow \mathbb{R}; x \longmapsto \sin x + \cos x$.

補題 3.25 任意の写像 $f: X \longrightarrow Y, g: Y \longrightarrow Z$ に対して，次が成立する．

(1) f と g がともに全射ならば，$g \circ f$ は全射である．
(2) f と g がともに単射ならば，$g \circ f$ は単射である．

証明 (1) 写像 f, g がともに全射とする．このとき，$Z \subseteq (g \circ f)(X)$ が成立することを示せばよい．任意の $z \in Z$ をとると，g は全射だから，$z = g(y)$ を満たす $y \in Y$ が存在する．この y に対し，f は全射だから，$y = f(x)$ を満たす $x \in X$ が存在する．結果として，

$$z = g(y) = g(f(x)) = (g \circ f)(x) \in (g \circ f)(X)$$

が成り立つから，$Z \subseteq (g \circ f)(X)$．ゆえに，$g \circ f$ は全射である．

(2) 写像 f, g がともに単射とする．このとき，任意の $x, x' \in X$ に対して，

$$x \neq x' \text{ ならば } (g \circ f)(x) \neq (g \circ f)(x')$$

が成立することを示す．いま $x \neq x'$ とすると，f は単射だから，$f(x) \neq f(x')$．次に，g も単射だから，$g(f(x)) \neq g(f(x'))$，すなわち，$(g \circ f)(x) \neq (g \circ f)(x')$．ゆえに，$g \circ f$ は単射である． □

系 3.26 任意の2つの全単射 $f : X \longrightarrow Y, g : Y \longrightarrow Z$ に対して，$g \circ f$ は全単射である．

問 16 任意の写像 $f : X \longrightarrow Y$ と，任意の $A \subseteq X, B \subseteq Y$ に対して，次の (1)-(4) が成立することを示せ．

(1) $f^{-1}(f(A)) \supseteq A$.
(2) f が単射のとき，$f^{-1}(f(A)) = A$.
(3) $f(f^{-1}(B)) \subseteq B$.
(4) f が全射のとき，$f(f^{-1}(B)) = B$.

また，(1) と (3) で，必ずしも等号が成立しないことを示す例を与えよ．

例 3.27 任意の集合 X に対し，X の各要素 x を x 自身にうつす X から X への写像を X の**恒等写像** (identity) といい，

$$\mathrm{id}_X : X \longrightarrow X \,;\, x \longmapsto x$$

で表す．恒等写像は全単射である．

☞ $\mathbb{R}$ の恒等写像 $\mathrm{id}_{\mathbb{R}} : \mathbb{R} \longrightarrow \mathbb{R}$ は，関数 $y = x$ のことである．

定義 3.28 写像 $f : X \longrightarrow Y$ が全単射のとき，各 $y \in Y$ はある $x \in X$ の像 $f(x)$ として一意的に表される．このとき，各 $f(x) \in Y$ に $x \in X$ を対応させる写像を f の**逆写像** (または，**逆関数**，**逆変換**) とよび，

$$f^{-1}\colon Y \longrightarrow X \,;\, f(x) \longmapsto x$$

で表す．逆写像 f^{-1} は f の逆の対応を与える写像である．

☞ 関数 $f\colon \mathbb{R} \longrightarrow \mathbb{R}\,;\, x \longmapsto 2x$ の逆関数は，$f^{-1}\colon \mathbb{R} \longrightarrow \mathbb{R}\,;\, x \longmapsto x/2$．

註 3.29 逆写像 f^{-1} が定義されるのは，f が全単射の場合だけである．また，逆写像と前節で定義した逆像は，異なる概念であることにも注意しよう．

問 17 次の関数 f の逆関数を求めよ．

(1) $f\colon \mathbb{R} \longrightarrow (1, +\infty)\,;\, x \longmapsto 2^{x-3} + 1$,

(2) $f\colon [0, +\infty) \longrightarrow [0, +\infty)\,;\, x \longmapsto x^2 + 2x$.

定理 3.30 2 つの写像 $f\colon X \longrightarrow Y$ と $g\colon Y \longrightarrow X$ に対して，

$$g \circ f = \mathrm{id}_X, \qquad f \circ g = \mathrm{id}_Y \tag{3.11}$$

が成り立つとする．このとき，f は全単射で，$g = f^{-1}$ が成り立つ．

定理 3.30 を証明する前に，次の補題を証明する．

補題 3.31 任意の写像 $f\colon X \longrightarrow Y$, $g\colon Y \longrightarrow Z$ に対して，次が成立する．

(1) $g \circ f$ が全射ならば，g は全射である．

(2) $g \circ f$ が単射ならば，f は単射である．

証明 (1) $g \circ f$ は全射とする．このとき，$Z \subseteq g(Y)$ が成り立つことを示せばよい．任意の $z \in Z$ をとると，$g \circ f$ が全射であることから，

$$z = (g \circ f)(x)$$

を満たす $x \in X$ が存在する．このとき，$z = g(f(x))$ かつ $f(x) \in Y$ だから，$z \in g(Y)$．ゆえに，$Z \subseteq g(Y)$ が成立するから，g は全射である．

(2) $g \circ f$ は単射とする．このとき，f が定義 3.23 の条件 (3.10) を満たすことを示す．任意の $x, x' \in X$ をとり，$f(x) = f(x')$ とすると，

$$g(f(x)) = g(f(x')),$$

すなわち，$(g \circ f)(x) = (g \circ f)(x')$．仮定より，$g \circ f$ は (3.10) を満たすから，$x = x'$．ゆえに，f も (3.10) を満たすから，f は単射である． □

定理 3.30 の証明　恒等写像は全単射だから，(3.11) の 2 つの等式に補題 3.31 を適用することにより，f が全単射であることが導かれる．また，任意の $x \in X$ に対し，(3.11) より，$g(f(x)) = (g \circ f)(x) = \mathrm{id}_X(x) = x$ だから，g は $f(x)$ を x にうつす写像である．ゆえに，$g = f^{-1}$．　□

例 3.32　集合 $\mathbb{R}^n$ の要素は点とよばれる．写像 $f : \mathbb{R}^n \longrightarrow \mathbb{R}^n$ は，点の対応が実数を成分とする $n \times n$ 行列 A を使って，

$$\begin{pmatrix} x_1 \\ x_2 \\ \vdots \\ x_n \end{pmatrix} \longmapsto A \begin{pmatrix} x_1 \\ x_2 \\ \vdots \\ x_n \end{pmatrix}$$

と表されるとき，行列 A の表す **1 次変換**であるという．ただし，$\mathbb{R}^n$ の点を列ベクトルを使って表した．この列ベクトルを $\boldsymbol{x}$ とおくと，上の写像は，

$$f : \mathbb{R}^n \longrightarrow \mathbb{R}^n \,;\, \boldsymbol{x} \longmapsto A\boldsymbol{x}$$

と表される．行列 A が正則行列 (すなわち，逆行列 A^{-1} をもつ行列) ならば，1 次変換 $f : \mathbb{R}^n \longrightarrow \mathbb{R}^n \,;\, \boldsymbol{x} \longmapsto A\boldsymbol{x}$ は全単射であることを示そう．逆行列 A^{-1} が表す 1 次変換を

$$g : \mathbb{R}^n \longrightarrow \mathbb{R}^n \,;\, \boldsymbol{x} \longmapsto A^{-1}\boldsymbol{x}$$

とおくと，任意の点 $\boldsymbol{x} \in \mathbb{R}^n$ に対し，

$$(g \circ f)(\boldsymbol{x}) = g(f(\boldsymbol{x})) = A^{-1}(A\boldsymbol{x}) \stackrel{\text{(i)}}{=} (A^{-1}A)\boldsymbol{x} = E\boldsymbol{x} = \boldsymbol{x},$$
$$(f \circ g)(\boldsymbol{x}) = f(g(\boldsymbol{x})) = A(A^{-1}\boldsymbol{x}) \stackrel{\text{(ii)}}{=} (AA^{-1})\boldsymbol{x} = E\boldsymbol{x} = \boldsymbol{x}.$$

ここで，(i), (ii) では行列の積に関する結合法則を使った．また，E は単位行列である．結果として，$g \circ f = \mathrm{id}_{\mathbb{R}^n}$ と $f \circ g = \mathrm{id}_{\mathbb{R}^n}$ が成り立つから，定理 3.30 より，f は全単射で $g = f^{-1}$ が成立する．

註 3.33　例 3.32 で示した主張の逆もまた正しい．すなわち，行列 A の表す 1 次変換が全単射ならば，A は正則行列である (参考書 [23] を見よ)．

演習問題

1. 半開区間 $I = [1, 3)$, $J = [2, 4)$ に対して，集合 $I^2 \cup J^2$, $I^2 \cap J^2$, $I^2 - J^2$, $J^2 - I^2$ を平面 $\mathbb{R}^2$ 上に図示せよ．

2. 半開区間 $I=[1,3)$, $J=[2,4)$ に対し，次の集合を平面 $\mathbb{R}^2$ 上に図示せよ．

(1) $(I\times J)\cup(J\times I)$,
(2) $(I\times J)\cap(J\times I)$,
(3) $(I\times J)-(J\times I)$,
(4) $(J\times I)-(I\times J)$.

3. 任意の集合 A_1, A_2, B_1, B_2 に対して，次の等式は成立するか．

(1) $(A_1\cup A_2)\times(B_1\cup B_2)=(A_1\times B_1)\cup(A_2\times B_2)$,
(2) $(A_1\cap A_2)\times(B_1\cap B_2)=(A_1\times B_1)\cap(A_2\times B_2)$.

4. 集合 X に対して，$\Delta=\{(x,x):x\in X\}\subseteq X^2$ とおく (集合 Δ を X^2 の**対角線集合**という). 任意の部分集合 $A,B\subseteq X$ に対して，
$$A\cap B=\varnothing \iff (A\times B)\cap\Delta=\varnothing$$
が成り立つことを示せ．

5. 次の中から，写像の定義に反しているものを選び，その理由を述べよ．

(1) $f:\mathbb{N}\longrightarrow\mathbb{N}\,;x\longmapsto 2^x$,
(2) $f:\mathbb{Z}\longrightarrow\mathbb{Z}\,;x\longmapsto 2^x$,
(3) $f:\mathbb{Q}\longrightarrow\mathbb{Q}\,;x\longmapsto 2^x$,
(4) $f:\mathbb{R}\longrightarrow\mathbb{R}\,;x\longmapsto 2^x$.

6. 関数 $f:\mathbb{R}\longrightarrow\mathbb{R}\,;x\longmapsto 2x+1$ と $g:\mathbb{R}\longrightarrow\mathbb{R}\,;x\longmapsto x^2+x+1$ に対して，合成関数 $g\circ f$, $f\circ g$, $f\circ f$, $g\circ g$ を求めよ．また，それらの値域を求めよ．

7. 集合 X から直積集合 $Y_1\times Y_2$ への 2 つの写像 f と g が与えられたとき，各 $i=1,2$ に対して，$\mathrm{pr}_i\circ f=\mathrm{pr}_i\circ g$ が成り立つならば，$f=g$ であることを示せ．ただし，$\mathrm{pr}_i:Y_1\times Y_2\longrightarrow Y_i$ は射影である．

8. 関数 $f:\mathbb{R}\longrightarrow\mathbb{R}\,;x\longmapsto x^3-3x^2$ について，次の問に答えよ．

(1) $f([-1,1])$, $f([-2,2])$, $f([0,4])$ を求めよ．
(2) $t>0$ のとき，$f([-t,t])$ を求めよ．
(3) $f^{-1}(\{0\})$, $f^{-1}([0,16])$, $f^{-1}((-4,0])$ を求めよ．

9. 写像 $f:\mathbb{R}^2\longrightarrow\mathbb{R}\,;(x,y)\longmapsto xy$ について，次の問に答えよ．

(1) $f([-1,2]\times[-2,1])$ を求めよ．
(2) $f^{-1}(\{0\})$, $f^{-1}(\{1\})$, $f^{-1}([-1,1])$ を平面 $\mathbb{R}^2$ 上に図示せよ．

10. 次の関数は全射であるか単射であるかを調べよ．

(1) $f: \mathbb{Z} \longrightarrow \mathbb{Z}\,;\, x \longmapsto 2x$,

(2) $f: \mathbb{Q} \longrightarrow \mathbb{Q}\,;\, x \longmapsto 2x$,

(3) $f: \mathbb{Q} \longrightarrow \mathbb{Q}\,;\, x \longmapsto x^3$,

(4) $f: \mathbb{R} \longrightarrow \mathbb{R}\,;\, x \longmapsto x^3$.

11. 次の写像は全射であるか単射であるかを調べ，それらの値域を求めよ．

(1) $f: \mathbb{R} \longrightarrow \mathbb{R}^2\,;\, x \longmapsto (x, 2x)$,

(2) $f: \mathbb{R}^2 \longrightarrow \mathbb{R}\,;\, (x, y) \longmapsto x + 2y$,

(3) $f: \mathbb{R}^2 \longrightarrow \mathbb{R}^2\,;\, (x, y) \longmapsto (x + 2y, 2x + y)$,

(4) $f: \mathbb{R}^2 \longrightarrow \mathbb{R}^2\,;\, (x, y) \longmapsto (-x + 3y, 2x - 6y)$.

12. 区間 $I = [-1, 1]$ と関数 $f: I \longrightarrow I\,;\, x \longmapsto \sin a\pi x$ について，f が全射であるような実数 a の範囲を求めよ．また，f が単射であるような実数 a の範囲を求めよ．

13. 関数 $f: \mathbb{R} \longrightarrow \mathbb{R}\,;\, x \longmapsto ax^3 + bx^2 + cx + 1\ (a, b, c \in \mathbb{R})$ が全射であるための，a, b, c に関する必要十分条件を求めよ．また，f が全単射であるための，a, b, c に関する必要十分条件を求めよ．

14. 写像 $f: X \longrightarrow Y$ が単射のとき，任意の $A_1, A_2 \subseteq X$ に対して，次の等式 (1), (2) が成り立つことを示せ (問 12 (34 ページ) を見よ)．

(1) $f(A_1 \cap A_2) = f(A_1) \cap f(A_2)$,

(2) $f(A_1 - A_2) = f(A_1) - f(A_2)$.

15. 次の写像 f は全単射で，$f = f^{-1}$ が成立することを示せ．

$$f: \mathbb{R}^2 \longrightarrow \mathbb{R}^2\,;\, (x, y) \longmapsto \left(\frac{1}{2}x + \frac{\sqrt{3}}{2}y,\, \frac{\sqrt{3}}{2}x - \frac{1}{2}y\right).$$

また，f は平面 $\mathbb{R}^2$ の点のどのような対応を表す写像であるかを考えよ．

第4章

同値関係と分類

物事を分類することは，あらゆる研究の基本である．それは，対象物の間に潜在する何らかの意味で「同じ」という言葉で表現される関係を見つけることに他ならない．そのような関係は同値関係とよばれる．本章では，同値関係とその関係による分類の基本原理について考える．

4.1 関係

一般に，集合 X の 2 要素間の関係を X における**二項関係**という．はじめに，二項関係のより明確な定義を与えておこう．

定義 4.1 集合 X に対して，直積集合 X^2 の部分集合を X における**二項関係**または単に**関係**という．集合 X における二項関係 R が与えられたとき，X の要素の組 $(x,y) \in X^2$ に対して，$(x,y) \in R$ のとき，そしてそのときに限り，
$$xRy$$
と書き，x と y は関係 R を満たすという．

例 4.2 任意の集合 X に対して，X^2 の対角線集合 $\Delta = \{(x,x) : x \in X\}$ は，X における 1 つの二項関係である．任意の $(x,y) \in X^2$ に対し，
$$x\Delta y \iff (x,y) \in \Delta \iff x = y$$
が成り立つから，Δ は相等関係 $=$ である．

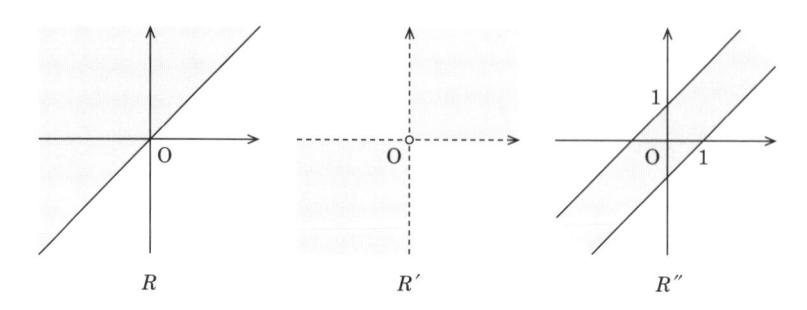

図 4.1 $\mathbb{R}$ における二項関係 $R, R', R'' \subseteq \mathbb{R}^2$. 関係という一見捉えどころのない概念を，具体物である直積集合の部分集合として定義することは数学の優れたアイデアの 1 つである．

例 4.3 図 4.1 に示す $\mathbb{R}^2$ の 3 つの部分集合 R, R', R'' は，それぞれ $\mathbb{R}$ における二項関係の例である．任意の $(x,y) \in \mathbb{R}^2$ に対して，
$$xRy \iff (x,y) \in R \iff x \leq y,$$
$$xR'y \iff (x,y) \in R' \iff xy > 0,$$
$$xR''y \iff (x,y) \in R'' \iff |x-y| \leq 1.$$
すなわち，R は順序関係 $\leq$，R' は 2 つの実数が同符号であるという関係，R'' は 2 つの実数の間の距離が 1 以下という関係である．

以後は，簡単に「$\sim$ は X における二項関係である」といった表現をするが，関係 $\sim$ の実体は，直積集合 X^2 の部分集合
$$R(\sim) = \{(x,y) \in X^2 : x \sim y\}$$
であることに注意しておこう．

定義 4.4 集合 X における二項関係 R が，次の 3 条件を満たすとする．

(1) 任意の $x \in X$ に対し，xRx．(反射律)
(2) 任意の $x, y \in X$ に対し，xRy ならば yRx．(対称律)
(3) 任意の $x, y, z \in X$ に対し，xRy かつ yRz ならば，xRz．(推移律)

このとき，R を X における**同値関係**という．

☞ 相等関係 $=$ は任意の集合における同値関係である．

☞ 例 4.3 の $\mathbb{R}$ における二項関係 R, R', R'' はどれも同値関係でない．

例 4.5 平面 $\mathbb{R}^2$ 上の三角形全体の集合を $\mathbb{T}$ とする．このとき，$\equiv$ (合同) は $\mathbb{T}$ における同値関係である．実際，任意の三角形 T に対して $T \equiv T$ だから，反射律が成立する．さらに，対称律と推移律が成立することも容易にわかる．同様に，$\backsim$ (相似) も $\mathbb{T}$ における同値関係である．

例 4.6 任意に整数 $n \geq 2$ を固定する．任意の $a,b \in \mathbb{Z}$ に対して，$a-b$ が n の倍数のとき，a と b は n **を法として合同**であるといい，

$$a \equiv b \pmod{n}$$

と書く．二項関係 $\equiv \pmod{n}$ が $\mathbb{Z}$ における同値関係であることを示そう．

反射律: 任意の $a \in \mathbb{Z}$ に対し，$a-a=0$ は n の倍数だから $a \equiv a \pmod{n}$．

対称律: 任意の $a,b \in \mathbb{Z}$ に対し，$a-b$ が n の倍数ならば，$b-a=-(a-b)$ も n の倍数．ゆえに，$a \equiv b \pmod{n}$ ならば，$b \equiv a \pmod{n}$．

推移律: 任意の $a,b,c \in \mathbb{Z}$ に対し，$a-b$ と $b-c$ が n の倍数ならば，ある $k,l \in \mathbb{Z}$ が存在して，$a-b=kn, b-c=ln$．このとき，

$$a-c=(a-b)+(b-c)=(k+l)n$$

だから，$a-c$ も n の倍数．ゆえに，$a \equiv b \pmod{n}$ かつ $b \equiv c \pmod{n}$ ならば，$a \equiv c \pmod{n}$．以上により，$\equiv \pmod{n}$ は同値関係である．

問 1 $\mathbb{R}^2$ 上の直線全体の集合を $\mathbb{L}$ とする．$\mathbb{L}$ における二項関係 $\parallel$ (平行) と $\perp$ (垂直) は，それぞれ同値関係であるかどうか調べよ．

問 2 $\mathbb{R}$ における二項関係 R を「$xRy \iff x-y \in \mathbb{Z}$」によって定める．このとき，$R$ は $\mathbb{R}$ における同値関係であることを示せ．

4.2 集合の分割

集合の要素がまたすべて集合であるとき，その集合を**集合族**とよぶ (ただし，この場合に，必ず集合族とよばなければならないということではない．集合とよぶ方が自然な場合もある)．特に，1 つの集合 X の部分集合からなる集合を X の**部分集合族**という．集合族を表すためには，$\mathcal{A}, \mathcal{B}, \mathcal{C} \cdots$ などの文字がよく使われる．

定義 4.7 集合 X の部分集合族 $\mathcal{A}$ に対して，$\mathcal{A}$ の和集合 $\bigcup \mathcal{A}$ と共通部分 $\bigcap \mathcal{A}$ を次のように定める．
$$\bigcup \mathcal{A} = \{x \in X : (\exists A \in \mathcal{A})(x \in A)\},$$
$$\bigcap \mathcal{A} = \{x \in X : (\forall A \in \mathcal{A})(x \in A)\}.$$

和集合 $\bigcup \mathcal{A}$ は，少なくとも 1 つの $A \in \mathcal{A}$ に属する X の要素をすべて集めて作った集合であり，共通部分 $\bigcap \mathcal{A}$ は，X の要素からすべての $A \in \mathcal{A}$ に属する要素だけを選んでできる集合である．

☞ 集合 X の部分集合族は，べき集合 $\mathcal{P}(X)$ の部分集合である．

☞ $\mathcal{A} = \{\{0,1\}, \{0,2\}, \{0,3\}\}$ のとき，$\bigcup \mathcal{A} = \{0,1,2,3\}$, $\bigcap \mathcal{A} = \{0\}$．

定義 4.8 集合 X の部分集合族 $\mathcal{D}$ が，次の 3 条件 (1)–(3) を満たすとき，$\mathcal{D}$ を X の**分割**または**直和分割**とよぶ．

(1) $\bigcup \mathcal{D} = X$.
(2) 任意の $A \in \mathcal{D}$ に対して，$A \neq \emptyset$.
(3) 任意の $A, A' \in \mathcal{D}$ に対し，もし $A \neq A'$ ならば $A \cap A' = \emptyset$.

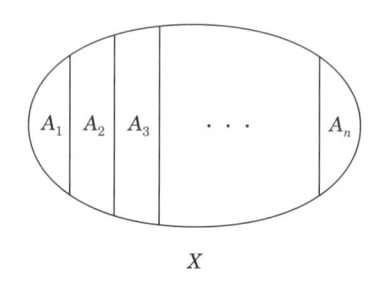

図 4.2 集合 X の分割 $\mathcal{D} = \{A_1, A_2, \cdots, A_n\}$．集合 X の要素を何らかの観点によって分類することは，X の分割を作ることである．

例 4.9 集合 X の分割 $\mathcal{D}$ に対して，X における二項関係 $R_\mathcal{D}$ を
$$xR_\mathcal{D} y \iff (\exists A \in \mathcal{D})(x \in A \text{ かつ } y \in A)$$
によって定めると，$R_\mathcal{D}$ は同値関係である．$R_\mathcal{D}$ を**分割 $\mathcal{D}$ から導かれる同値関係**という．

問 3 任意の集合 X に対し，X の分割 $\mathcal{D} = \{\{x\} : x \in X\}$ から導かれる同値関係 $R_\mathcal{D}$ はどんな関係か．

問 4 任意の全射 $f : X \longrightarrow Y$ に対し，$\mathcal{D} = \{f^{-1}(\{y\}) : y \in Y\}$ は X の分割であることを示せ．また，$\mathcal{D}$ から導かれる同値関係 $R_\mathcal{D}$ はどんな関係か．

4.3 同値類と商集合

定義 4.10 集合 X における同値関係 R が与えられたとする．各 $x \in X$ に対して，xRy を満たす $y \in X$ 全体の集合を $[x]_R$ または $[x]$ で表す．すなわち，
$$[x]_R = \{y \in X : xRy\}.$$
集合 $[x]_R$ を同値関係 R による x の**同値類**という．

☞ 集合 X における相等関係 $=$ による $x \in X$ の同値類は，$[x] = \{x\}$．

例 4.11 簡単な例を与えよう．いま，$X = \{a, b, c, d, e, f\}$ を 6 人の学生の集合とする．下表は 6 人の年齢を示している．

名前	a	b	c	d	e	f
年齢	18	19	18	18	20	19

集合 X における二項関係 R を，任意の $x, y \in X$ に対して，
$$xRy \iff x \text{ と } y \text{ は同年齢}$$
によって定めると，R は同値関係である．このとき，R による X の各要素の同値類を求めると，
$$[a]_R = \{a, c, d\}, \quad [b]_R = \{b, f\}, \quad [c]_R = \{a, c, d\},$$
$$[d]_R = \{a, c, d\}, \quad [e]_R = \{e\}, \quad [f]_R = \{b, f\}.$$
したがって，同値類全体の集合は $\{\{a, c, d\}, \{b, f\}, \{e\}\}$ である（同じ要素は重複して書かないことに注意しよう）．この集合は，6 人の学生を年齢によって分類した X の分割である．

次の定理は，同値類の特徴を示している．読者には，主張 (1)–(3) の意味を上の例 4.11 の場合にあてはめて考えてほしい．

定理 4.12 集合 X における同値関係 R に対して，次が成り立つ．

(1) 任意の $x \in X$ に対して，$x \in [x]_R$.

(2) 任意の $x, y \in X$ に対して，$xRy \Longleftrightarrow [x]_R = [y]_R$.

(3) 任意の $x, y \in X$ に対して，$[x]_R \neq [y]_R$ ならば $[x]_R \cap [y]_R = \emptyset$.

証明 (1) 任意の $x \in X$ に対して，反射律より xRx だから，$x \in [x]_R$.

(2) 任意の $x, y \in X$ をとる．いま xRy と仮定すると，対称律より yRx であることに注意．このとき，任意の $z \in X$ に対して，次が成り立つことを示す．

$$z \in [x]_R \Longleftrightarrow z \in [y]_R. \tag{4.1}$$

もし $z \in [x]_R$ ならば xRz. 仮定より yRx だから，推移律より yRz, すなわち，$z \in [y]_R$. 逆も同様に示されるから，(4.1) が成立する．ゆえに，$[x]_R = [y]_R$. 逆に，$[x]_R = [y]_R$ と仮定すると，(1) より $y \in [y]_R = [x]_R$. ゆえに，xRy.

(3) 任意の $x, y \in X$ をとる．対偶

$$[x]_R \cap [y]_R \neq \emptyset \quad \text{ならば} \quad [x]_R = [y]_R \tag{4.2}$$

を示せばよい．いま $[x]_R \cap [y]_R \neq \emptyset$ ならば，$z \in [x]_R \cap [y]_R$ が存在する．このとき，xRz かつ yRz だから，対称律と推移律より xRy. 結果として，(2) より $[x]_R = [y]_R$. ゆえに，(4.2) が示された． □

定理 4.12 (1), (3) より，同値類全体の集合は X の分割である．また，(2) より，各同値類は互いに関係 R を満たす X の要素の集合である．

定義 4.13 集合 X における同値関係 R に対して，R による同値類全体からなる X の分割を，X の R による**商集合**とよび，

$$X/R$$

で表す．集合 X から商集合 X/R を作ること，すなわち，X を同値類の集合に分割することを，X の R による**分類**または**類別**という．写像

$$h_R : X \longrightarrow X/R; x \longmapsto [x]_R$$

を**自然な写像**または**標準的写像**とよぶ．

☞ 例 4.11 において，$X/R = \{\{a, c, d\}, \{b, f\}, \{e\}\}$.

☞ 集合 X の要素の相等関係 $=$ による商集合 $X/= $ は $\{\{x\} : x \in X\}$.

例 4.14 集合 X の任意の分割 $\mathcal{D}$ と $\mathcal{D}$ から導かれる同値関係 $R_\mathcal{D}$ に対して，$X/R_\mathcal{D} = \mathcal{D}$ が成り立つ（例 4.9 を見よ）．

例 4.15 平面 $\mathbb{R}^2$ 上の三角形全体の集合 $\mathbb{T}$ における同値関係 $\equiv$ （合同）について考えよう．任意の三角形 $T \in \mathbb{T}$ に対して，T の $\equiv$ による同値類 $[T]_\equiv$ は T と合同な三角形全体の集合である．定理 4.12 (2) より，
$$T \equiv T' \iff [T]_\equiv = [T']_\equiv$$
が成立する．合同な 2 つの三角形を「同じ三角形」というとき，正確には，それは $\equiv$ による同値類が同じということである．商集合 $\mathbb{T}/\equiv$ は，平面 $\mathbb{R}^2$ 上の三角形全体を互いに合同な三角形どうしの組に分類したときの，組の集合である．すなわち，合同な三角形を同一視して，1 つの要素と見なした集合であるといえる．互いに合同でない三角形は無限に存在するから，$\mathbb{T}/\equiv$ は無限集合である．

例 4.16 $\mathbb{Z}$ の同値関係 $\equiv \pmod{n}$ による商集合は $\mathbb{Z}_n$ で表される（例 4.6 を見よ）．すなわち，$\mathbb{Z}_n = \mathbb{Z}/\equiv \pmod{n}$．同値関係 $\equiv \pmod{n}$ による $m \in \mathbb{Z}$ の同値類を $[m]_n$ で表すと，
$$[0]_n = \{qn : q \in \mathbb{Z}\},$$
$$[1]_n = \{qn + 1 : q \in \mathbb{Z}\},$$
$$[2]_n = \{qn + 2 : q \in \mathbb{Z}\},$$
$$\cdots$$
$$[n-1]_n = \{qn + (n-1) : q \in \mathbb{Z}\}.$$
任意の $m \in \mathbb{Z}$ は，除法の定理より，
$$m = qn + r \quad (q \in \mathbb{Z}, r \in \{0, 1, 2, \cdots, n-1\}) \tag{4.3}$$
の形に一意的に表される．もし $m = qn + r$ ならば，$m \equiv r \pmod{n}$ だから，定理 4.12 より $[m]_n = [r]_n$ が成り立つ．すなわち，任意の同値類 $[m]_n$ は，上に列記した同値類 $[0]_n, [1]_n, \cdots, [n-1]_n$ のどれかと一致する．ゆえに，
$$\mathbb{Z}_n = \{[0]_n, [1]_n, \cdots, [n-1]_n\}.$$
(4.3) における r を，m を n で割ったときの余りとよぶことにすれば，$\mathbb{Z}_n$ は n で割ったときの余りによって整数全体を分類した集合である．表 4.1 は，$\mathbb{Z}_5$ の同値類を表している．

表 4.1　$\mathbb{Z}_5 = \{[0]_5, [1]_5, [2]_5, [3]_5, [4]_5\}$ は，5 で割ったときの余りによって整数全体を分類している．

$\cdots$	-10	-5	0	5	10	15	$\cdots$	$= [0]_5$
$\cdots$	-9	-4	1	6	11	16	$\cdots$	$= [1]_5$
$\cdots$	-8	-3	2	7	12	17	$\cdots$	$= [2]_5$
$\cdots$	-7	-2	3	8	13	18	$\cdots$	$= [3]_5$
$\cdots$	-6	-1	4	9	14	19	$\cdots$	$= [4]_5$

註 4.17　商集合 $\mathbb{Z}_n$ の n 個の要素は，**法 n に関する剰余類**とよばれる．それらの間には，次のように和と積を定義することができる．

$$[a]_n + [b]_n = [a+b]_n, \quad [a]_n \cdot [b]_n = [ab]_n. \tag{4.4}$$

各剰余類 $[0]_n, [1]_n, \cdots, [n-1]_n$ からそれぞれ代表となる整数 $0, 1, \cdots, n-1$ を選び，剰余類をそれらの代表で表そう．すなわち，

$$\mathbb{Z}_n = \{0, 1, \cdots, n-1\}.$$

このとき，$\mathbb{Z}_n$ の要素である n 個の整数の間には，(4.4) で定めた加法と乗法が定義される．たとえば，$n=5$ のとき，$\mathbb{Z}_5 = \{0, 1, 2, 3, 4\}$ において，

$$[2]_5 + [3]_5 = [5]_5 = [0]_5, \quad [2]_5 \cdot [3]_5 = [6]_5 = [1]_5$$

だから，これらの計算をそれぞれ次のように書く．

$$2 + 3 \equiv 0 \pmod{5}, \quad 2 \times 3 \equiv 1 \pmod{5}.$$

表 4.2 は，$\mathbb{Z}_5$ における加法と乗法の結果をまとめたものである．特に，n が素数のとき，$\mathbb{Z}_n$ では実数の演算と同様に自由に四則演算を行うことが可能であり，代数学の理論が展開できる．この事実を $\mathbb{Z}_n$ は**体**であるという（後の 5.3 節を見よ）．すなわち，そのとき $\mathbb{Z}_n$ は「数の小宇宙」であるといえる．

問 5　$\mathbb{Z}_5$ において，次の (1), (2), (3) を満たす x をそれぞれ求めよ．

(1) $4 + x \equiv 3 \pmod{5}$,

(2) $4 \times x \equiv 3 \pmod{5}$,

(3) $x^2 + x + 3 \equiv 0 \pmod{5}$.

問 6　$\mathbb{Z}_2$ を求めて，$\mathbb{Z}_2$ における加法と乗法の表を作れ．

表 4.2 $\mathbb{Z}_5$ における加法と乗法. 左表より, $2+3 \equiv 0 \pmod 5$. 右表より $2 \times 3 \equiv 1 \pmod 5$.

+	0	1	2	3	4
0	0	1	2	3	4
1	1	2	3	4	0
2	2	3	4	0	1
3	3	4	0	1	2
4	4	0	1	2	3

×	0	1	2	3	4
0	0	0	0	0	0
1	0	1	2	3	4
2	0	2	4	1	3
3	0	3	1	4	2
4	0	4	3	2	1

4.4 写像の分解

商集合を考える際に便利な補題とその応用例を与える.

補題 4.18 集合 X における同値関係 R と写像 $f: X \longrightarrow Y$ が与えられ, 任意の $x, y \in X$ に対して,

$$xRy \quad \text{ならば} \quad f(x) = f(y) \tag{4.5}$$

が成り立つとする. また, $h_R: X \longrightarrow X/R$ を自然な写像とする. このとき, $f = g \circ h_R$ を満たす写像 $g: X/R \longrightarrow Y$ が存在する. さらに, f が全射ならば, g も全射. 任意の $x, y \in X$ に対して (4.5) の逆が成立するならば, g は単射である (図 4.3 を見よ).

証明 定理 4.12 と (4.5) より, 任意の $x, y \in X$ に対して,

$$[x]_R = [y]_R \Longleftrightarrow xRy \Longrightarrow f(x) = f(y) \tag{4.6}$$

が成り立つ. したがって, 各同値類 $[x]_R \in X/R$ に対して, $g([x]_R) = f(x)$ と定めることにより, 写像 $g: X/R \longrightarrow Y$ が定義できる. このとき, 任意の要素 $x \in X$ に対して,

$$(g \circ h_R)(x) = g(h_R(x)) = g([x]_R) = f(x)$$

が成り立つから, $g \circ h_R = f$. もし f が全射ならば, $f = g \circ h_R$ だから, 補題 3.31 より g も全射である. また, (4.5) の逆が成り立つならば, (4.6) の逆も成り立つから, 任意の $[x]_R, [y]_R \in X/R$ に対して,

$$g([x]_R) = g([y]_R) \Longleftrightarrow f(x) = f(y) \Longrightarrow [x]_R = [y]_R.$$

ゆえに, g は単射である (定義 3.23 の条件 (3.10) を参照). □

$$X \xrightarrow{f} Y, \quad X \xrightarrow{h_R} X/R \xrightarrow{g} Y$$

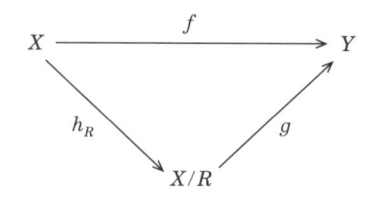

図 4.3 等式 $f = g \circ h_R$ が成立する．このとき，上の図を**可換な図式**という．

補題 4.18 の写像 $g: X/R \longrightarrow Y$ を写像 $f: X \longrightarrow Y$ によって**引き起こされる写像**という．

例 4.19 例 4.15 で考察した商集合 $\mathbb{T}/\equiv$ を具体的な形に表現する方法を考えよう．いま，$\mathbb{R}^3$ の部分集合

$$M = \{(a, b, c) \in \mathbb{R}^3 : 0 < a \leq b \leq c < a + b\}$$

を考え，任意の三角形 $T \in \mathbb{T}$ に対して，T の 3 辺の長さを小さい方から順に並べた数列を (a_T, b_T, c_T) で表す．このとき，$(a_T, b_T, c_T) \in M$ だから，写像

$$f: \mathbb{T} \longrightarrow M\, ; T \longmapsto (a_T, b_T, c_T)$$

が定義できる．任意の $(a, b, c) \in M$ に対して，(a, b, c) を 3 辺の長さにもつ三角形 $T \in \mathbb{T}$ が存在するから，f は全射である．また，三角形は 3 辺の長さで決定されるから，任意の $T, T' \in \mathbb{T}$ に対して，

$$T \equiv T' \iff (a_T, b_T, c_T) = (a_{T'}, b_{T'}, c_{T'})$$
$$\iff f(T) = f(T').$$

ゆえに，補題 4.18 より，f によって引き起こされる全単射

$$g: (\mathbb{T}/\equiv) \longrightarrow M$$

が存在する．したがって，$\mathbb{T}/\equiv$ の要素と M の点は，写像 g によって自然に 1 対 1 に対応するので，M は $\mathbb{T}/\equiv$ の 1 つの表現であると考えられる．

問 7 円周 $S^1 = \{(x, y) : x^2 + y^2 = 1\}$ と問 2（43 ページ）で定義した $\mathbb{R}$ における同値関係 R について，写像

$$f: \mathbb{R} \longrightarrow S^1\, ; x \longmapsto (\cos 2\pi x, \sin 2\pi x)$$

によって引き起こされる全単射 $g: \mathbb{R}/R \longrightarrow S^1$ が存在することを示せ．

演習問題

1. 自然数の集合 $\mathbb{N}$ において，次のように定められる二項関係 R は同値関係であるかどうか，それぞれ調べよ．

(1) $xRy \iff x+y$ は偶数．
(2) $xRy \iff x+y$ は奇数．
(3) $xRy \iff x^2+y$ は偶数．
(4) $xRy \iff xy \geq 2$．

2. 実数の集合 $\mathbb{R}$ において，次のように定められる二項関係 R は同値関係であるかどうか，それぞれ調べよ．

(1) $xRy \iff xy \geq 0$．
(2) $xRy \iff |x|=|y|$．
(3) $xRy \iff x-y \in \mathbb{Q}$．
(4) $xRy \iff \sin(x-y)=0$．

3. 次を満たす二項関係の例をそれぞれ与えよ．

(1) 反射律と対称律を満たすが，推移律を満たさない．
(2) 反射律と推移律を満たすが，対称律を満たさない．
(3) 対称律と推移律を満たすが，反射律を満たさない．

4. 自然数 n に対し，n 以下の n と互いに素な自然数の個数を $\varphi(n)$ で表す．集合 $X=\{1,2,\cdots,10\}$ における同値関係 R を，「$mRn \iff \varphi(m)=\varphi(n)$」によって定めるとき，$X$ の R による商集合 X/R を求めよ．

5. 平面 $\mathbb{R}^2$ における二項関係 R を，「$(x,y)R(x',y') \iff x+y'=x'+y$」によって定めるとき，次の問に答えよ．

(1) R は同値関係であることを示せ．
(2) 原点 O(0,0) の同値類と点 P(2,1) の同値類を平面 $\mathbb{R}^2$ 上に図示せよ．

6. 平面 $\mathbb{R}^2$ における二項関係 R を，「$(x,y)R(x',y') \iff xy=x'y'$」によって定めるとき，前問と同じ問に答えよ．

7. 平面 $\mathbb{R}^2$ における二項関係 R を，「$(x,y)R(x',y') \iff xy'=x'y$」によって定める．このとき，$R$ は同値関係であるといえるか．

8. 自然数の集合 $\mathbb{N}$ から $\mathbb{N}$ への写像全体の集合 F における二項関係 R を
$$fRg \iff \{n \in \mathbb{N} : f(n) \neq g(n)\} \text{ は有限集合}$$
によって定める．このとき，R は同値関係であることを示せ．

9. 集合 A, B に対して，$A \triangle B = (A - B) \cup (B - A)$ とおく．任意の集合 X に対して，べき集合 $\mathcal{P}(X)$ における二項関係 R を
$$ARB \iff A \triangle B \text{ は有限集合}$$
によって定める．このとき，R は同値関係であることを示せ．集合 $A \triangle B$ を A と B の**対称差**とよぶ．

10. 集合 X における同値関係 R_1 と集合 Y における同値関係 R_2 が与えられたとき，直積集合 $X \times Y$ における二項関係 R を
$$(x, y) R(x', y') \iff xR_1x' \text{ かつ } yR_2y'$$
によって定める．このとき，次の問に答えよ．

 (1) R は $X \times Y$ における同値関係であることを示せ．

 (2) 任意の $(x, y) \in X \times Y$ に対し，$[(x, y)]_R = [x]_{R_1} \times [y]_{R_2}$ が成り立つことを示せ．

11. $\mathbb{Z}_5$ において，減法と除法が自然に定義される．減法と除法の表を作れ．

12. $\mathbb{Z}_5$ において，$4^1 + 4^2 + \cdots + 4^{20} \pmod{5}$ を求めよ．

13. $\mathbb{Z}_7$ において，$x^5 + x + 1 \equiv 0 \pmod{7}$ を満たす x を求めよ．

14. 平面 $\mathbb{R}^2$ における二項関係 R を，「$(x, y)R(x', y') \iff x = x'$」によって定める．このとき，次の問に答えよ．

 (1) R が同値関係であることを示し，商集合 $\mathbb{R}^2/R$ を求めよ．

 (2) 第1座標への射影 $\mathrm{pr}_1 : \mathbb{R}^2 \longrightarrow \mathbb{R} ; (x, y) \longmapsto x$ によって引き起こされる全単射 $g : \mathbb{R}^2/R \longrightarrow \mathbb{R}$ が存在することを示せ．

15. 平面 $\mathbb{R}^2$ 上の三角形全体集合 $\mathbb{T}$ における同値関係 $\backsim$ (相似) と，$\mathbb{R}^3$ の部分集合 $M = \{(a, b, 1) \in \mathbb{R}^3 : 0 < a \leq b \leq 1 < a + b\}$ について，例 4.19 と同様の考察をせよ．

第5章

集合演算の拡張と実数

添え字を使って表される集合族の和集合と共通部分について説明する．また，次章以降への準備として，高校数学における実数の定義を復習しながら，実数のイメージを確実なものにする．

5.1 添え字で表される集合族

定義 5.1 空でない集合 Λ の各要素 λ に，集合 A_λ が1つずつ対応しているとき，λ を添え字 (index) またはラベルといい，集合族

$$\{A_\lambda : \lambda \in \Lambda\} \tag{5.1}$$

を，Λ を添え字 (またはラベル) の集合とする集合族という．

例 5.2 平面 $\mathbb{R}^2$ において，直線 $y = ax$ 上の点 (x, y) 全体の集合を L_a で表す．すなわち，$L_a = \{(x, ax) : x \in \mathbb{R}\}$．このとき，$\{L_a : a \in \mathbb{R}\}$ は $\mathbb{R}$ を添え字の集合とする集合族である．

定義 5.3 集合族 $\{A_\lambda : \lambda \in \Lambda\}$ に対して，その和集合と共通部分を，それぞれ，次のように定める．

$$\bigcup_{\lambda \in \Lambda} A_\lambda = \{x : (\exists \lambda \in \Lambda)(x \in A_\lambda)\}, \tag{5.2}$$

$$\bigcap_{\lambda \in \Lambda} A_\lambda = \{x : (\forall \lambda \in \Lambda)(x \in A_\lambda)\}. \tag{5.3}$$

和集合 (5.2) を $\bigcup\{A_\lambda : \lambda \in \Lambda\}$ と書いたり，特に，$\Lambda = \{1, 2, \cdots, n\}$ のとき，$\bigcup_{i=1}^{n} A_i$ のように書くこともある．また，$\mathcal{A} = \{A_\lambda : \lambda \in \Lambda\}$ とおいて，$\bigcup \mathcal{A}$ と表してもよい．共通部分 (5.3) についても同様である．

☞ $I_n = [1/2n, 1/n] \subseteq \mathbb{R}$ $(n \in \mathbb{N})$ のとき，$\bigcup_{n \in \mathbb{N}} I_n = (0, 1]$, $\bigcap_{n \in \mathbb{N}} I_n = \emptyset$．

変数 x に関する命題関数 ($=$ 変数 x を含む文章) $p(x)$ が与えられたとき，命題 $(\forall x)(p(x))$ と $(\exists x)(p(x))$ の否定について，

$$\neg(\forall x)(p(x)) \iff (\exists x)(\neg p(x)), \tag{5.4}$$

$$\neg(\exists x)(p(x)) \iff (\forall x)(\neg p(x)) \tag{5.5}$$

が成り立つ．ここで，$\iff$ は両辺が同じ意味であることを表す．

命題 5.4（ド・モルガンの公式）　任意の集合 X の部分集合族 $\{A_\lambda : \lambda \in \Lambda\}$ に対して，次の (1), (2) が成立する．

(1) $X - \bigcup_{\lambda \in \Lambda} A_\lambda = \bigcap_{\lambda \in \Lambda} (X - A_\lambda)$,

(2) $X - \bigcap_{\lambda \in \Lambda} A_\lambda = \bigcup_{\lambda \in \Lambda} (X - A_\lambda)$.

問 1　(5.4), (5.5) を使って，命題 5.4 が成立することを示せ．

問 2　例 5.2 の集合族 $\{L_a : a \in \mathbb{R}\}$ に対して，$\bigcup_{a \in \mathbb{R}} L_a$ と $\bigcap_{a \in \mathbb{R}} L_a$ を求めよ．

問 3　各 $n \in \mathbb{N}$ に，平面 $\mathbb{R}^2$ の部分集合 $A_n = \{(x, y) : y > nx\}$ を対応させる．このとき，$\bigcup_{n \in \mathbb{N}} A_n$ と $\bigcap_{n \in \mathbb{N}} A_n$ を図示せよ．

問 4　任意の写像 $f : X \longrightarrow Y$ および，X の部分集合族 $\{A_\lambda : \lambda \in \Lambda\}$ と Y の部分集合族 $\{B_\lambda : \lambda \in \Lambda\}$ に対して，次の (1)–(4) が成立することを示せ．

(1) $f(\bigcup_{\lambda \in \Lambda} A_\lambda) = \bigcup_{\lambda \in \Lambda} f(A_\lambda)$,

(2) $f(\bigcap_{\lambda \in \Lambda} A_\lambda) \subseteq \bigcap_{\lambda \in \Lambda} f(A_\lambda)$,

(3) $f^{-1}(\bigcup_{\lambda \in \Lambda} B_\lambda) = \bigcup_{\lambda \in \Lambda} f^{-1}(B_\lambda)$,

(4) $f^{-1}(\bigcap_{\lambda \in \Lambda} B_\lambda) = \bigcap_{\lambda \in \Lambda} f^{-1}(B_\lambda)$.

註 5.5 添え字を使って表される集合族は，実用上は集合と考えてよいが，単なる集合より多くの情報をもつ概念である．たとえば，各 $n \in \mathbb{N}$ に対して，n が奇数のとき $A_n = \{1\}$ とおき，n が偶数のとき $A_n = \emptyset$ とおくことによって，$\mathbb{N}$ を添え字の集合とする集合族 $\mathcal{A} = \{A_n : n \in \mathbb{N}\}$ を作る．このとき，$\mathcal{A}$ は，集合としては，同じ要素を 1 つのものと考えるので $\{\{1\}, \emptyset\}$ であるが，それだけでなく，$\{1\}$ と $\emptyset$ を交互に繰り返す列という性格をもっている．そのことをもっとも的確に表現する方法は，$\mathcal{A}$ を写像

$$\mathcal{A} : \mathbb{N} \longrightarrow \{\{1\}, \emptyset\} ; n \longmapsto \begin{cases} \{1\} & (n \text{ が奇数のとき}), \\ \emptyset & (n \text{ が偶数のとき}) \end{cases}$$

と考えることである．この理由で，厳密な立場では，定義 5.1 の集合族 (5.1) は，各 λ に集合 A_λ を対応させる写像として定義される (参考書 [5])．

5.2 無限小数

高校数学では，実数は「整数および有限小数，無限小数で表される数」として定義される．最初に，無限小数について説明しておこう．無限小数

$$x = a_0.a_1 a_2 \cdots a_n \cdots \tag{5.6}$$

(ただし，$a_0 \in \mathbb{Z}$，各 $n \in \mathbb{N}$ に対して $a_n \in \{0, 1, 2, \cdots, 9\}$) は，

$$x = a_0 + \frac{a_1}{10} + \frac{a_2}{10^2} + \cdots + \frac{a_n}{10^n} + \cdots \tag{5.7}$$

の略記形である．(5.7) の右辺の数式とその和は，次のように定義される．

定義 5.6 数列 $\{b_n\}$ の各項を + の記号で結んで得られる式

$$b_0 + b_1 + \cdots + b_n + \cdots \tag{5.8}$$

を**無限級数**という．各 $n \in \mathbb{N}$ に対して，和 $s_n = b_0 + b_1 + \cdots + b_{n-1}$ を第 n 項までの**部分和**とよび，部分和の数列 $\{s_n\}$ が収束するとき，無限級数 (5.8) は**収束する**という．そのとき，$\{s_n\}$ の極限値 s を無限級数の**和**とよび，

$$s = b_0 + b_1 + \cdots + b_n + \cdots$$

と書く．部分和の数列 $\{s_n\}$ が収束しないとき，無限級数 (5.8) は**発散する**といい，和は定義されない．

上の定義より,無限小数とは無限級数のことである. (5.7) の右辺の無限級数において,第 n 項までの部分和を

$$x_n = a_0 + \frac{a_1}{10} + \frac{a_2}{10^2} + \cdots + \frac{a_{n-1}}{10^{n-1}}$$

とおくと,等式 (5.7) は,

$$x = \lim_{n \to \infty} x_n$$

が成立することを意味している.部分和 x_n は無限小数 (5.6) の小数第 n 位以下を切り捨てて得られる有限小数,すなわち,$x_n = a_0.a_1 a_2 \cdots a_{n-1}$ であることに注意しよう.任意の無限小数は,無限級数として常に収束するか,という自然な疑問に対する答えを,後の註 5.18 で与える.

例 5.7 無限小数 $\sqrt{2} = 1.41421356\cdots$ は,右辺の小数第 n 位以下を切り捨てた有限小数を x_n としたとき,すなわち,

$$x_1 = 1, \quad x_2 = 1.4, \quad x_3 = 1.41, \quad x_4 = 1.414, \quad \cdots$$

とおいたとき,$\sqrt{2} = \lim_{n \to \infty} x_n$ であることを意味している.

例 5.8 $1 = 0.99999\cdots$ が成立する.なぜなら,右辺の無限小数は,

$$x_n = 0.\underbrace{999\cdots 9}_{n-1 \text{ 個}} \quad (n \in \mathbb{N})$$

とおいたときの数列 $\{x_n\}$ の極限である.いま,

$$0 < 1 - x_n = 1/10^{n-1} \longrightarrow 0 \quad (n \longrightarrow \infty)$$

だから,$\lim_{n \to \infty} x_n = 1$. ゆえに,$1 = 0.99999\cdots$ である.

註 5.9 例 5.8 と同様に考えることにより,任意の整数および有限小数として表される数は,2 通りの無限小数表現をもつことがわかる.たとえば,

$$1.75 = 1.75000\cdots$$
$$= 1.74999\cdots.$$

このような複数の無限小数表現をもつ数は整数と有限小数として表される数だけである (下の問 5 を見よ).

問 5 整数でも有限小数として表される数でもない実数の無限小数表現は,一意的に決まることを示せ.

実数の中で，整数および有限小数または循環小数として表される数を**有理数**といい，それ以外の数，すなわち，循環しない無限小数として表される数を**無理数**という．有理数であることは，分数 a/b ($a, b \in \mathbb{Z}$, $b \neq 0$) として表されることと同値である．

☞ $\sqrt{2}, \sqrt{3}, \sqrt{5}, \pi, e$ は無理数である．

問 6 循環小数 $0.05\dot{0}\dot{1}$ と $-2.00\dot{1}$ を分数で表せ．

問 7 分数 $1/9, 1/11, 1/17, 1/41, 47/125$ を有限小数または循環小数として表せ．

5.3 実数の公理

前節で復習した高校数学における実数の定義は，整数，有限小数と無限小数の知識を前提にしている．本節では，集合に関する知識だけに基づいて，実数を定義するための公理を紹介しよう．

体の定義 集合 F に 2 種類の演算 $F^2 \longrightarrow F; (x, y) \longmapsto x + y$ と $F^2 \longrightarrow F; (x, y) \longmapsto x \cdot y$ が定められ，次の条件 (1)–(9) が満たされるとき，F は**体**であるという．

(1) $(\forall x, y \in F)(x + y = y + x)$．（加法の交換法則）

(2) $(\forall x, y, z \in F)(x + (y + z) = (x + y) + z)$．（加法の結合法則）

(3) $(\exists e \in F)(\forall x \in F)(x + e = x)$．この要素 e を**加法の単位元**といい，以下では 0 で表す．

(4) $(\forall x \in F)(\exists x' \in F)(x + x' = 0)$．この要素 x' を**加法に関する x の逆元**といい，以下では $-x$ で表す．

(5) $(\forall x, y \in F)(x \cdot y = y \cdot x)$．（乗法の交換法則）

(6) $(\forall x, y, z \in F)(x \cdot (y \cdot z) = (x \cdot y) \cdot z)$．（乗法の結合法則）

(7) $(\exists u \in F - \{0\})(\forall x \in F)(x \cdot u = x)$．この要素 u を**乗法の単位元**といい，以下では 1 で表す (帰納的に，$2 = 1 + 1$, $3 = 2 + 1$, $\cdots$ と定めることにより，F における自然数が定義される)．

(8) $(\forall x \in F - \{0\})(\exists x'' \in F)(x \cdot x'' = 1)$．この要素 x'' を**乗法に関する**

x の逆元といい，以下では $1/x$ で表す．

(9) $(\forall x, y, z \in F)(x \cdot (y+z) = (x \cdot y) + (x \cdot z))$. （分配法則）

実数の集合 $\mathbb{R}$ と有理数の集合 $\mathbb{Q}$ は，通常の加法と乗法に関して体である．また，任意の素数 p に対して，法 p に関する剰余類の集合 $\mathbb{Z}_p$ は，註 4.17 で定義した加法と乗法に関して体である．

順序体の定義 体 F に部分集合 P が存在し，$-P = \{-x : x \in P\}$ とおくとき，下の条件 (1)–(3) が満たされるとする．このとき，F は**順序体**であるという．

(1) $P \cap (-P) = \varnothing$.
(2) $P \cup \{0\} \cup (-P) = F$.
(3) $(\forall x, y \in P)(x + y \in P$ かつ $x \cdot y \in P)$.

集合 P の要素を**正の数**とよび，$-P$ の要素を**負の数**とよぶ．任意の $x, y \in F$ に対し，$y + (-x) \in P$ のとき $x < y$ と書き，さらに，$x < y$ または $x = y$ であるとき $x \leq y$ と書く．

実数体 $\mathbb{R}$ や有理数体 $\mathbb{Q}$ は順序体である．その他にも無限に多くの順序体が存在することが知られている．最後に，それらの中で，実数体 $\mathbb{R}$ を特徴付ける公理を与えよう．準備として，次の定義を必要とする．

定義 5.10 順序体 F の要素の列を数列とよぶことにする．F の数列 $\{x_n\}$ に対して，ある $b \in F$ が存在して，$(\forall n \in \mathbb{N})(x_n \leq b)$ が成り立つとき，$\{x_n\}$ は**上に有界**であるという．また，すべての $n \in \mathbb{N}$ に対して $x_n \leq x_{n+1}$ のとき，$\{x_n\}$ は**単調増加**であるという．F の単調増加数列 $\{x_n\}$ が $x \in F$ に**収束**するとは，次の条件 (1), (2) が満たされることをいう．

(1) $(\forall n \in \mathbb{N})(x_n \leq x)$,
(2) $(\forall y < x)(\exists n \in \mathbb{N})(y < x_n)$.

一般の実数列の収束については，第 8 章で詳しく述べる．

問 8 順序体 F の数列に関する用語「下に有界，単調減少」や，単調減少数列の「収束」もまた同様に定義される．それらの定義を正確に述べよ．

連続性の公理 上に有界な任意の単調増加数列は収束する．

連続性の公理を満たす順序体は**完備順序体**とよばれる．完備順序体は本質的に 1 つしか存在しないことが証明される (参考書 [9], [19] を見よ)．そこで，完備順序体を $\mathbb{R}$ とおき，その要素を**実数**とよぶことが，公理に基づいた実数の定義である．体および順序体の定義の条件と連続性の公理をあわせて，**実数の公理**とよぶ．特に，$\mathbb{R}$ が連続性の公理を満たすことを，**実数の連続性**または**実数の完備性**という (図 5.1 を見よ)．

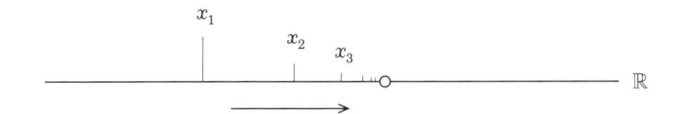

図 5.1 実数の連続性は，数直線 $\mathbb{R}$ に「すき間」がないことを主張している．もし $\mathbb{R}$ にすき間があったとすると，左からすき間に近づく数列 $\{x_n\}$ は，上に有界な単調増加数列であるが収束しない (極限であるべき点が $\mathbb{R}$ に存在しない) からである．

高校までに学んだ実数の性質はすべて実数の公理から導かれる (その一例を，後の問 9 で与える)．それらを確かめることは大切だが，本書の目的からは外れる．本章の残りの部分では，我々がすでに学んでいる実数の知識を使用して，連続性の公理から導かれる命題について考えよう．

命題 5.11 (アルキメデスの公理) 任意の $x \in \mathbb{R}$ に対して，$x < n$ を満たす自然数 $n \in \mathbb{N}$ が存在する．

証明 背理法で証明する．もしある $x \in \mathbb{R}$ に対して，$x < n$ を満たす $n \in \mathbb{N}$ が存在しないと仮定する．このとき，すべての $n \in \mathbb{N}$ に対して $n \leq x$ だから，自然数の集合 $\mathbb{N}$ を数列 $\{n\}$ と考えると，$\{n\}$ は上に有界である．さらに $\{n\}$ は単調増加だから，連続性の公理より，$\{n\}$ はある $y \in \mathbb{R}$ に収束する．このとき，定義 5.10 の収束の条件 (2) より，$y - 1 < m$ を満たす $m \in \mathbb{N}$ が存在する．さらに条件 (1) より，$y - 1 < m < m + 1 \leq y$．ゆえに，

$$1 = (m+1) - m < y - (y-1) = 1.$$

これは矛盾である． $\square$

註 5.12　アルキメデスの公理は，単に順序体であることからは導かれないことが知られている．一般に，アルキメデスの公理を満たす順序体を**アルキメデス的順序体**という．有理数体 $\mathbb{Q}$ は，アルキメデス的順序体であるが完備でない（無理数のところにすき間がある！）．

アルキメデスの公理は，$\mathbb{R}$ の中に「いくらでも大きい自然数が存在する」ことを主張している．これは，自然数 n の逆数 $1/n$ が限りなく 0 に近づくことと同値である．すなわち，$1/n \longrightarrow 0 \ (n \longrightarrow \infty)$ が成り立つことは，アルキメデスの公理に基づいている．

命題 5.13　任意の $x \in \mathbb{R}$ に対して，$a-1 \leq x < a$ を満たす $a \in \mathbb{Z}$ が存在する．

証明　任意の $x \in \mathbb{R}$ をとる．はじめに，$x \geq 0$ とする．アルキメデスの公理から，$x < n$ を満たす $n \in \mathbb{N}$ が存在する．このとき，
$$M = \{m \in \mathbb{N} : x < m \leq n\}$$
とおくと，$n \in M$ だから $M \neq \emptyset$．さらに M は有限集合だから，M の最小の要素 a をとると，$a-1 \leq x < a$ が成り立つ．次に，$x < 0$ とする．上の証明から，$b-1 \leq -x < b$ を満たす $b \in \mathbb{Z}$ が存在する．このとき，$-b < x \leq -b+1$ だから，$a = -b+1$ または $a = -b+2$ が求める整数である．　□

命題 5.14（有理数の稠密性）　任意の $x, y \in \mathbb{R} \ (x < y)$ に対して，$x < r < y$ を満たす有理数 r が存在する．

証明　いま $x < y$ だから $y - x > 0$．アルキメデスの公理より，$1/(y-x) < b$ を満たす $b \in \mathbb{N}$ が存在する．このとき，$1/b < y - x$ である．次に，命題 5.13 より，$a-1 \leq bx < a$ を満たす $a \in \mathbb{Z}$ が存在する．このとき，
$$x < \frac{a}{b} = \frac{a-1}{b} + \frac{1}{b} < x + (y-x) = y.$$
ゆえに，a/b が求める有理数である．　□

命題 5.15（無理数の稠密性）　任意の $x, y \in \mathbb{R} \ (x < y)$ に対して，$x < s < y$ を満たす無理数 s が存在する．

証明　いま $x < y$ だから，$x - \sqrt{2} < y - \sqrt{2}$．命題 5.14 より，
$$x - \sqrt{2} < r < y - \sqrt{2}$$

を満たす有理数 r が存在する．このとき，$r+\sqrt{2}$ が求める無理数である． □

稠密は「いたるところに存在する」ことを意味する用語である．命題 5.14, 5.15 より，数直線 $\mathbb{R}$ のどんなに短い区間の中にも，必ず有理数と無理数が存在する．すなわち，$\mathbb{R}$ の中で有理数と無理数は偏りなく混じり合っているといえる．

問 9 $\mathbb{R}$ が体であることから，次の (1), (2) が導かれることを示せ．
 (1) 任意の $a \in \mathbb{R}$ に対して，$a \cdot 0 = 0$.
 (2) 任意の $a, b \in \mathbb{R}$ に対して，$(-a) \cdot (-b) = a \cdot b$.

問 10 任意の自然数 $p \geq 2$ に対して，$1/p^n \longrightarrow 0$ $(n \longrightarrow \infty)$ が成り立つことを，アルキメデスの公理を使って説明せよ．

問 11 任意の開区間 $J = (a, b)$ $(a < b)$ は，無限個の有理数と無限個の無理数を含むことを示せ．

問 12 $1.0001 < t < 1.0002$ を満たす無理数 t の例を与えよ．

註 5.16 完備順序体の一意性は，2 つ以上の本質的に異なる完備順序体が存在しないということであって，少なくとも 1 つ存在することを保証はしていない．その存在を示すために，有理数体 $\mathbb{Q}$ から実数体 $\mathbb{R}$ を構成するいくつかの方法が知られている (参考書 [6], [9], [14], [19] を見よ)．

5.4　実数の表現とカントル集合

実数体 $\mathbb{R}$ の任意の要素は無限小数として表されることを，一般的な形で証明しよう．

命題 5.17 任意の自然数 $p \geq 2$ をとる．このとき，任意の $x \in \mathbb{R}$ は，無限級数
$$x = a_0 + \frac{a_1}{p} + \frac{a_2}{p^2} + \cdots + \frac{a_n}{p^n} + \cdots \tag{5.9}$$
として表される．ただし，$a_0 \in \mathbb{Z}$，各 $n \in \mathbb{N}$ に対して $a_n \in \{0, 1, \cdots, p-1\}$．

証明 最初に，命題 5.13 より，
$$a_0 \leq x < a_0 + 1$$
を満たす $a_0 \in \mathbb{Z}$ が存在する．このとき，$a_0 + (a/p)$ $(a = 0, 1, \cdots, p-1)$ の形の数は区間 $[a_0, a_0+1)$ を p 等分するから，
$$a_0 + \frac{a_1}{p} \leq x < a_0 + \frac{a_1+1}{p} \tag{5.10}$$
を満たす数 $a_1 \in \{0, 1, \cdots, p-1\}$ が存在する．次にまた，$a_0 + (a_1/p) + (a/p^2)$ $(a = 0, 1, \cdots, p-1)$ の形の数は，不等式 (5.10) の両端の数を端点とする区間を p 等分するから，
$$a_0 + \frac{a_1}{p} + \frac{a_2}{p^2} \leq x < a_0 + \frac{a_1}{p} + \frac{a_2+1}{p^2}$$
を満たす数 $a_2 \in \{0, 1, \cdots, p-1\}$ が存在する．同様の議論を繰り返すにより，すべての $n \in \mathbb{N}$ に対して，
$$a_0 + \frac{a_1}{p} + \frac{a_2}{p^2} + \cdots + \frac{a_n}{p^n} \leq x < a_0 + \frac{a_1}{p} + \frac{a_2}{p^2} + \cdots + \frac{a_n+1}{p^n}$$
を満たす数 $a_n \in \{0, 1, \cdots, p-1\}$ を選ぶことができる．各 $n \in \mathbb{N}$ に対して，
$$x_n = a_0 + \frac{a_1}{p} + \frac{a_2}{p^2} + \cdots + \frac{a_{n-1}}{p^{n-1}}$$
とおくと，$x_n \leq x < x_n + (1/p^{n-1})$．このとき，アルキメデスの公理より，
$$0 \leq x - x_n < 1/p^{n-1} \longrightarrow 0 \ (n \longrightarrow \infty)$$
が成り立つ (問 10 (61 ページ) を見よ) から，部分和の数列 $\{x_n\}$ は x に収束する．ゆえに，x は無限級数 (5.9) の形で表される． □

註 5.18 (5.9) の右辺の無限級数を x の p **進展開** という．それは，x の p 進法の無限小数としての表現であると考えられる．特に $p = 10$ のとき，任意の実数は 10 進法の無限小数として表される．逆に，(5.9) の右辺の無限級数は常に実数を表す．なぜなら，部分和の数列は上に有界な単調増加数列だから，連続性の公理より，必ずある実数に収束するからである．結果として，任意の無限小数は実数を表す．5.2 節の冒頭で述べた高校数学における実数の定義は，以上の考察に基づいている．

問 13 $1/4$ の 3 進展開を求めよ．

最後に，数学のいろいろな場面で使われる $\mathbb{R}$ の部分集合の例を紹介しよう．準備として，連続性の公理から導かれる定理を証明する．

定理 5.19 (**Cantor の共通部分定理**)　閉区間の列 $I_n = [a_n, b_n]$ $(n \in \mathbb{N})$ に対し，
$$I_1 \supseteq I_2 \supseteq \cdots \supseteq I_n \supseteq I_{n+1} \supseteq \cdots, \tag{5.11}$$
$$\lim_{n \to \infty} |a_n - b_n| = 0 \tag{5.12}$$
が成り立つとき，$\bigcap_{n \in \mathbb{N}} I_n = \{x\}$ を満たす $x \in \mathbb{R}$ が存在する．

証明　(5.11) より，次の不等式が成り立つ．
$$a_1 \leq a_2 \leq \cdots \leq a_n \leq a_{n+1} \leq \cdots\cdots \leq b_{n+1} \leq b_n \leq \cdots \leq b_2 \leq b_1. \tag{5.13}$$
数列 $\{a_n\}$ は上に有界かつ単調増加だから，連続性の公理より，ある $x \in \mathbb{R}$ に収束する．このとき，任意の $n \in \mathbb{N}$ に対して $a_n \leq x \leq b_n$ だから（下の問 14 を見よ），$x \in \bigcap_{n \in \mathbb{N}} I_n$. このような x が一意的に定まることを示そう．もし
$$x, y \in \bigcap_{n \in \mathbb{N}} I_n$$
ならば，すべての $n \in \mathbb{N}$ に対して，$x, y \in I_n$ だから $|x - y| \leq |a_n - b_n|$. このとき，(5.12) より $0 \leq |x - y| \leq |a_n - b_n| \longrightarrow 0$ $(n \longrightarrow \infty)$ だから，$x = y$ でなければならない．ゆえに，$\bigcap_{n \in \mathbb{N}} I_n = \{x\}$ が成り立つ． $\square$

問 14　上の証明で，任意の $n \in \mathbb{N}$ に対して，$a_n \leq x \leq b_n$ が成り立つことを確かめよ．

例 5.20　閉区間 $I = [0, 1]$ を 3 等分し，I から中央の開区間 $(1/3, 2/3)$ を引いた差集合を K_1 とする．すなわち，
$$K_1 = [0, 1/3] \cup [2/3, 1].$$
次に，K_1 の 2 つの閉区間をそれぞれ 3 等分し，K_1 から中央の開区間の和集合 $(1/9, 2/9) \cup (7/9, 8/9)$ を引いた差集合を K_2 とする．すなわち，
$$K_2 = [0, 1/9] \cup [2/9, 1/3] \cup [2/3, 7/9] \cup [8/9, 1].$$
次にまた，K_2 の 4 つの閉区間をそれぞれ 3 等分し，K_2 から中央の開区間の和集合を引いた差集合を K_3 とする．以下，この操作を繰り返して，
$$I \supseteq K_1 \supseteq K_2 \supseteq \cdots \supseteq K_n \supseteq K_{n+1} \supseteq \cdots$$

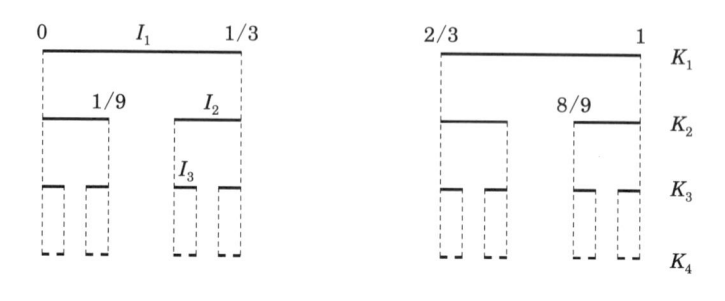

図5.2 カントル集合 $\mathbb{K}$. 各 $n \in \mathbb{N}$ に対し，K_n を構成する閉区間 I_n を1つずつ選んで作った減少列 $I_1 \supseteq I_2 \supseteq \cdots \supseteq I_n \supseteq \cdots$ に対して，$\mathbb{K}$ の要素が1つ対応する (定理 5.19).

を作る．このとき，最後まで残った実数の集合，すなわち，すべての K_n に属する実数の集合

$$\mathbb{K} = \bigcap_{n \in \mathbb{N}} K_n$$

を**カントル集合**という (図 5.2 を見よ)．

問 15 カントル集合 $\mathbb{K}$ は，実数を3進展開したとき，整数部分が0で，小数部分が0と2だけを使って表される数，すなわち，

$$x = \frac{a_1}{3} + \frac{a_2}{3^2} + \cdots + \frac{a_n}{3^n} + \cdots \quad (a_n \in \{0, 2\}, \; n \in \mathbb{N})$$

と表される実数 x 全体の集合であることを示せ．

演習問題

1. 各 $n \in \mathbb{N}$ に，平面 $\mathbb{R}^2$ の部分集合 $A_n = \{(x, y) : y > x^{2n}\}$ を対応させる．このとき，$\bigcup_{n \in \mathbb{N}} A_n$ と $\bigcap_{n \in \mathbb{N}} A_n$ を図示せよ．

2. 集合 $A_n = \{(x, y) : y > x^{2n-1}\} \subseteq \mathbb{R}^2 \; (n \in \mathbb{N})$ に対し，前問1と同じ問に答えよ．

3. 次の5つの数を小さい順にならべよ．

$2\sqrt{8} - \sqrt{32}, \quad 1/(2 - \sqrt{3}), \quad 1/(2 + \sqrt{3}), \quad \sqrt{5}/2, \quad |\sqrt{2} - \sqrt{3}|.$

4. 分数 $n/17 \; (n = 1, 2, \cdots, 16)$ を循環小数として表せ．

5. $\sqrt{6}$ は無理数であることを証明せよ．

6. $\sqrt{2}+\sqrt{3}$ は無理数であることを証明せよ．

7. 任意の素数 p と任意の $m,n \in \mathbb{N}\ (m>n)$ に対して，$p^{n/m}$ は無理数であることを証明せよ．

8. 次の (1)–(3) は正しいかどうか，それぞれ理由とともに答えよ．

(1) 任意の 2 つの有理数の和は有理数である．

(2) 任意の有理数と任意の無理数の和は無理数である．

(3) 任意の 2 つの無理数の和は無理数である．

9. 前問 8 の (1)–(3) において，和を積に変えた命題は正しいかどうか，それぞれ理由とともに答えよ．

10. 次の (1), (2) は正しいかどうか，それぞれ理由とともに答えよ．

(1) 半径が有理数である任意の円の面積は無理数である．

(2) 半径が無理数である任意の円の面積は無理数である．

11. 任意の有理数 a,b に対して，$a\sqrt{2}+b\sqrt{3}=0$ ならば $a=b=0$ であることを示せ．

12. $a=355/113$ は円周率 π に近い有理数として知られている．a は有限小数として表されるか循環小数として表されるか判定せよ．また，$|\pi-a|<1/10^n$ を満たす最大の自然数 n を求めよ．

13. 有理数 x が有限小数として表されるためには，x を既約分数として表したとき，分母の素因数が 2 と 5 だけであること，すなわち，
$$x = \frac{m}{2^p 5^q} \quad (m,p,q \in \mathbb{Z}, p \geq 0, q \geq 0)$$
の形になることが必要十分であることを示せ．

14. $1/4, 3/4, 2/5, 1/6, 1/40$ はカントル集合 $\mathbb{K}$ の要素であるかどうかを調べよ．

15. 任意の集合 $A \subseteq \mathbb{R}$ に対して，$A+A = \{x+y : x,y \in A\}$ とおく．カントル集合 $\mathbb{K}$ に対して，$\mathbb{K}+\mathbb{K} = [0,2]$ が成り立つことを示せ (ヒント：問 15 の結果を使う．3 進展開したとき，整数部分が 0 で，小数部分が 0 と 1 だけで表される実数全体の集合を $\mathbb{K}'$ とおき，$[0,1] \subseteq \mathbb{K}'+\mathbb{K}'$ が成り立つことを示せ)．

第6章

有限と無限

　有限集合の要素の個数は 0 または自然数で表される．その拡張として，有限集合だけでなく，すべての集合の要素の「個数」を表現する方法について考えよう．無限集合の要素の個数にも，集合によって違いがあること，さらに，その違いにも無限の段階があることが導かれる．

6.1　集合の対等関係

定義 6.1　2つの集合 A, B に対し，A から B への全単射が存在するとき，A と B は**対等**であるといい，$A \sim B$ と書く．

例 6.2　集合 $A = \{0, 1, 2\}$ と3つのアルファベットの集合 $B = \{a, b, c\}$ は対等である．なぜなら，$f(0) = a$, $f(1) = b$, $f(2) = c$ と定めることによって全単射 $f: A \longrightarrow B$ が定義できるからである．

☞　$\{0\} \sim \{a\}$, $\{0, 1\} \sim \{a, b\}$, $\{0, 1, 2\} \sim \{a, b, c\}$.

　2つの集合 A, B が対等であることは，A の要素全体と B の要素全体がもれなく1対1に対応することを意味する．したがって，有限集合 X の要素の個数を $|X|$ で表すと，任意の有限集合 A, B に対して，

$$|A| = |B| \iff A \sim B \tag{6.1}$$

が成立する．次に，対等な無限集合について考えよう．

例 6.3 偶数の集合 $E = \{2n : n \in \mathbb{N}\}$ に対して，$\mathbb{N} \sim E$ が成立する．全単射
$$f : \mathbb{N} \longrightarrow E ; n \longmapsto 2n$$
が存在するからである (直観的には，偶数は自然数の半分である．それにもかかわらず，自然数全体と偶数全体はもれなく 1 対 1 に対応する！)．

例 6.4 $\mathbb{N} \sim \mathbb{Z}$ が成立する．全単射
$$f : \mathbb{N} \longrightarrow \mathbb{Z} ; n \longmapsto \begin{cases} n/2 & (n \text{ が偶数のとき}), \\ (1-n)/2 & (n \text{ が奇数のとき}) \end{cases}$$
が定義できるからである．写像 f は，偶数を正の整数に，奇数を 0 以下の整数にもれなく 1 対 1 に対応させている．

例 6.5 任意の 2 つの閉区間 $I = [a,b]$, $I' = [c,d]$ $(a<b, c<d)$ は対等である．すなわち，$I \sim I'$ が成立する．1 次関数
$$f : I \longrightarrow I' ; x \longmapsto \frac{c-d}{a-b}x + \frac{ad-bc}{a-b}$$
は全単射だからである．一般に，2 つの閉区間はそれらの長さに無関係に常に対等である．

例 6.6 開区間 $J = (-1, 1)$ に対して，$\mathbb{R} \sim J$ が成立する．全単射
$$f : \mathbb{R} \longrightarrow J ; x \longmapsto \frac{x}{1+|x|}$$
が存在するからである (図 6.1 を見よ)．

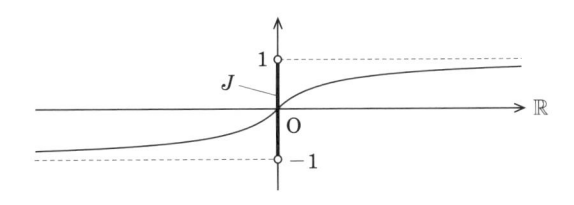

図 6.1 全単射 $f : \mathbb{R} \longrightarrow J ; x \longmapsto x/(1+|x|)$ のグラフ.

問 1 2 を加えると 5 の倍数になる整数全体の集合 A に対し，$\mathbb{N} \sim A$ が成り立つことを示せ．

問 2 任意の 2 つの半開区間 $H = [a,b)$, $H' = [c,d)$ $(a<b, c<d)$ は対等であることを示せ.

問 3 区間 $J = (0, +\infty)$ に対し, $\mathbb{R} \sim J$ が成り立つことを示せ.

最も重要なことは, すべての無限集合が互いに対等であるとは限らないことである.

定理 6.7 (Cantor) $\mathbb{N} \not\sim \mathbb{R}$.

この事実は, G. Cantor (カントル, 1845–1918) によって証明された. 証明の鍵は, 対角線論法とよばれる方法である. そのアイデアを先に説明しておこう.

対角線論法 いま, 0 と 1 からなる n 桁の暗証番号が n 個与えられたとする. 下のリストは, $n=4$ の場合の例である.

$$
\begin{array}{cccccc}
a_1: & \mathbf{1} & 0 & 1 & 1 \\
a_2: & 0 & \mathbf{0} & 1 & 0 \\
a_3: & 1 & 1 & \mathbf{1} & 0 \\
a_4: & 1 & 1 & 0 & \mathbf{1}
\end{array}
$$

このとき, 与えられた n 個のすべてと異なる新しい暗証番号を作りたい. 特に, n が非常に大きな数の場合にも適用できるような機械的な方法を見つけたい. Cantor のアイデアは, 左上から右下に向かう対角線上の数字の列に着目して, その 0 と 1 を交換した数列を作ることである. 上の例の場合, 対角線上の数字の列 1011 の 0 と 1 を交換してできる数列 0100 が求める暗証番号である. なぜなら, どの a_i とも左から i 番目の数字が異なるからである.

証明 定理 6.7 を背理法によって証明する. もし $\mathbb{N} \sim \mathbb{R}$ であると仮定すると, 全単射 $f: \mathbb{N} \longrightarrow \mathbb{R}$ が存在する. このとき,

$$\mathbb{R} = f(\mathbb{N}) = \{f(n) : n \in \mathbb{N}\}. \tag{6.2}$$

命題 5.17 より, 各 $f(n)$ を 10 進法無限小数として表すことができる (整数や有限小数の場合は, 小数部分に 0 を続ける). 下はそのリストである.

$$f(1) = a_{10}.\boldsymbol{a_{11}}a_{12}a_{13}\cdots a_{1n}\cdots,$$
$$f(2) = a_{20}.a_{21}\boldsymbol{a_{22}}a_{23}\cdots a_{2n}\cdots,$$
$$f(3) = a_{30}.a_{31}a_{32}\boldsymbol{a_{33}}\cdots a_{3n}\cdots,$$
$$\cdots$$
$$f(n) = a_{n0}.a_{n1}a_{n2}a_{n3}\cdots \boldsymbol{a_{nn}}\cdots,$$
$$\cdots.$$

ここで，各 $n \in \mathbb{N}$ に対して $a_{n0} \in \mathbb{Z}$, 各 $n, j \in \mathbb{N}$ に対して $a_{nj} \in \{0, 1, 2, \cdots, 9\}$. 上のリストの小数部分の対角線上の数字の列 $a_{11}a_{22}a_{33}\cdots a_{nn}\cdots$ に着目して，その各項 a_{nn} を 9 以外の他の数字 b_n に置きかえる (下の問 4 を見よ). たとえば，各 $n \in \mathbb{N}$ に対して，

$$b_n = \begin{cases} 1 & (a_{nn} \text{ が偶数のとき}), \\ 2 & (a_{nn} \text{ が奇数のとき}) \end{cases} \tag{6.3}$$

とおいて (鍵は，$b_n \neq a_{nn}$ であること), 無限小数 $b = 0.b_1b_2b_3\cdots b_n\cdots$ を作る．このとき，$b \in \mathbb{R}$ である (註 5.18). ところが，すべての $n \in \mathbb{N}$ に対して，b の小数第 n 位 b_n と $f(n)$ の小数第 n 位 a_{nn} は異なるから，$b \neq f(n)$ である．ゆえに，$b \notin f(\mathbb{N})$. これは (6.2) に矛盾する． □

問 4 上の証明における b_n の定め方について，なぜ $b_n = 9$ とすると不都合であるかを考えよ．

命題 6.8 任意の集合 A, B, C に対して，次が成り立つ．

(1) $A \sim A$, （反射律）
(2) $A \sim B$ ならば $B \sim A$, （対称律）
(3) $A \sim B$ かつ $B \sim C$ ならば，$A \sim C$. （推移律）

証明 (1) 恒等写像 $\mathrm{id}_A : A \longrightarrow A$ は全単射だから，$A \sim A$.

(2) もし $A \sim B$ ならば，全単射 $f : A \longrightarrow B$ が存在する．このとき，逆写像 $f^{-1} : B \longrightarrow A$ は全単射だから，$B \sim A$.

(3) もし $A \sim B, B \sim C$ ならば，全単射 $f : A \longrightarrow B, g : B \longrightarrow C$ が存在する．系 3.26 より，合成写像 $g \circ f : A \longrightarrow C$ は全単射だから，$A \sim C$. □

6.2 集合の濃度

便宜上，すべての集合の集まりを考え，それを V で表す．ここで，V は集合でないことに注意する必要がある．もし V が集合ならば，$V \in V$ が成り立つので，註 1.13 で述べた主張 (1.6) に矛盾するからである．直観的には，V はあまりにも大きすぎて，集合として認められないということである．そのため，以下では，V を集合全体の**クラス**とよぶ．

註 6.9 クラス V は，集合全体に関係する主張を，見通しよく表現するための略号であると考えてよい．たとえば，主張「空集合はすべての集合の部分集合である」の意味は，$(\forall A \in V)(\varnothing \subseteq A)$ と書くと明快である．以下の説明では，集合に関するいくつかの概念を V において使うが，それらはすべて V を使わずに記述することも可能であることに注意しておこう．

はじめに，有限集合の要素の個数を考える際の指標となる集合を，次のように定めておく．

$$W_0 = \varnothing,$$
$$W_1 = \{0\},$$
$$W_2 = \{0, 1\},$$
$$\cdots$$
$$W_n = \{0, 1, \cdots, n-1\},$$
$$\cdots.$$

任意の有限集合は，上のいずれか 1 つの W_n と対等である．また，$m \neq n$ ならば $W_m \not\sim W_n$ である．さらに，有限集合と無限集合は対等でないから，定理 6.7 と合わせて考えると，次の集合

$$W_0, W_1, W_2, \cdots, W_n, \cdots, \mathbb{N}, \mathbb{R} \tag{6.4}$$

は，どの異なる 2 つも対等でない．

一方，命題 6.8 より，関係 $\sim$ は集合の間の同値関係であると考えられるから，クラス V を互いに対等な集合からなる組 (＝同値類) に分類することができる．このとき，任意の集合はそれらの組のうちの 1 つに属する．特に，(6.4) に列記した集合は，互いに対等でないから，それぞれ異なる組に属する．そこ

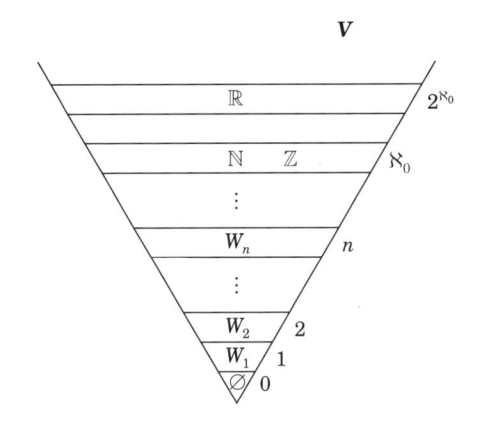

図 **6.2** 関係 ∼ によるクラス V の分類. $\mathbb{N} \sim \mathbb{Z}$ だから, $\mathbb{N}$ と $\mathbb{Z}$ は同じ組に属する. 各組に右の枠外の名前を与える. $\mathbb{R}$ の属するクラスの名前 $2^{\aleph_0}$ には理由がある (註 6.36 を見よ).

で, 各 $n=0,1,2,\cdots$ に対し, W_n の属する組を n, $\mathbb{N}$ の属する組を $\aleph_0$ (アレフ・ゼロ), $\mathbb{R}$ の属する組を $2^{\aleph_0}$ と名付ける (図 6.2 を見よ).

定義 6.10 集合 A に対して, 上記の分類において A が属する組を A の**濃度** (cardinal number) または**基数**といい,

$$|A| \quad \text{または} \quad \operatorname{card} A$$

で表す. 本書では, 前者の表し方を採用する.

- ☞ 空集合 $\varnothing$ の属する組は 0 だから, $|\varnothing| = 0$.
- ☞ 各 $n \in \mathbb{N}$ に対し, W_n の属する組は n だから, $|W_n| = n$.
- ☞ $|\mathbb{N}| = |\mathbb{Z}| = \aleph_0$.
- ☞ $|\mathbb{R}| = 2^{\aleph_0}$.

任意の集合 A, B に対し, $|A| = |B|$ が成り立つためには, それらの属する組が等しいこと, すなわち, $A \sim B$ であることが必要十分である. ゆえに,

$$|A| = |B| \Longleftrightarrow A \sim B \tag{6.5}$$

が成立する.

例 6.11 有限集合 A の要素の個数が n のとき，$A \sim W_n$ だから，
$$|A| = |W_n| = n.$$
したがって，有限集合の濃度は要素の個数に一致する．

例 6.12 例 6.6 より，開区間 $J = (-1, 1)$ に対して，$\mathbb{R} \sim J$ が成立する．ゆえに，$|J| = |\mathbb{R}| = 2^{\aleph_0}$．

定義 6.13 0 または自然数で表される濃度を**有限濃度**とよび，それ以外の濃度を**無限濃度**とよぶ．有限濃度は有限集合の濃度であり，無限濃度は無限集合の濃度である．

定義 6.14 濃度 $\aleph_0$ を**可算濃度**とよび，それ以外の無限濃度を**非可算濃度**とよぶ．可算濃度の集合を**可算集合**とよび，非可算濃度の集合を**非可算集合**とよぶ．有限集合と可算集合をあわせて**高々可算な集合**という．

☞ $\mathbb{N}$ と $\mathbb{Z}$ は可算集合である．

☞ $\mathbb{R}$ は非可算集合である．

☞ 任意の開区間 $J = (a, b)$ $(a < b)$ は非可算集合である (後の問 5)．

集合 A が可算集合であるためには，$\mathbb{N} \sim A$ であることが必要十分である．さらに，そのためには，A の要素にもれなく番号を付けて，
$$A = \{a_1, a_2, \cdots, a_n, \cdots\} \tag{6.6}$$
と表せることが必要十分である．なぜなら，$\mathbb{N} \sim A$ ならば，全単射 $f: \mathbb{N} \longrightarrow A$ が存在する．このとき，
$$A = f(\mathbb{N}) = \{f(n) : n \in \mathbb{N}\}$$
だから，各 $n \in \mathbb{N}$ に対して $a_n = f(n)$ とおくと (6.6) が得られる．逆に，A が (6.6) の形で表されたならば，全単射
$$g: \mathbb{N} \longrightarrow A; n \longmapsto a_n$$
が定義できるから，$\mathbb{N} \sim A$ である．

註 6.15 高々可算な集合のことを**可算集合**とよぶことがある．その場合は，濃度 $\aleph_0$ の集合を**可算無限集合**とよぶ．

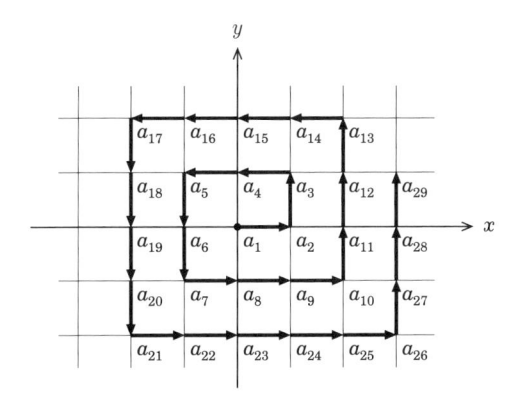

図 6.3 最初に $a_1=(0,0)$ とおき，矢印の順にすべての格子点にもれなく番号をつけることができる．

例題 6.16 直積集合 $\mathbb{Z}^2$ は可算集合であることを示せ．

証明 直積集合 $\mathbb{Z}^2=\{(m,n):m,n\in\mathbb{Z}\}$ は，平面 $\mathbb{R}^2$ 上の格子点 (x 座標と y 座標がともに整数である点) の集合と見なされる．図 6.3 に示すように，格子点全体にもれなく番号をつけて，$\mathbb{Z}^2=\{a_1,a_2,\cdots,a_n,\cdots\}$ と表すことができる．ゆえに，$\mathbb{Z}^2$ は可算集合である． □

問 5 任意の開区間 $J=(a,b)$ $(a<b)$ に対し，$|J|=2^{\aleph_0}$ であることを示せ．

問 6 直積集合 $\mathbb{N}^2$ は可算集合であることを示せ．

6.3 濃度の比較

有限濃度の間には，自然な順序 $0<1<2<\cdots<n<\cdots$ が存在する．その拡張として，すべての濃度の間に順序を定義しよう．本書では，一般の濃度を $\boldsymbol{a},\boldsymbol{b},\cdots$ などの文字で表す．

定義 6.17 2 つの濃度 $\boldsymbol{a},\boldsymbol{b}$ に対し，$|A|=\boldsymbol{a}$, $|B|=\boldsymbol{b}$ である集合 A,B を任意に選ぶ (図 6.4)．このとき，A から B への単射が存在するならば，

$$\boldsymbol{a}\leq\boldsymbol{b} \quad \text{または} \quad \boldsymbol{b}\geq\boldsymbol{a}$$

と書き，$\boldsymbol{a}$ は $\boldsymbol{b}$ より大きくない，または，$\boldsymbol{a}$ は $\boldsymbol{b}$ 以下であるという．

註 6.18 定義 6.17 は，集合 A, B の選び方に関係しない．すなわち，$|A| = \boldsymbol{a}$，$|B| = \boldsymbol{b}$ である 1 組の集合 A, B に対して，単射 $f: A \longrightarrow B$ が存在するとき，$|A'| = \boldsymbol{a}$, $|B'| = \boldsymbol{b}$ であるすべての集合 A', B' に対して，A' から B' への単射が存在する．なぜなら，このとき $A \sim A', B \sim B'$ だから，それぞれ，全単射 $g: A' \longrightarrow A$ と $h: B \longrightarrow B'$ が存在する．このとき，補題 3.25 より，合成写像 $h \circ f \circ g: A' \longrightarrow B'$ は単射だからである (図 6.4 を見よ)．

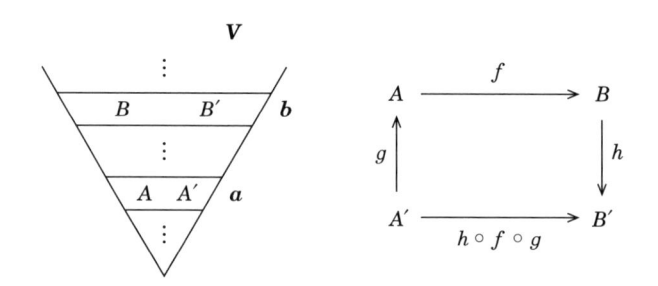

図 6.4 $\boldsymbol{a} \leq \boldsymbol{b}$ のとき，$|A'| = \boldsymbol{a}, |B'| = \boldsymbol{b}$ であるすべての集合 A', B' に対して，A' から B' への単射が存在する．

任意の集合 A, B に対して，$|A| = \boldsymbol{a}, |B| = \boldsymbol{b}$ であると考えると，定義 6.17 より，次が成り立つ．

$$|A| \leq |B| \iff A \text{ から } B \text{ への単射が存在する}. \tag{6.7}$$

補題 6.19 任意の集合 A, B に対して，$A \subseteq B$ ならば $|A| \leq |B|$．

証明 もし $A \subseteq B$ ならば，各 $x \in A$ をそれぞれ $x \in B$ へうつす写像

$$i_{A,B}: A \longrightarrow B; x \longmapsto x$$

が定義できる．このとき，$i_{A,B}$ は単射だから，(6.7) より $|A| \leq |B|$． □

註 6.20 補題 6.19 の証明中で定義した写像 $i_{A,B}: A \longrightarrow B$ を**包含写像**という．包含写像は単射である．特に，$A = \varnothing$ の場合にも，包含写像 $i_{\varnothing, B}$ は何もうつさない写像として定義されることに注意しよう．

定義 6.21 2つの濃度 a, b に対し，$a \leq b$ かつ $a \neq b$ のとき，
$$a < b \quad \text{または} \quad b > a$$
と書き，a は b より小さい，または，b は a より大きいという．

命題 6.22 次の (1)–(3) が成立する．

(1) 任意の有限濃度 n に対し，$n < n+1$．
(2) 任意の有限濃度 n に対し，$n < \aleph_0$．
(3) $\aleph_0 < 2^{\aleph_0}$．

証明 (1) 任意の有限濃度 n に対し，$W_n \subseteq W_{n+1}$ だから，補題 6.19 より $|W_n| \leq |W_{n+1}|$. ここで，$|W_n| = n, |W_{n+1}| = n+1$ だから，$n \leq n+1$. さらに，$n \neq n+1$ だから，$n < n+1$．

(2), (3) 任意の有限濃度 n に対し，$W_n \subseteq \mathbb{Z} \subseteq \mathbb{R}$ だから，補題 6.19 より，$|W_n| \leq |\mathbb{Z}| \leq |\mathbb{R}|$. いま，$|W_n| = n, |\mathbb{Z}| = \aleph_0, |\mathbb{R}| = 2^{\aleph_0}$ だから，$n \leq \aleph_0 \leq 2^{\aleph_0}$. さらに，$n \neq \aleph_0$ かつ $\aleph_0 \neq 2^{\aleph_0}$ だから，$n < \aleph_0 < 2^{\aleph_0}$. □

☞ $0 < 1 < 2 < \cdots < n < n+1 < \cdots < \aleph_0 < 2^{\aleph_0}$．

定理 6.23 (**Bernstein-Schröder**) 任意の集合 X, Y に対し，X から Y への単射と Y から X への単射が存在するならば，$X \sim Y$ が成立する．

証明 単射 $f: X \longrightarrow Y$ と $g: Y \longrightarrow X$ が存在したとする．任意の $A \subseteq X$ に対して，X の部分集合 A^* を
$$A^* = X - g(Y - f(A))$$
によって定める．このとき，任意の $A, B \subseteq X$ に対して，補題 3.21 より，

$$
\begin{aligned}
A \subseteq B &\Longrightarrow f(A) \subseteq f(B) \\
&\Longrightarrow Y - f(A) \supseteq Y - f(B) \\
&\Longrightarrow g(Y - f(A)) \supseteq g(Y - f(B)) \\
&\Longrightarrow X - g(Y - f(A)) \subseteq X - g(Y - f(B)) \\
&\Longrightarrow A^* \subseteq B^*.
\end{aligned}
\tag{6.8}
$$

次に，$A \subseteq A^*$ を満たす X の部分集合 A 全体からなる集合族を $\mathcal{D}$ とする．すなわち，$\mathcal{D} = \{A \subseteq X : A \subseteq A^*\}$. 明らかに $\emptyset \in \mathcal{D}$ だから $\mathcal{D} \neq \emptyset$. そこで，

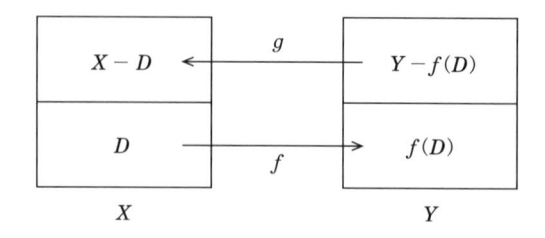

図 6.5 単射 f によって D と $f(D)$ の要素が 1 対 1 に対応し，単射 g によって $Y-f(D)$ と $X-D$ の要素が 1 対 1 に対応する．結果として，X の要素と Y の要素は 1 対 1 に対応する．

$$D = \bigcup \mathcal{D} \ (= \bigcup\{A : A \in \mathcal{D}\})$$

とおく．このとき，等式

$$D = D^* \tag{6.9}$$

が成立することを示そう．任意の $A \in \mathcal{D}$ に対して，$A \subseteq \bigcup \mathcal{D} = D$ だから，$\mathcal{D}$ の定義と (6.8) より，$A \subseteq A^* \subseteq D^*$．ゆえに，

$$D = \bigcup \mathcal{D} \subseteq D^*.$$

他方，上の事実と (6.8) より，$D^* \subseteq (D^*)^*$ が成り立つから $D^* \in \mathcal{D}$．ゆえに，

$$D^* \subseteq \bigcup \mathcal{D} = D.$$

以上により，等式 (6.9) が示された．結果として，$D = X - g(Y - f(D))$ が成り立つから，両辺の X における補集合をとると，

$$X - D = g(Y - f(D)).$$

すなわち，集合 $Y - f(D)$ は単射 g によって $X - D$ にうつされる (図 6.5 を見よ)．このとき，g の定義域を $Y - f(D)$ に制限し，終域を $X - D$ に変えた写像 $g' : (Y - f(D)) \longrightarrow (X - D)$ は全単射だから，その逆写像 $(g')^{-1}$ が定義される．最後に，写像 h を

$$h : X \longrightarrow Y\, ; x \longmapsto \begin{cases} (g')^{-1}(x) & (x \in X - D \text{ のとき}), \\ f(x) & (x \in D \text{ のとき}) \end{cases}$$

によって定義すると，h は全単射．ゆえに，$X \sim Y$． □

問 7 区間 $X = [0, 1]$, $Y = [0, 1)$ と単射 $f : X \longrightarrow Y\, ; x \longmapsto x/2$ および，包

含写像 $g = i_{Y,X} : Y \longrightarrow X$ について考える．区間 X の部分集合 $A_0 = \{0\}$ と $A_n = \{1/2^i : i = 0, 1, \cdots, n-1\}$ ($n \in \mathbb{N}$) に対して，定理 6.23 の証明の中で定義した集合 A_0^*, A_n^* を求めよ．

定理 6.24 任意の濃度 a, b, c に対して，次が成り立つ．

 (1) $a \leq a$, （反射律）
 (2) $a \leq b$ かつ $b \leq a$ ならば，$a = b$． （反対称律）
 (3) $a \leq b$ かつ $b \leq c$ ならば，$a \leq c$． （推移律）

証明 $|A| = a, |B| = b, |C| = c$ を満たす集合 A, B, C をとる．
 (1) 恒等写像 $\mathrm{id}_A : A \longrightarrow A$ は単射だから，$a \leq a$．
 (2) $a \leq b$ かつ $b \leq a$ ならば，A から B への単射と B から A への単射が存在する．このとき，定理 6.23 より $A \sim B$．ゆえに，$a = b$．
 (3) $a \leq b$ かつ $b \leq c$ ならば，単射 $f : A \longrightarrow B$ と単射 $g : B \longrightarrow C$ が存在する．補題 3.25 より，$g \circ f : A \longrightarrow C$ は単射だから，$a \leq c$． □

例 6.25 $|\mathbb{Q}| = \aleph_0$．なぜなら，$\mathbb{N} \subseteq \mathbb{Q}$ だから，補題 6.19 より
$$\aleph_0 = |\mathbb{N}| \leq |\mathbb{Q}|.$$
次に，各 $x \in \mathbb{Q}$ は，既約分数として $x = a/b$ ($a \in \mathbb{Z}, b \in \mathbb{N}$) の形に一意的に表される (整数 x に対しては，$x = x/1$ とする)．このとき，写像
$$f : \mathbb{Q} \longrightarrow \mathbb{Z}^2 ; a/b \longmapsto (a, b)$$
は単射だから，$|\mathbb{Q}| \leq |\mathbb{Z}^2|$．例題 6.16 より $|\mathbb{Z}^2| = \aleph_0$ だから，$|\mathbb{Q}| \leq \aleph_0$．ゆえに，定理 6.24 (2) より $|\mathbb{Q}| = \aleph_0$．

例 6.26 無理数の集合 $\mathbb{P} = \mathbb{R} - \mathbb{Q}$ に対し，$|\mathbb{P}| = 2^{\aleph_0}$．なぜなら，例 6.25 より $\mathbb{Q}$ は可算集合だから，$\mathbb{Q} = \{a_1, a_2, \cdots, a_n, \cdots\}$ と表すことができる．次に，$S = \{n\sqrt{2} : n \in \mathbb{N}\}$ とおくと，$S \subseteq \mathbb{P}$．このとき，写像
$$f : \mathbb{R} \longrightarrow \mathbb{P} ; x \longmapsto \begin{cases} 2n\sqrt{2} & (x = a_n \in \mathbb{Q} \text{ のとき}), \\ (2n-1)\sqrt{2} & (x = n\sqrt{2} \in S \text{ のとき}), \\ x & (x \in \mathbb{R} - (\mathbb{Q} \cup S) \text{ のとき}) \end{cases}$$
は全単射だから，$\mathbb{R} \sim \mathbb{P}$．ゆえに，$|\mathbb{P}| = |\mathbb{R}| = 2^{\aleph_0}$．

例 6.27 任意の閉区間 $I=[a,b]$ $(a<b)$ に対して，$|I|=2^{\aleph_0}$．なぜなら，開区間 $J=(a,b)$ に対して，$|J|=2^{\aleph_0}$ が成立する (問 5 (73 ページ))．このとき，$J\subseteq I\subseteq \mathbb{R}$ だから，補題 6.19 より $2^{\aleph_0}=|J|\leq |I|\leq |\mathbb{R}|=2^{\aleph_0}$．ゆえに，定理 6.24 (2) より $|I|=2^{\aleph_0}$．

問 8 $\mathbb{R}$ の部分集合 A が開区間を含むとき，$|A|=2^{\aleph_0}$ であることを示せ．

定理 6.28 可算濃度 $\aleph_0$ は最小の無限濃度である．

証明 任意の無限濃度 $\boldsymbol{a}$ に対して，$\aleph_0\leq \boldsymbol{a}$ が成立することを示せばよい．そのために，$|A|=\boldsymbol{a}$ である集合 A をとると，A は無限集合だから空でない．そこで，A の要素を任意に 1 つ選んで，b_1 と名付ける．次に，$A-\{b_1\}$ の要素を任意に 1 つ選んで，b_2 と名付ける．このとき，$b_2\neq b_1$．この操作を続けて，$b_1,b_2,\cdots,b_n\in A$ を選んだとき，A は無限集合だから，$A-\{b_1,b_2,\cdots,b_n\}$ は空でない．したがって，$A-\{b_1,b_2,\cdots,b_n\}$ の要素を選んで，b_{n+1} と名付けることができる．このとき，各 $i\leq n$ に対して，$b_{n+1}\neq b_i$．以上のようにして，A から異なる要素の列 $b_1,b_2,\cdots,b_n,\cdots$ を選ぶことができる．このとき，集合 $B=\{b_1,b_2,\cdots,b_n,\cdots\}$ は可算集合だから，$|B|=\aleph_0$．また，$B\subseteq A$ だから，補題 6.19 より $|B|\leq |A|$．ゆえに，$\aleph_0=|B|\leq |A|=\boldsymbol{a}$． □

註 6.29 数学の議論の対象になる集合は，すべて明確に (＝論理記号で表現された文章によって) 定義された集合でなければならない．定理 6.28 の証明における集合 B は，明確に定義されたといえるだろうか．この証明の根拠は，次の公理によって与えられる．

選択公理 任意の集合族 $\mathcal{A}$ に対して，写像 $f:\mathcal{A}-\{\varnothing\}\longrightarrow \bigcup \mathcal{A}$ で，条件
$$(\forall A\in \mathcal{A}-\{\varnothing\})(f(A)\in A) \tag{6.10}$$
を満たすものが存在する．写像 f を $\mathcal{A}$ の**選択関数**という．

選択公理は，任意の集合族 $\mathcal{A}$ に対して，空集合を除くすべての $A\in \mathcal{A}$ から，要素 $f(A)\in A$ を 1 つずつ選ぶ手段があることを保証している．参考のために，選択公理の使用を明瞭にした定理 6.28 の証明を与えておこう．

証明 任意の無限濃度 $\boldsymbol{a}$ に対し，$|A|=\boldsymbol{a}$ である集合 A をとる．選択公理より，選択関数 $f:\mathcal{P}(A)-\{\varnothing\}\to A\ (=\bigcup \mathcal{P}(A))$ が存在する．最初に，

$b_1 = f(A)$ とおき，A の要素の列 $b_1, b_2, \cdots$ を，
$$b_{n+1} = f(A - \{b_1, b_2, \cdots, b_n\})$$
とおくことにより帰納的に定める．次に，$B = \{b_1, b_2, \cdots, b_n, \cdots\}$ とおく (集合 B は f を使って記述される A の要素の集合として，明確に定義された！)．このとき，f の性質 (6.10) より，各 n に対して $b_{n+1} \in A - \{b_1, b_2, \cdots, b_n\}$ だから，B の要素は互いに異なる．したがって，B は可算集合だから，$|B| = \aleph_0$．また，$B \subseteq A$ だから，補題 6.19 より $|B| \leq |A|$．ゆえに，$\aleph_0 = |B| \leq |A| = \boldsymbol{a}$． □

選択公理は，数学の理論を円滑に展開するための基本原理の 1 つである．通常の数学では暗黙のうちに選択公理を仮定している．選択公理を仮定せずに数学を展開することも可能であるが，その場合，証明可能な命題は限られたものになる．選択公理について，詳しくは [12] を参照せよ．ここで，選択公理を必要とする命題の例をもう 1 つ与えよう．

命題 6.30 任意の空でない集合 A, B に対して，次の (1), (2) は同値である．

(1) A から B への単射が存在する．
(2) B から A への全射が存在する．

証明 (1) $\Longrightarrow$ (2): 単射 $f : A \longrightarrow B$ が存在するとき，f の終域を $f(A)$ に変えた写像 $f' : A \longrightarrow f(A)$ は全単射だから，逆写像 $(f')^{-1} : f(A) \longrightarrow A$ が存在する．いま $A \neq \emptyset$ だから，$a_0 \in A$ を任意に選んで，写像

$$g : B \longrightarrow A\,;\, y \longmapsto \begin{cases} (f')^{-1}(y) & (y \in f(A) \text{ のとき}), \\ a_0 & (y \notin f(A) \text{ のとき}) \end{cases}$$

を定義する．このとき，$g \circ f = \mathrm{id}_A$ が成り立つから，補題 3.31 より g は全射である．

(2) $\Longrightarrow$ (1): 全射 $g : B \longrightarrow A$ が存在したとする．任意の $x \in A$ に対して，$g^{-1}(\{x\}) \neq \emptyset$ だから，要素 $y_x \in g^{-1}(\{x\})$ をそれぞれ 1 つずつ選んで (ここで選択公理を使った)，写像

$$f : A \longrightarrow B\,;\, x \longmapsto y_x$$

を定義する．このとき，$g \circ f = \mathrm{id}_A$ が成り立つから，補題 3.31 より f は単射である．以上により，(1) と (2) は同値である． □

例題 **6.31** 各 $n \in \mathbb{N}$ に対して，高々可算な集合 A_n が対応しているとき，和集合 $A = \bigcup_{n \in \mathbb{N}} A_n$ はまた高々可算な集合であることを証明せよ．

証明 $|\mathbb{N}^2| = \aleph_0$ だから (問 6 (73 ページ))，$|A| \leq |\mathbb{N}^2|$ が成り立つことを示せばよい．各 $n \in \mathbb{N}$ に対し，A_n は高々可算だから，A_n から $\mathbb{N}$ への単射が存在する．したがって，命題 6.30 より，全射 $f_n : \mathbb{N} \longrightarrow A_n$ が存在する．このとき，写像 $f : \mathbb{N}^2 \longrightarrow A; (m,n) \longmapsto f_n(m)$ は全射だから，再び命題 6.30 より，A から $\mathbb{N}^2$ への単射が存在する．ゆえに，$|A| \leq |\mathbb{N}^2| = \aleph_0$. □

問 9 任意の $n \in \mathbb{N}$ に対して，直積集合 $\mathbb{N}^n$ は可算集合であることを示せ．

本書では，以後，選択公理を仮定して議論を進める．

6.4 べき集合の濃度

一般に，べき集合 $\mathcal{P}(X)$ の濃度は，X の濃度より大きいことを示す．結果として，$2^{\aleph_0}$ より大きい無限濃度の存在が導かれる．

定理 6.32 (Cantor) 任意の集合 X に対して，$|X| < |\mathcal{P}(X)|$ が成立する．

証明 $X = \emptyset$ のとき，$\mathcal{P}(X) = \{\emptyset\}$ だから，$|X| = 0 < 1 = |\mathcal{P}(X)|$. したがって，$X \neq \emptyset$ の場合を考えればよい．このとき，単射

$$f : X \longrightarrow \mathcal{P}(X); x \longmapsto \{x\}$$

が存在するから，$|X| \leq |\mathcal{P}(X)|$.

次に，$|X| \neq |\mathcal{P}(X)|$ であることを背理法によって示そう．もし $|X| = |\mathcal{P}(X)|$ であると仮定すると，$X \sim \mathcal{P}(X)$ だから，全単射 $g : X \longrightarrow \mathcal{P}(X)$ が存在する．各 $x \in X$ に対して，$g(x) \in \mathcal{P}(X)$ だから，$g(x)$ は X の部分集合である．したがって，$x \in g(x)$ または $x \notin g(x)$ のいずれか一方だけが必ず成立する．そこで，

$$A = \{x \in X : x \notin g(x)\}$$

とおくと，$A \in \mathcal{P}(X)$ (ここで，$A = \emptyset$ であっても構わないことに注意)．いま g は全射だから，$g(a) = A$ を満たす $a \in X$ が存在する．このとき，a が A の要素であるかどうかを考えよう．もし $a \in A$ ならば，A の定義より $a \notin g(a) =$

A. 逆に，もし $a \notin A$ ならば，A の定義より $a \in g(a) = A$. いずれの場合も矛盾が生じるから，$|X| = |\mathcal{P}(X)|$ ではあり得ない．ゆえに，$|X| \neq |\mathcal{P}(X)|$. 以上により，不等式 $|X| < |\mathcal{P}(X)|$ が成立する． □

任意の濃度 $\boldsymbol{a}$ に対して，$|A| = \boldsymbol{a}$ である集合 A をとると，定理 6.32 より $\boldsymbol{a} = |A| < |\mathcal{P}(A)|$ が成り立つ．すなわち，任意の濃度に対して，それより大きい濃度が存在する．

☞ $2^{\aleph_0} = |\mathbb{R}| < |\mathcal{P}(\mathbb{R})| < |\mathcal{P}(\mathcal{P}(\mathbb{R}))| < |\mathcal{P}(\mathcal{P}(\mathcal{P}(\mathbb{R})))| < \cdots$.

任意の集合 X に対して，X から集合 $\{0,1\}$ への関数（＝写像）全体の集合を $\{0,1\}^X$ で表す．

補題 6.33 任意の集合 X に対して，$\mathcal{P}(X) \sim \{0,1\}^X$.

証明 任意の $A \in \mathcal{P}(X)$ に対し，関数 $f_A \in \{0,1\}^X$ を

$$f_A : X \longrightarrow \{0,1\} ; x \longmapsto \begin{cases} 1 & (x \in A \text{ のとき}), \\ 0 & (x \notin A \text{ のとき}) \end{cases}$$

によって定義する（この関数 f_A を A の**特徴関数**という）．このとき，写像

$$\varphi : \mathcal{P}(X) \longrightarrow \{0,1\}^X ; A \longmapsto f_A$$

は全単射だから，$\mathcal{P}(X) \sim \{0,1\}^X$ が成立する． □

定理 6.34 $|\{0,1\}^{\mathbb{N}}| = 2^{\aleph_0}$.

証明 任意の $f \in \{0,1\}^{\mathbb{N}}$ に対して，$\{f(1), f(2), \cdots, f(n), \cdots\}$ は 0 と 1 からなる数列だから，10 進法の無限小数 $x_f = 0.f(1)f(2)\cdots f(n) \cdots \in \mathbb{R}$ が定義できる（註 5.18 を見よ）．このとき，写像

$$\varphi : \{0,1\}^{\mathbb{N}} \longrightarrow \mathbb{R} ; f \longmapsto x_f$$

は単射だから，$|\{0,1\}^{\mathbb{N}}| \leq |\mathbb{R}| = 2^{\aleph_0}$. 次に，$I = [0,1]$ とおくと $|I| = 2^{\aleph_0}$. 命題 5.17 より，各 $x \in I$ の 2 進展開を求めて，それを 2 進法の無限小数として表すことができる．このとき，$1.000\cdots = 0.111\cdots$ のように 2 通りの表現をもつ場合には常に後者を採用することにすると，各 $x \in I$ に対して，

$$x = 0.f_x(1)f_x(2)\cdots f_x(n) \cdots$$

を満たす関数 $f_x \in \{0,1\}^{\mathbb{N}}$ が一意的に定まる．このとき，写像
$$\psi : I \longrightarrow \{0,1\}^{\mathbb{N}} ; x \longmapsto f_x$$
は単射だから，$2^{\aleph_0} = |I| \leq |\{0,1\}^{\mathbb{N}}|$．以上により，$|\{0,1\}^{\mathbb{N}}| = 2^{\aleph_0}$． □

系 6.35 $|\mathcal{P}(\mathbb{N})| = 2^{\aleph_0}$．

証明 補題 6.33 と定理 6.34 の結果である． □

註 6.36 有限集合 $X = \{1, 2, \cdots, n\}$ に対して，集合 $\{0,1\}^X$ は直積集合
$$\{0,1\}^n = \underbrace{\{0,1\} \times \{0,1\} \times \cdots \times \{0,1\}}_{n \text{ 個}}$$
のことであると考えられる．このとき，$|\{0,1\}^n| = 2^n$ だから，補題 6.33 より等式 $|\mathcal{P}(X)| = 2^n$ が導かれる．本節で導いた等式
$$|\mathcal{P}(\mathbb{N})| = |\{0,1\}^{\mathbb{N}}| = 2^{\aleph_0}$$
は，その拡張であるとともに，$\mathbb{R}$ の濃度を $2^{\aleph_0}$ で表す根拠を示している．

問 10 $\mathbb{N}$ の有限部分集合全体からなる集合 $\mathcal{F}(\mathbb{N})$ の濃度を求めよ．

問 11 濃度の任意の列 $a_1 < a_2 < \cdots < a_n < \cdots$ に対して，どの a_n よりも大きい濃度 a が存在することを示せ．

演習問題

1. $\mathbb{N} \sim \mathbb{N} \cup \{0\}$ であることを示せ．

2. 任意の集合 A, B, C に対し，$A \subseteq B \subseteq C$ かつ $A \sim C$ ならば，$A \sim B$ かつ $B \sim C$ であることを示せ．

3. 任意の集合 A_1, A_2, B_1, B_2 に対し，$A_1 \sim A_2$ と $B_1 \sim B_2$ が成り立つならば，$A_1 \times B_1 \sim A_2 \times B_2$ であることを示せ．

4. 任意の集合 A, B に対し，$|A - B| = |B - A|$ ならば，$|A| = |B|$ であることを示せ．

5. 有限集合 A, B に対して，$|A| = m, |B| = n$ のとき，次の問に答えよ．

(1) A から B への写像全体の集合の濃度を求めよ．

(2) A から B への単射全体の集合の濃度を求めよ．

6. 有限集合 A, B が $|A| = |B| + 1$ を満たすとき，A から B への全射全体の集合の濃度を求めよ．

7. $\mathbb{R}$ の部分集合 $A = \{a\sqrt{2} + b\sqrt{3} : a, b \in \mathbb{Z}\}$ の濃度を求めよ．

8. 閉区間 $I = [0,1]$ から開区間 $J = (0,1)$ への全単射 f の例を与えよ．

9. 任意の自然数 $n \geq 2$ に対し，$|\mathbb{R}^n| = 2^{\aleph_0}$ であることを示せ．

10. $\mathbb{P} = \mathbb{R} - \mathbb{Q}$ とするとき，直積集合 $\mathbb{P} \times \mathbb{Q}$ の濃度を求めよ．

11. 平面 $\mathbb{R}^2$ 上の三角形全体の集合 $\mathbb{T}$ に対し，商集合 $\mathbb{T}/\equiv$ の濃度を求めよ (ヒント：例 4.19 を用いる)．

12. カントル集合 $\mathbb{K}$ に対して，$|\mathbb{K}| = 2^{\aleph_0}$ が成り立つことを示せ．

13. 任意の無限集合 A に対して，$A \sim B$ を満たす真部分集合 $B \subsetneq A$ が存在することを示せ．

14. 任意の無限集合 A とその高々可算な部分集合 B に対し，$A - B$ が無限集合ならば，$|A| = |A - B|$ が成り立つことを示せ．

15. 任意の高々可算な集合 $A_1, A_2, \cdots, A_n$ に対して，$A_1 \times A_2 \times \cdots \times A_n$ はまた高々可算な集合であることを示せ．

16. 非可算集合 X から可算集合 Y への任意の写像 f に対して，$|f(A)| = 1$ を満たす非可算集合 $A \subseteq X$ が存在することを示せ．

17. $\mathbb{R}$ の互いに交わらない開区間からなる任意の集合族 $\mathcal{A}$ は，高々可算であることを示せ．

18. 有理数を係数とする多項式全体の集合を $\mathbb{Q}[x]$ で表す．すなわち，
$$\mathbb{Q}[x] = \{a_0 + a_1 x + \cdots + a_n x^n : a_0, a_1, \cdots, a_n \in \mathbb{Q}, \ n \in \mathbb{N} \cup \{0\}\}.$$
$\mathbb{Q}[x]$ は可算集合であることを示せ．

19. ある自然数 n に対して整数を係数とする n 次方程式
$$a_0 x^n + a_1 x^{n-1} + \cdots + a_n = 0 \quad (a_0, a_1, \cdots, a_n \in \mathbb{Z})$$
の解となる実数を**代数的数**という．たとえば，$\sqrt{2}$ は方程式 $x^2 - 2 = 0$ の解だから代数的数である．代数的数全体の集合 A は可算集合であることを示せ．

20. 代数的数でない実数を**超越数**という．自然対数の底 e や円周率 π は超越数であることが知られている (参考書 [3] を見よ)．超越数全体の集合 T の濃度を求めよ．

第7章

順序集合

要素の間に順序が定義された集合について考察する．本章，特に 7.2, 7.3 節は発展的内容である．基礎の理解を目標とする読者は，それらを省略して次章に進むことができる．

7.1 順序と順序集合

定義 7.1 集合 X における二項関係 R が，次の 3 条件を満たすとする．

(1) 任意の $x \in X$ に対し，xRx．（反射律）
(2) 任意の $x, y \in X$ に対し，xRy かつ yRx ならば，$x = y$．（反対称律）
(3) 任意の $x, y, z \in X$ に対し，xRy かつ yRz ならば，xRz．（推移律）

このとき，R を X における**順序関係**または**順序**という．

例 7.2 (1) 実数の間の通常の大小関係 $\leq$ は，$\mathbb{R}$ における順序である．
(2) 集合 X の部分集合の間の包含関係 $\subseteq$ は，$\mathcal{P}(X)$ における順序である．
(3) 任意の自然数 a, b に対して，b が a で割り切れるとき，本書に限った表し方として $a \preceq b$ と書く．整除関係 $\preceq$ は，$\mathbb{N}$ における順序である．

本書では，例 7.2 (2), (3) のような固有の記号で表される順序を除き，一般の順序関係を R の代わりに記号 $\leq$ で表す．それは必ずしも通常の数の大小関係だけを表すものではないことに注意しよう．

定義 7.3 集合 X における順序関係 $\leq$ が，条件
$$(\forall x, y \in X)(x \leq y \text{ または } y \leq x)$$
を満たすとき，$\leq$ を**全順序**または**線形順序**とよぶ．全順序に対して，定義 7.1 で定めた順序関係のことを**半順序**とよぶことがある．

 集合 X に順序関係 $\leq$ が定められたとき，$x \leq y$ または $y \leq x$ を満たす要素 $x, y \in X$ のことを，$\leq$ に関して**比較可能**であるという．全順序とは，任意の 2 要素が比較可能であるような順序のことである．

定義 7.4 順序関係 $\leq$ が 1 つ定められた集合 X を**順序集合**または**半順序集合**といい，$(X, \leq)$ で表す．特に，$\leq$ が全順序のとき，それを**全順序集合**という．

 ☞ 通常の大小関係 $\leq$ に関して，$(\mathbb{R}, \leq)$ は全順序集合である．

 ☞ $|X| \geq 2$ のとき，順序集合 $(\mathcal{P}(X), \subseteq)$ は全順序集合でない．

 ☞ 順序集合 $(\mathbb{N}, \preceq)$ は全順序集合でない．

定義 7.5 順序集合 $(X, \leq)$ の部分集合 A において，任意の $x, y \in A$ に対し，
$$x \leq_A y \Longleftrightarrow x \leq y$$
と定めると，$\leq_A$ は A における順序である．順序集合 $(A, \leq_A)$ を $(X, \leq)$ の**部分順序集合**という．ただし，本書では記号を増やさないために，部分順序集合 $(A, \leq_A)$ を $(A, \leq)$ で表す．また，特に断らない限り，順序集合の部分集合は，常に部分順序集合であると考える．

 ☞ 通常の大小関係 $\leq$ に関して，$(\mathbb{Z}, \leq)$ は $(\mathbb{R}, \leq)$ の部分順序集合である．

 順序集合 $(X, \leq)$ について，順序 $\leq$ の定義がよく分かっている場合や，$\leq$ に言及する必要がない場合には，$(X, \leq)$ を単に X で表す．

定義 7.6 順序集合 $(X, \leq)$ に対し，$a \in X$ が存在して，任意の $x \in X$ に対して $x \leq a$ が成り立つとき，a を X の**最大元** (maximum) といい，$a = \max X$ で表す．また，$a \in X$ が存在して，任意の $x \in X$ に対して $a \leq x$ が成り立つとき，a を X の**最小元** (minimum) といい，$a = \min X$ で表す．

 さらに，$A \subseteq X$ のとき，A の最大元 (最小元) とは，X の部分順序集合 A の最大元 (最小元) のことを意味する．

☞ 通常の大小関係による順序集合 $(\mathbb{R}, \leq)$ の部分集合 $A = (0, 1]$ に対して，$\max A = 1$，$\min A$ は存在しない．

☞ 順序集合 $(\mathcal{P}(X), \subseteq)$ において，$\max \mathcal{P}(X) = X$，$\min \mathcal{P}(X) = \emptyset$．

問 1 順序集合 $(\mathbb{N}, \preceq)$ の部分集合 $A = \{a, 36, 60, 84, b\}$ に対し，$a = \min A$，$b = \max A$ が成り立つような最大の a と最小の b を求めよ．

定義 7.7 2つの順序集合 $(X, \leq_X)$，$(Y, \leq_Y)$ に対し，写像 $f : X \longrightarrow Y$ が条件
$$(\forall x, x' \in X)(x \leq_X x' \text{ ならば } f(x) \leq_Y f(x')) \tag{7.1}$$
を満たすとき，f を $(X, \leq_X)$ から $(Y, \leq_Y)$ への**順序保存写像**とよぶ．特に，f が全単射で，f と逆写像 f^{-1} がともに順序保存写像のとき，f を**順序同型写像**とよぶ．

定義 7.8 2つの順序集合 X, Y に対し，順序同型写像 $f : X \longrightarrow Y$ が存在するとき，X と Y は**順序同型**であるといい，$X \simeq Y$ で表す．

例 7.9 $\mathbb{R}^+ = (0, +\infty) \subseteq \mathbb{R}$ とおく．通常の大小関係による順序集合 $(\mathbb{R}, \leq)$ と $(\mathbb{R}^+, \leq)$ は順序同型である．なぜなら，
$$f : (\mathbb{R}, \leq) \longrightarrow (\mathbb{R}^+, \leq) \,;\, x \longmapsto 2^x$$
は順序同型写像だからである．

定理 7.10 任意の順序集合 X, Y, Z に対して，次が成り立つ．

(1) $X \simeq X$，　(反射律)

(2) $X \simeq Y$ ならば $Y \simeq X$，　(対称律)

(3) $X \simeq Y$ かつ $Y \simeq Z$ ならば，$X \simeq Z$．　(推移律)

証明 恒等写像が順序同型写像であること，順序同型写像の逆写像がまた順序同型写像であること，および，2つの順序同型写像の合成写像が順序同型写像であることから導かれる．詳しくは，章末の演習問題1としよう．　□

定理 7.10 は，関係 $\simeq$ が順序集合の間の同値関係であることを示している．2つの順序集合が順序同型のとき，それらは本質的に同じ順序集合であると考えられる．

例題 7.11 通常の大小関係 $\leq$ に関して，$(\mathbb{Z}, \leq)$ と $(\mathbb{Q}, \leq)$ は順序同型でないことを証明せよ．

証明 もし順序同型写像 $f : \mathbb{Z} \longrightarrow \mathbb{Q}$ が存在したと仮定すると，f は単射で順序保存写像だから，$f(0) < f(1)$．有理数の稠密性より $f(0) < y < f(1)$ である $y \in \mathbb{Q}$ をとると，f は全射だから，$f(x) = y$ を満たす $x \in \mathbb{Z}$ が存在する．このとき，x は 0 でも 1 でもない整数だから，$x < 0$ または $x > 1$．ところが，$f(0) < f(x) < f(1)$ だから，どちらの場合も f が順序保存写像であることに矛盾する．ゆえに，$(\mathbb{Z}, \leq)$ と $(\mathbb{Q}, \leq)$ は順序同型でない． □

問 2 通常の大小関係 $\leq$ に関して，$(\mathbb{N}, \leq)$ と $(\mathbb{Z}, \leq)$ は順序同型でないことを証明せよ．

問 3 集合 $X = \{1, 2, 3\}$ に対して，例 7.2 の順序集合 $(\mathbb{N}, \preceq)$ の部分集合 A で，$(A, \preceq) \simeq (\mathcal{P}(X), \subseteq)$ を満たすものを 1 つ見つけよ．

7.2 Zorn の補題

選択公理から導かれる 2 つの強力な定理を証明する．それらの定理は次節と 15.3 節で使われる．

順序集合 $(X, \leq)$ の 2 要素 x, y に対して，$x \leq y$ かつ $x \neq y$ のとき，$x < y$ と書き，x は y より小さい，または，y は x より大きいという．

定義 7.12 順序集合 X の要素 a に対して，a より大きい X の要素が存在しないとき，a は X の**極大元**であるという．また，$a \in X$ に対して，a より小さい X の要素が存在しないとき，a は X の**極小元**であるという．

さらに，$A \subseteq X$ のとき，A の極大元 (極小元) とは，X の部分順序集合 A の極大元 (極小元) のことを意味する．

☞ 順序集合 X の最大元 a が存在するとき，a は X の極大元である．また，X の最小元 a が存在するとき，a は X の極小元である．

☞ 全順序集合 X の極大元 a が存在するとき，a は X の最大元である．また，X の極小元 a が存在するとき，a は X の最小元である．

問 4 順序集合 $(\mathbb{N}, \preceq)$ の部分集合 $A = \{n \in \mathbb{N} : 3 \leq n \leq 12\}$ の極大元と極小元について調べよ．

定義 7.13 集合族 $\mathcal{A}$ が**有限特性**（または**有限性**）をもつとは，任意の集合 A に対して，
$$A \in \mathcal{A} \iff \text{任意の有限集合 } B \subseteq A \text{ に対して } B \in \mathcal{A} \tag{7.2}$$
が成り立つことをいう．

註 7.14 有限特性をもつ任意の空でない集合族 $\mathcal{A}$ に対し，$\emptyset \in \mathcal{A}$ が成立する．なぜなら，$\mathcal{A} \neq \emptyset$ だから，要素 $A \in \mathcal{A}$ が存在する．このとき，$\emptyset$ は A の有限部分集合だから，(7.2) より $\emptyset \in \mathcal{A}$．

定義 7.15 順序集合 X の全順序部分集合を X の**鎖**（チェイン）とよぶ．すなわち，$X = (X, \leq)$ のとき，$C \subseteq X$ が X の鎖であるとは，
$$(\forall x, x' \in C)(x \leq x' \text{ または } x' \leq x)$$
が成り立つことを意味する．

- 全順序集合の部分集合はすべて鎖である．
- $(\mathcal{P}(\mathbb{R}), \subseteq)$ において，$\mathcal{C} = \{(a, +\infty) : a \in \mathbb{R}\}$ は鎖である．
- $(\mathbb{N}, \preceq)$ において，$C = \{2^n : n \in \mathbb{N}\}$ は鎖である．

例 7.16 任意の空でない順序集合 $(X, \leq)$ に対し，$(X, \leq)$ の鎖全体からなる集合族 $\mathcal{A}$ は有限特性をもつことを示そう．以下，$(X, \leq)$ を X で表す．(7.2) より，任意の集合 A に対して，次の (1), (2) が同値であることを示せばよい．

(1) A は X の鎖である．
(2) A の任意の有限部分集合は X の鎖である．

鎖の部分集合はまた鎖だから，(1) $\Longrightarrow$ (2) は成立する．ここで，空集合は X の鎖であることに注意しよう．なぜなら，任意の x, x' に対し，「$x, x' \in \emptyset$ ならば，$x \leq x'$ または $x' \leq x$」は常に真だからである（註 2.19 を見よ）．逆を示すために，(2) が成り立つとする．このとき，任意の $x \in A$ に対して，(2) より $\{x\}$ は X の鎖だから，$x \in X$．ゆえに，$A \subseteq X$．次に，任意の $x, y \in A$ に対して，(2) より $\{x, y\}$ は X の鎖だから，$x \leq y$ または $y \leq x$．ゆえに，A は X の全順序部分集合だから鎖である．以上により，(2) $\Longrightarrow$ (1) が成立する．

問5 $\mathbb{N}$ の部分集合 A が**素**であるとは，任意の異なる $a,b\in A$ の最大公約数が 1 であることをいう．$\mathbb{N}$ の素な部分集合全体からなる集合族 $\mathcal{A}$ は有限特性をもつことを示せ．

補題 7.17 有限特性をもつ空でない集合族 $\mathcal{A}$ を順序集合 $(\mathcal{A},\subseteq)$ と考える．このとき，$\mathcal{A}$ の任意の鎖 $\mathcal{C}$ に対して，$\bigcup\mathcal{C}\in\mathcal{A}$ が成立する．

証明 任意の鎖 $\mathcal{C}\subseteq\mathcal{A}$ をとると，

$$(\forall A,A'\in\mathcal{C})(A\subseteq A' \text{ または } A'\subseteq A) \tag{7.3}$$

が成り立つ．いま $\mathcal{A}$ は有限特性をもつから (7.2) より，任意の有限集合 $B\subseteq\bigcup\mathcal{C}$ に対して $B\in\mathcal{A}$ であることを示せばよい．$B=\varnothing$ のとき，註 7.14 より $B\in\mathcal{A}$．$B\neq\varnothing$ のとき，$B=\{x_1,x_2,\cdots,x_n\}$ とおく．各 $i=1,2,\cdots,n$ に対して，$x_i\in A_i$ を満たす $A_i\in\mathcal{C}$ が存在する．このとき，$\mathcal{C}$ は (7.3) を満たすから，$\{A_1,A_2,\cdots,A_n\}$ は順序 $\subseteq$ に関して最大元をもつ．それを A_j とすると，

$$B=\{x_1,x_2,\cdots,x_n\}\subseteq\bigcup_{i=1}^{n}A_i=A_j.$$

いま $A_j\in\mathcal{A}$ だから，(7.2) より $B\in\mathcal{A}$．ゆえに，$\bigcup\mathcal{C}\in\mathcal{A}$ が成立する． □

次の定理 7.18 の証明は，参考書 [19] の証明に基づいている．少し長いが，各ステップは難しくないと思う．集合族 $\mathcal{A},\mathcal{B}$ に対して，$\mathcal{B}\subseteq\mathcal{A}$ が成り立つとき，$\mathcal{B}$ を $\mathcal{A}$ の**部分族**とよぶ．

定理 7.18 (Tukey の補題) 有限特性をもつ任意の空でない集合族 $\mathcal{A}$ に対して，順序集合 $(\mathcal{A},\subseteq)$ の極大元が存在する．

証明 $(\mathcal{A},\subseteq)$ の極大元が存在しないと仮定する．このとき，任意の $A\in\mathcal{A}$ に対して，A は $(\mathcal{A},\subseteq)$ の極大元でないから，$A\subsetneq A'$ を満たす $A'\in\mathcal{A}$ が存在する．各 $A\in\mathcal{A}$ に対して，そのような $A'\in\mathcal{A}$ を1つずつ選んで $f(A)$ とおく (ここで，選択公理を使用した)．すなわち，

$$(\forall A\in\mathcal{A})(A\subsetneq f(A)\in\mathcal{A}). \tag{7.4}$$

ここで，1つの用語を定義しよう．部分族 $\mathcal{B}\subseteq\mathcal{A}$ が次の3条件 (1)–(3) を満たすとき，$\mathcal{B}$ は (f に関して) **帰納的**であるという．

(1) $\varnothing\in\mathcal{B}$．

(2) 任意の $B\in\mathcal{B}$ に対して，$f(B)\in\mathcal{B}$.

(3) $\mathcal{A}$ の任意の鎖 $\mathcal{C}$ に対し，もし $\mathcal{C}\subseteq\mathcal{B}$ ならば $\bigcup\mathcal{C}\in\mathcal{B}$.

いま，$\mathcal{A}$ 自身は帰納的である．なぜなら，註 7.14 より (1) が，(7.4) より (2) が，補題 7.17 より (3) が満たされるからである．そこで，$\mathcal{A}$ のすべての帰納的部分族の共通部分を $\mathcal{B}_0$ とおく．すなわち，
$$\mathcal{B}_0 = \bigcap\{\mathcal{B}: \mathcal{B}\subseteq\mathcal{A} \text{ かつ } \mathcal{B} \text{ は帰納的}\}.$$
このとき，$\mathcal{B}_0$ もまた帰納的である（下の問 6 (92 ページ) を見よ）．ゆえに，$\mathcal{B}_0$ は $\mathcal{A}$ の最小の帰納的部分族である．

ここで，もし $\mathcal{B}_0$ が $\mathcal{A}$ の鎖であることが証明できたとする．このとき，$\mathcal{B}_0$ は帰納的だから，$A=\bigcup\mathcal{B}_0$ とおくと，(3) より $A\in\mathcal{B}_0$. したがって，(2) より
$$\bigcup\mathcal{B}_0 = A \subsetneq f(A) \in \mathcal{B}_0.$$
これは矛盾である．ゆえに，$\mathcal{B}_0$ が $\mathcal{A}$ の鎖であることを示せば証明は完成する．2 段階の議論によって，そのことを示そう．はじめに，
$$\mathcal{B}_1 = \{A\in\mathcal{B}_0 : (\forall B\in\mathcal{B}_0)(B\subsetneq A \text{ ならば } f(B)\subseteq A)\}$$
とおき，各 $A\in\mathcal{B}_1$ に対して，
$$\mathcal{B}_A = \{B\in\mathcal{B}_0 : B\subseteq A \text{ または } f(A)\subseteq B\}$$
とおいて，次の主張を証明する．

主張 1 任意の $A\in\mathcal{B}_1$ に対して，$\mathcal{B}_A$ は帰納的である．

証明 (1) $\mathcal{B}_0$ は帰納的だから，$\emptyset\in\mathcal{B}_0$. さらに $\emptyset\subseteq A$ だから，$\emptyset\in\mathcal{B}_A$.

(2) 任意の $B\in\mathcal{B}_A$ をとる．このとき $f(B)\in\mathcal{B}_A$ であることを示す．最初に $B\in\mathcal{B}_0$ でありかつ $\mathcal{B}_0$ は帰納的だから，$f(B)\in\mathcal{B}_0$. したがって，
$$f(B)\subseteq A \quad \text{または} \quad f(A)\subseteq f(B) \tag{7.5}$$
が成り立つことを示せばよい．いま $B\in\mathcal{B}_A$ だから，$B\subsetneq A$ または $B=A$ または $f(A)\subseteq B$. もし $B\subsetneq A$ ならば，$A\in\mathcal{B}_1$ だから，$f(B)\subseteq A$. もし $B=A$ ならば，$f(B)=f(A)$ だから $f(A)\subseteq f(B)$. もし $f(A)\subseteq B$ ならば，$f(A)\subseteq B\subseteq f(B)$. ゆえに，いずれの場合も (7.5) が成立する．

(3) $\mathcal{A}$ の任意の鎖 $\mathcal{C}$ をとり，$\mathcal{C}\subseteq\mathcal{B}_A$ のとき，$\bigcup\mathcal{C}\in\mathcal{B}_A$ であることを示す．このとき $\mathcal{C}\subseteq\mathcal{B}_0$ かつ $\mathcal{B}_0$ は帰納的だから，$\bigcup\mathcal{C}\in\mathcal{B}_0$. したがって，

$$\bigcup \mathcal{C} \subseteq A \quad \text{または} \quad f(A) \subseteq \bigcup \mathcal{C} \tag{7.6}$$

が成り立つことを示せばよい．2つの場合に分けて考える．もしすべての $C \in \mathcal{C}$ に対して $C \subseteq A$ ならば，$\bigcup \mathcal{C} \subseteq A$．もしある $C \in \mathcal{C}$ に対して $C \not\subseteq A$ ならば，いま $C \in \mathcal{C} \subseteq \mathcal{B}_A$ だから，$f(A) \subseteq C \subseteq \bigcup \mathcal{C}$．ゆえに，いずれの場合も (7.6) が成立する．以上により，$\mathcal{B}_A$ は帰納的である． □

いま，任意の $A \in \mathcal{B}_1$ に対して，$\mathcal{B}_A \subseteq \mathcal{B}_0$ かつ $\mathcal{B}_0$ は最小の帰納的部分族だから，主張1より $\mathcal{B}_0 = \mathcal{B}_A$ が成立する．

主張 2 $\mathcal{B}_1$ は帰納的である．

証明 (1) 任意の $B \in \mathcal{B}_0$ に対し，「$B \subsetneq \varnothing$ ならば $f(B) \subseteq \varnothing$」は常に真だから (註 2.19 を見よ)，$\varnothing \in \mathcal{B}_1$．

(2) 任意の $A \in \mathcal{B}_1$ に対し，$f(A) \in \mathcal{B}_1$ であることを示す．最初に，$A \in \mathcal{B}_0$ かつ $\mathcal{B}_0$ は帰納的だから，$f(A) \in \mathcal{B}_0$．したがって，任意の $B \in \mathcal{B}_0$ に対し，

$$B \subsetneq f(A) \quad \text{ならば} \quad f(B) \subseteq f(A) \tag{7.7}$$

が成り立つことを示せばよい．そのために，$B \subsetneq f(A)$ とすると，$B \in \mathcal{B}_0 = \mathcal{B}_A$ だから $B \subseteq A$．もし $B \subsetneq A$ ならば，$A \in \mathcal{B}_1$ だから $f(B) \subseteq A \subseteq f(A)$．もし $B = A$ ならば，$f(B) = f(A)$ だから $f(B) \subseteq f(A)$．ゆえに，いずれの場合も (7.7) が成立する．

(3) $\mathcal{A}$ の任意の鎖 $\mathcal{C}$ をとり，$\mathcal{C} \subseteq \mathcal{B}_1$ のとき，$\bigcup \mathcal{C} \in \mathcal{B}_1$ であることを示す．最初に，$\mathcal{C} \subseteq \mathcal{B}_0$ でありかつ $\mathcal{B}_0$ は帰納的だから，$\bigcup \mathcal{C} \in \mathcal{B}_0$．したがって，任意の $B \in \mathcal{B}_0$ に対し，

$$B \subsetneq \bigcup \mathcal{C} \quad \text{ならば} \quad f(B) \subseteq \bigcup \mathcal{C} \tag{7.8}$$

が成り立つことを示せばよい．そのために，$B \subsetneq \bigcup \mathcal{C}$ とする．もし任意の $A \in \mathcal{C}$ に対して $f(A) \subseteq B$ ならば，$B \subsetneq \bigcup \mathcal{C} \subseteq \bigcup \{f(A) : A \in \mathcal{C}\} \subseteq B$ だから，矛盾が生じる．したがって，ある $A \in \mathcal{C}$ に対して $f(A) \not\subseteq B$ が成り立つ．このとき，$A \in \mathcal{C} \subseteq \mathcal{B}_1$ かつ $B \in \mathcal{B}_0 = \mathcal{B}_A$ だから，$B \subseteq A$．もし $B \subsetneq A$ ならば，$A \in \mathcal{B}_1$ だから，$f(B) \subseteq A \subseteq \bigcup \mathcal{C}$．もし $B = A$ ならば，$\bigcup \mathcal{C} \in \mathcal{B}_0 = \mathcal{B}_A$ だから，

$$\bigcup \mathcal{C} \subseteq A = B \quad \text{または} \quad f(B) = f(A) \subseteq \bigcup \mathcal{C}.$$

(7.8) の仮定より左の場合は起こらないから，$f(B) \subseteq \bigcup \mathcal{C}$．ゆえに，いずれの場合も (7.8) が成立する．以上により，$\mathcal{B}_1$ は帰納的である． □

いま，$\mathcal{B}_1 \subseteq \mathcal{B}_0$ かつ $\mathcal{B}_0$ は最小の帰納的部分族だから，主張 2 より $\mathcal{B}_0 = \mathcal{B}_1$. 最後に，$\mathcal{B}_0$ が $\mathcal{A}$ の鎖であることを示すために，任意の $A, B \in \mathcal{B}_0$ をとる．このとき，$A \in \mathcal{B}_0 = \mathcal{B}_1$ かつ $B \in \mathcal{B}_0 = \mathcal{B}_A$ だから，$B \subseteq A$ または $A \subseteq f(A) \subseteq B$ が成立する．ゆえに，$\mathcal{B}_0$ は $\mathcal{A}$ の鎖である． □

問 6 定理 7.18 の証明で，$\mathcal{B}_0$ が帰納的であることを確かめよ．

定義 7.19 順序集合 $(X, \leq)$ の部分集合 A と $b \in X$ に対し，任意の $x \in A$ に対して $x \leq b$ であるとき，b を A の**上界**とよぶ．

定理 7.20 (Zorn の補題) 空でない順序集合 $(X, \leq)$ において，任意の鎖が上界をもつとする．このとき，$(X, \leq)$ の極大元が存在する．

証明 $(X, \leq)$ の鎖全体の集合を $\mathcal{A}$ とすると，$\mathcal{A}$ は有限特性をもつ (例 7.16)．また，$\emptyset \in \mathcal{A}$ だから $\mathcal{A} \neq \emptyset$ (空集合は鎖である (例 7.16))．定理 7.18 より，順序集合 $(\mathcal{A}, \subseteq)$ の極大元 C が存在する．さらに，仮定より，C の上界 $b \in X$ が存在する．すなわち，

$$(\forall x \in C)(x \leq b). \tag{7.9}$$

このとき，b は $(X, \leq)$ の極大元であることを示そう．もし b が極大元でないならば，$b < y$ を満たす $y \in X$ が存在する．このとき，(7.9) より，$C \cup \{y\}$ は $(X, \leq)$ の鎖で $C \subsetneq C \cup \{y\}$. これは，$C$ が $(\mathcal{A}, \subseteq)$ の極大元であることに矛盾する．ゆえに，b は $(X, \leq)$ の極大元である． □

7.3 整列集合

定義 7.21 順序集合 W の任意の空でない部分集合が最小元をもつとき，W を**整列集合**という．整列集合の順序を，特に別に定めない限り $\leq$ で表す．

☞ 任意の整列集合 W は全順序集合である．なぜなら，任意の $x, y \in W$ に対して $m = \min\{x, y\}$ が存在する．このとき，$m = x$ ならば $x \leq y$, $m = y$ ならば $y \leq x$ が成り立つからである．

☞ 任意の空でない整列集合 W に対して，$\min W$ が存在する．

☞ 整列集合 W の任意の要素 x に対して,もし x が W の最大元でないならば,x の次に大きい W の要素
$$x^+ = \min\{y \in W : x < y\}$$
が存在する.x^+ を x の**直後の元**という.

☞ 通常の大小関係 $\le$ に関して,$(\mathbb{R}, \le)$ や $(\mathbb{Z}, \le)$ は整列集合でない.

問 7 任意の有限集合である全順序集合は整列集合であることを示せ.

例 7.22 代表的な整列集合の例を 2 つ与えよう.

(1) 通常の大小関係 $\le$ に関して,$(\mathbb{N}, \le)$ は整列集合である.なぜなら,任意の空でない $A \subseteq \mathbb{N}$ に対して,任意に要素 $n \in A$ をとると,$A \cap \{1, 2, \cdots, n\}$ は有限集合だからその最小元 m が存在する.このとき,$m = \min A$ が成り立つからである.

(2) 直積集合 $\mathbb{N}^2 = \{(m, n) : m, n \in \mathbb{N}\}$ に,次のように順序 $\trianglelefteq$ を定める.任意の $(m, n), (m', n') \in \mathbb{N}^2$ に対し,
$$(m, n) \trianglelefteq (m', n') \iff \lceil m < m' \rfloor \text{ または } \lceil m = m' \text{ かつ } n \le n' \rfloor.$$
このとき,$(\mathbb{N}^2, \trianglelefteq)$ は整列集合である(下の問 8 を見よ).順序 $\trianglelefteq$ を $\mathbb{N}^2$ における**辞書式順序**という.

問 8 例 7.22 (2) の順序集合 $(\mathbb{N}^2, \trianglelefteq)$ が整列集合であることを示せ.

補題 7.23 全順序集合 X から順序集合 Y への任意の全単射,順序保存写像 f は順序同型写像である.

証明 $X = (X, \le_X), Y = (Y, \le_Y)$ とする.逆写像 $f^{-1} : Y \longrightarrow X$ が順序保存写像であることを示せばよい.もしある $y, y' \in Y$ に対して,
$$y \le_Y y' \quad \text{かつ} \quad f^{-1}(y) \not\le_X f^{-1}(y') \tag{7.10}$$
であったとする.このとき,$y \ne y'$ だから,(7.10) の左の不等式から $y' \not\le_Y y$. いま $x = f^{-1}(y), x' = f^{-1}(y')$ とおくと,$\le_X$ は全順序だから,(7.10) の右の不等式より $x' \le_X x$. ところが,$f(x') = y' \not\le_Y y = f(x)$. これは f が順序保存写像であることに矛盾する.ゆえに,f^{-1} は順序保存写像である. □

系 7.24 2 つの全順序集合 X, Y に対し,単射,順序保存写像 $f : X \longrightarrow Y$ が存在したとする.このとき,$X \simeq f(X)$ が成立する.

証明 写像 f の終域を $f(X)$ に変えると，$f: X \longrightarrow f(X)$ は全単射，順序保存写像だから，補題 7.23 より順序同型写像である．ゆえに，$X \simeq f(X)$ が成立する． □

本章の残りの部分では，単射である順序保存写像を **順序単射** とよぶ．

補題 7.25 整列集合 W に対して，$f: W \longrightarrow W$ を任意の順序単射とする．このとき，任意の $x \in W$ に対して，$x \leq f(x)$ が成立する．

証明 ある $x \in W$ に対して，$f(x) < x$ であったとする．このとき，
$$A = \{x \in W : f(x) < x\}$$
とおくと，$A \neq \emptyset$ だから $a = \min A$ が存在する．このとき，$a \in A$ だから，$f(a) < a$．さらに，f は順序単射だから，$f(f(a)) < f(a)$．ゆえに，$f(a) \in A$．これは $a = \min A$ であることに矛盾する． □

定理 7.26 2 つの整列集合 W_1, W_2 に対し，$W_1 \simeq W_2$ のとき，順序同型写像 $f: W_1 \longrightarrow W_2$ は一意的に定まる．特に，任意の整列集合 W に対し，W から W への順序同型写像は恒等写像だけである．

証明 W_1 から W_2 への任意の 2 つの順序同型写像 f, g に対して，$f = g$ が成り立つことを示せばよい．合成写像 $g^{-1} \circ f$ は W_1 から W_1 への順序同型写像だから，補題 7.25 より，任意の $x \in W_1$ に対して，$x \leq g^{-1}(f(x))$．したがって，$g(x) \leq f(x)$．合成写像 $f^{-1} \circ g$ についても同様に考えると，任意の $x \in W_1$ に対して，$f(x) \leq g(x)$．ゆえに，任意の $x \in W_1$ に対して $f(x) = g(x)$ が成り立つから，$f = g$ である． □

註 7.27 自分自身への順序同型写像が恒等写像だけに限るような順序集合を，**頑固** (rigid) であるという．定理 7.26 より，任意の整列集合は頑固である．通常の大小関係 $\leq$ に関して，$(\mathbb{R}, \leq)$ や $(\mathbb{Z}, \leq)$ は頑固でない．

専門的な集合論では，整列集合は集合の濃度を測る「定規」として使われる．下の定理 7.29 は，整列集合がもつ定規としての性質を示している．

定義 7.28 任意の整列集合 W と $x \in W$ に対して，W の部分順序集合
$$W(x) = \{y \in W : y < x\}$$
を W の x による **切片** という．

☞ 整列集合 W に対し，$x = \min W$ のとき，$W(x) = \emptyset$.

☞ 整列集合 W に対し，$x \neq \max W$ のとき，$W(x^+) = \{y \in W : y \leq x\}$.

任意の写像 f に対して，f の定義域 (domain) を $\mathrm{dom}(f)$ で表し，f の値域 (range) を $\mathrm{rng}(f)$ で表す．すなわち，$f : X \longrightarrow Y$ のとき，$\mathrm{dom}(f) = X$，$\mathrm{rng}(f) = f(X)$．

定理 7.29 (**整列集合の比較定理**)　任意の 2 つの空でない整列集合 A, B に対して，次の 3 つの場合の 1 つだけが必ず成立する (図 7.1 を見よ)．

(1) $A \simeq B$.
(2) $A \simeq B(b)$ を満たす $b \in B$ が存在する．
(3) $A(a) \simeq B$ を満たす $a \in A$ が存在する．

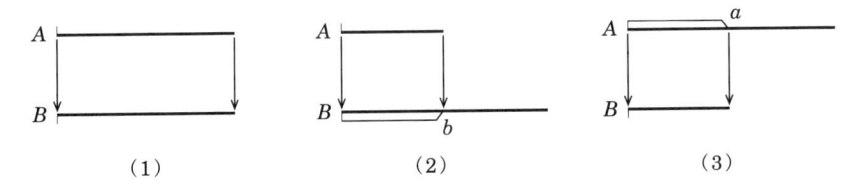

図 7.1　整列集合の比較定理. (1), (2), (3) の 3 つの場合の 1 つだけが必ず成立する．2 本の定規を 0 の目盛りでそろえると，互いの目盛りは短い方の定規の目盛りが終わるまで一致する．この定理は，2 つの整列集合に対して，同様の現象が起こることを示している．

証明　A の切片または A を定義域とし，B の切片または B を値域とする順序単射 $f : \mathrm{dom}(f) \longrightarrow B$ 全体の集合を M とする．$a_0 = \min A$，$b_0 = \min B$ とし，写像 $f : \{a_0\} \longrightarrow B$ を $f(a_0) = b_0$ によって定義すると，$f \in M$ だから $M \neq \emptyset$ である．

次に，M における順序 $\preccurlyeq$ を，任意の $f, g \in M$ に対して，

$$f \preccurlyeq g \Longleftrightarrow \mathrm{dom}(f) \subseteq \mathrm{dom}(g) \text{ かつ } f = g \restriction_{\mathrm{dom}(f)}$$

によって定義する．順序集合 $(M, \preccurlyeq)$ に定理 7.20 を適用するために，$(M, \preccurlyeq)$ の任意の鎖 C が上界をもつことを示す．いま $C = \{f_\lambda : \lambda \in \Lambda\}$ として，

$$D_* = \bigcup_{\lambda \in \Lambda} \mathrm{dom}(f_\lambda), \quad R_* = \bigcup_{\lambda \in \Lambda} \mathrm{rng}(f_\lambda)$$

とおく. このとき, D_* は A の切片であるかまたは A である. なぜなら, 各 $\lambda \in \Lambda$ に対して $\mathrm{dom}(f_\lambda)$ は A の切片または A だから, もし $D_* \neq A$ ならば, $a = \min(A - D_*)$ とおくと $D_* = A(a)$ が成立するからである. 同様に, R_* も B の切片であるかまたは B である.

次に, 写像 $f_* : D_* \longrightarrow B$ を, 各 $x \in D_*$ に対して, $x \in \mathrm{dom}(f_\lambda)$ である $\lambda \in \Lambda$ を任意に選んで, $f_*(x) = f_\lambda(x)$ と定めることによって定義する. このとき, 次の (a), (b), (c) が成立する (下の問 9 を見よ).

(a) $f_*(x)$ の値は $\lambda \in \Lambda$ の選び方に依存せずに定まる.
(b) $f_* \in M$.
(c) 任意の $\lambda \in \Lambda$ に対し, $f_\lambda \preccurlyeq f_*$.

(b) と (c) より, f_* は C の上界である. 結果として, 定理 7.20 より, 順序集合 $(M, \preccurlyeq)$ の極大元 $h : D \longrightarrow B$ が存在する. このとき, $h \in M$ だから, h は順序単射である. したがって, $R = \mathrm{rng}(h)$ とおくと, 系 7.24 より $D \simeq R$. さらに, M の定義より, 次の 4 つの場合が考えられる.

(1) $D = A$ かつ $R = B$.
(2) $D = A$ かつ, ある $b \in B$ に対して $R = B(b)$.
(3) ある $a \in A$ に対して $D = A(a)$ かつ $R = B$.
(4) ある $a \in A$ に対して $D = A(a)$ かつ, ある $b \in B$ に対して $R = B(b)$.

(1) のとき $A \simeq B$. (2) のとき $A \simeq B(b)$. (3) のとき $A(a) \simeq B$. (4) は起こらないことを示そう. もし (4) が起きたとすると, 写像

$$h^* : D \cup \{a\} \longrightarrow B \,;\, x \longmapsto \begin{cases} h(x) & (x \in D \text{ のとき}), \\ b & (x = a \text{ のとき}) \end{cases}$$

が定義できる (図 7.2 を見よ). このとき, $h^* \in M$, $h \preccurlyeq h^*$ かつ $h \neq h^*$ だから, h が $(M, \preccurlyeq)$ の極大元であることに矛盾する. ゆえに, (1), (2), (3) のうち, 少なくとも 1 つの場合が成立する.

最後に, (1), (2), (3) のうち, どの 2 つも両立しないことを示そう. もし (1) と (2) が同時に成立したならば, 定理 7.10 より $B \simeq B(b)$ だから, 順序同型写像 $f : B \longrightarrow B(b)$ が存在する. このとき, f の終域を B に変えると, f は B から B への順序単射であるが, $f(b) \in B(b)$ だから $f(b) < b$. これは, 補題

7.3 整列集合　97

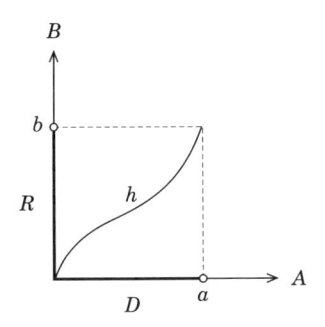

図 7.2　$D=A(a)$, $R=B(b)$ のとき，順序単射 $h^*:D\cup\{a\}\longrightarrow B$ が定義できる．

7.25 に矛盾する．同様に，(1) と (3) も両立しない．もし (2) と (3) が同時に成立したならば，順序同型写像 $f_1:A\longrightarrow B(b)$ と $f_2:B\longrightarrow A(a)$ が存在する．これらの写像の終域をそれぞれ B と A に変えて合成写像 $g=f_2\circ f_1$ を作ると，$g:A\longrightarrow A$ は順序単射である．このとき，$g(a)=f_2(f_1(a))\in A(a)$ だから，$g(a)<a$. これは，補題 7.25 に矛盾する．　□

問 9　上の証明で，(a), (b), (c) が成立することを確かめよ．

2 つの順序集合 $(A,\leq_A)$ と $(B,\leq_B)$ が等しいとは，$A=B$ であり，かつ
$$(\forall x,y\in A)(x\leq_A y \Longleftrightarrow x\leq_B y) \tag{7.11}$$
が成り立つことをいう．次の定理 7.30 の証明では，2 つの整列集合 W_1,W_2 が等しいことを，$W_1\equiv W_2$ で表す．

定理 7.30 (整列可能定理)　任意の空でない集合 X に対して，X における順序 $\leq$ を定義して，$(X,\leq)$ を整列集合にすることができる．

証明　整列集合 $(W,\leq)$ で $W\subseteq X$ を満たすもの全体からなる集合を $\mathcal{W}$ とする．最初に，任意の要素 $x\in X$ を選び，$x\leq x$ と定めると，$(\{x\},\leq)\in\mathcal{W}$ だから，$\mathcal{W}\neq\varnothing$ である．次に，集合 $\mathcal{W}$ に順序 $\preccurlyeq$ を次のように定義する．任意の $W_1,W_2\in\mathcal{W}$ に対して，$W_1\equiv W_2$ であるかまたは W_1 が W_2 のある切片に等しいとき，$W_1\preccurlyeq W_2$ と定める．すなわち，
$$W_1\preccurlyeq W_2 \Longleftrightarrow W_1\equiv W_2 \text{ または } (\exists x\in W_2)(W_1\equiv W_2(x)).$$

順序集合 $(\mathcal{W}, \preccurlyeq)$ に定理 7.20 を適用するために, $(\mathcal{W}, \preccurlyeq)$ の任意の鎖 $\mathcal{C}$ が上界をもつことを示す. いま $\mathcal{C} = \{(W_\lambda, \leq_\lambda) : \lambda \in \Lambda\}$ として,
$$W_* = \bigcup_{\lambda \in \Lambda} W_\lambda$$
とおく. 集合 W_* に順序 $\leq_*$ を次のように定義する. 任意の $x, y \in W_*$ に対して, $\mathcal{C}$ は $\mathcal{W}$ の鎖だから, $x, y \in W_\lambda$ を満たす $\lambda \in \Lambda$ が存在する. そのような λ を任意に選んで,
$$x \leq_* y \iff x \leq_\lambda y \tag{7.12}$$
と定める. このとき, 次の (a), (b), (c) が成立する (下の問 10 を見よ).

 (a) 順序 $\leq_*$ の定義 (7.12) は λ の選び方に依存しない.
 (b) $(W_*, \leq_*) \in \mathcal{W}$.
 (c) 任意の $\lambda \in \Lambda$ に対し, $(W_\lambda, \leq_\lambda) \preccurlyeq (W_*, \leq_*)$.

(b) と (c) より, $(W_*, \leq_*)$ は $\mathcal{C}$ の上界である. 結果として, 定理 7.20 より, 順序集合 $(\mathcal{W}, \preccurlyeq)$ の極大元 $(W, \leq)$ が存在する.

最後に, $W = X$ であることを示そう. もし $w \in X - W$ が存在したならば, $W^* = W \cup \{w\}$ とおき, W^* における順序 $\leq^*$ を, $W \equiv W^*(w)$ が成り立つように定義する. すなわち, 任意の $x, y \in W$ に対して
$$x \leq^* y \iff x \leq y$$
と定めて, 任意の $x \in W$ に対して, $x \leq^* w$ と定める. このとき, $(W^*, \leq^*)$ は整列集合だから $(W^*, \leq^*) \in \mathcal{W}$. さらに, $(W, \leq)$ は $(W^*, \leq^*)$ の w による切片だから, $(W, \leq) \preccurlyeq (W^*, \leq^*)$ かつ $(W, \leq) \neq (W^*, \leq^*)$. これは, $(W, \leq)$ が $(\mathcal{W}, \preccurlyeq)$ の極大元であることに矛盾する. ゆえに, $W = X$ だから, $(X, \leq)$ は整列集合である. □

問 10 上の証明で (a), (b), (c) が成立することを確かめよ.

定理 7.31 任意の 2 つの濃度 $\boldsymbol{a}, \boldsymbol{b}$ に対し, $\boldsymbol{a} \leq \boldsymbol{b}$ または $\boldsymbol{b} \leq \boldsymbol{a}$ が成立する.

証明 $|A| = \boldsymbol{a}$ である集合 A と $|B| = \boldsymbol{b}$ である集合 B を選ぶ. 定理 7.30 より, A と B は整列集合であると考えることができる. このとき, 定理 7.29 の (1), (2), (3) の 1 つの場合が起こる. 順序同型ならば対等だから, (1) のとき $|A| = |B|$. (2) のとき $|A| = |B(b)| \leq |B|$. (3) のとき $|B| = |A(a)| \leq |A|$. ゆえに, $\boldsymbol{a} \leq \boldsymbol{b}$ または $\boldsymbol{b} \leq \boldsymbol{a}$ が成立する. □

註 7.32　定理 7.31 より，6.3 節で考察した濃度の順序関係 $\leq$ は全順序である．実際には，濃度の任意の集合は，$\leq$ に関して整列集合であることが証明できる (参考書 [4], [24] を見よ)．

註 7.33　前節では，選択公理から定理 7.18 と定理 7.20 を導き，本節では，定理 7.20 を使って整列可能定理 7.30 を証明した．逆に，整列可能定理から選択公理が導かれることを示しておこう．任意の集合族 $\mathcal{A}$ に対して，選択関数
$$f: \mathcal{A} - \{\emptyset\} \longrightarrow \bigcup \mathcal{A}$$
が存在することを示せばよい (註 6.29 を見よ)．$X = \bigcup \mathcal{A}$ とおくと，整列可能定理 7.30 より，X における順序 $\leq$ を定めて $(X, \leq)$ を整列集合にすることができる．このとき，任意の $A \in \mathcal{A} - \{\emptyset\}$ に対して，
$$f(A) = \min A$$
と定めることにより，選択関数 f が定義できる．結果として，定理 7.18, 7.20, 7.30 と選択公理は互いに同値な命題である．これらの定理と選択公理には，多くの興味深い応用がある (参考書 [5], [12] を見よ)．

演習問題

1. 定理 7.10 の証明を完成せよ．
2. 任意の開区間 $J = (a, b)$ $(a < b)$ に対し，通常の大小関係 $\leq$ による順序集合 $(\mathbb{R}, \leq)$ と $(J, \leq)$ は順序同型であることを示せ．
3. 次の (1), (2) のそれぞれ 2 つの順序集合について，それらは順序同型であるかどうか調べよ．ただし，$\leq$ は通常の大小関係の順序とする．

    (1) $(\mathbb{N}, \leq)$ と $(S = \{1/n : n \in \mathbb{N}\}, \leq)$．

    (2) $(\mathbb{R}, \leq)$ と $(\mathbb{R} - \mathbb{Q}, \leq)$．

4. 順序集合 $(\mathcal{P}(\mathbb{N}), \subseteq)$ の部分集合 $\mathcal{A} = \mathcal{P}(\mathbb{N}) - \{\emptyset, \mathbb{N}\}$ の極大元と極小元について調べよ．
5. 全順序集合 $(X, \leq)$ の極大元 x_0 が存在するとき，x_0 は $(X, \leq)$ の最大元であることを示せ．

6. $\mathbb{N}_1 = \mathbb{N} - \{1\}$ とおき，$\mathbb{N}_1$ の素な部分集合全体からなる集合族を $\mathcal{P}$ とする (問 5 (89 ページ) 参照) とき，次の (1), (2) を証明せよ．

(1) 素数全体の集合 P は順序集合 $(\mathcal{P}, \subseteq)$ の極大元である．

(2) 任意の $A \in \mathcal{P}$ に対して，順序集合 $(\mathcal{P}, \subseteq)$ の極大元 A^* で $A \subseteq A^*$ を満たすものが存在する．

7. X を任意の空でない集合とする．X の部分集合族 $\mathcal{A}$ が**有限交叉性**をもつとは，任意の有限部分族 $\mathcal{F} \subseteq \mathcal{A}$ に対して，$\bigcap \mathcal{F} \neq \emptyset$ が成り立つことをいう．X の有限交叉性をもつ部分集合族全体からなる集合を Ψ とするとき，次の (1), (2) を証明せよ．

(1) 任意の $x \in X$ に対して，X の部分集合族 $\mathcal{A}_x = \{A \subseteq X : x \in A\}$ は順序集合 $(\Psi, \subseteq)$ の極大元である．

(2) 任意の $\mathcal{A} \in \Psi$ に対して，順序集合 $(\Psi, \subseteq)$ の極大元 $\mathcal{A}^*$ で $\mathcal{A} \subseteq \mathcal{A}^*$ を満たすものが存在する．

8. 次の (1), (2) を満たす集合 $B \subseteq \mathbb{R}$ が存在することを示せ．

(1) 任意の有限個の異なる $b_1, b_2, \cdots, b_n \in B$ と任意の $\alpha_1, \alpha_2, \cdots, \alpha_n \in \mathbb{Q}$ に対し，$\alpha_1 b_1 + \alpha_2 b_2 + \cdots + \alpha_n b_n = 0$ ならば $\alpha_1 = \alpha_2 = \cdots = \alpha_n = 0$．

(2) 任意の $x \in \mathbb{R}$ に対し，$x = \alpha_1 b_1 + \alpha_2 b_2 + \cdots + \alpha_m b_m$ を満たす有限個の $b_1, b_2, \cdots, b_m \in B$ と $\alpha_1, \alpha_2, \cdots, \alpha_m \in \mathbb{Q}$ が存在する．

9. W を整列集合とする．任意の $x \in W$ に対し，$W \not\simeq W(x)$ であることを示せ．また，任意の $x, y \in W$ に対して，もし $W(x) \simeq W(y)$ ならば $x = y$ であることを示せ．

10. 整列集合 W の任意の部分順序集合 A は，W または W のある切片と順序同型であることを示せ．

11. 例 7.22 (2) で定めた整列集合 $(\mathbb{N}^2, \trianglelefteq)$ に対し，$(\mathbb{N}^2, \trianglelefteq) \simeq (A, \leq)$ を満たす $A \subseteq \mathbb{R}$ の例を見つけよ．ただし，$\leq$ は通常の大小関係の順序である．

12. $A \subseteq \mathbb{R}$ とする．もし通常の大小関係 $\leq$ について $(A, \leq)$ が整列集合ならば，A は高々可算な集合であることを示せ．

第8章

距離空間

要素の間に距離が定義された集合について考察する．距離が定められることによって，点列の収束や写像の連続性などの議論ができるようになる．

8.1 ユークリッド空間

直積集合 $\mathbb{R}^n$ の要素 p は n 個の実数の組として，$p=(x_1, x_2, \cdots, x_n)$ と表される．以後，$\mathbb{R}^n$ の要素を**点**とよぶ．

定義 8.1 $\mathbb{R}^n$ の任意の 2 点 $p=(x_1, x_2, \cdots, x_n)$, $q=(y_1, y_2, \cdots, y_n)$ に対して，

$$d(p,q) = \sqrt{\sum_{i=1}^{n}(x_i - y_i)^2} \tag{8.1}$$

を，p, q 間の**ユークリッドの距離**という．ここで，記号 d は $\mathbb{R}^n$ の 2 点の組 (p, q) に実数 $d(p, q)$ を対応させる関数

$$d: \mathbb{R}^n \times \mathbb{R}^n \longrightarrow \mathbb{R}\,;\,(p,q) \longmapsto d(p,q)$$

であると考えられる．関数 d を**ユークリッドの距離関数**という．

☞ 定義 8.1 において，$n=1$ の場合を考えよう．$\mathbb{R}^1 = \mathbb{R}$ の点 $p=(x)$ は，通常，単に x で表される．$\mathbb{R}$ の 2 点 x, y 間のユークリッドの距離は，

$$d(x, y) = \sqrt{(x-y)^2} = |x-y|$$

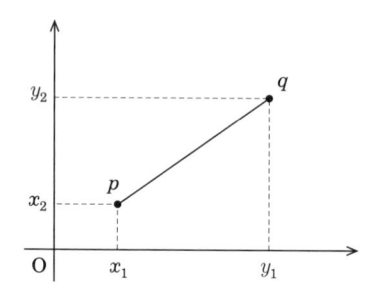

図 8.1 $\mathbb{E}^2$ の 2 点 $p=(x_1,x_2)$, $q=(y_1,y_2)$ 間のユークリッドの距離 $d(p,q)=\sqrt{(x_1-y_1)^2+(x_2-y_2)^2}$ は，p,q を結ぶ線分の長さである．

である．$n=2$ の場合を図 8.1 に示す．

註 8.2 $m \neq n$ のとき，$\mathbb{R}^m$ におけるユークリッドの距離関数 d と，$\mathbb{R}^n$ におけるユークリッドの距離関数 d は異なる関数だから，それらを同じ記号 d で表すことは不合理である．本書では，記号を煩雑にしないために，同じ記号を用いるが，それらは $\mathbb{R}^n$ の次元 n の値ごとに異なる関数であることに注意してほしい．

定義 8.3 任意の 2 点間にユークリッドの距離が定められた集合 $\mathbb{R}^n$ を n **次元ユークリッド空間**といい，$\mathbb{E}^n$ または $(\mathbb{R}^n, d)$ で表す．

問 1 $\mathbb{E}^5$ において，2 点 $p=(1,0,-2,-3,5)$, $q=(-1,2,0,-7,3)$ 間の距離 $d(p,q)$ を求めよ．

$\mathbb{R}^n$ は単なる集合であるが，距離が定められた集合 $\mathbb{E}^n$ は空間とよばれる．一般に，距離や演算などの何らかの構造が定められた集合を空間という．空間という用語から連想される「上下，左右，奥行き」の有無とは無関係であることに注意しよう．

例 8.4 $\mathbb{E}^n$ の部分集合は**図形**とよばれる．2 つの例を紹介しよう．
$$B^n = \{(x_1, x_2, \cdots, x_n) \in \mathbb{E}^n : x_1^2 + x_2^2 + \cdots + x_n^2 \leq 1\},$$
$$S^{n-1} = \{(x_1, x_2, \cdots, x_n) \in \mathbb{E}^n : x_1^2 + x_2^2 + \cdots + x_n^2 = 1\}$$
とおき，B^n を n **次元閉球体**とよび，S^{n-1} を $n-1$ **次元球面**とよぶ．定義より，$S^{n-1} \subseteq B^n$ が成り立つ．

問 2　$n=1,2,3$ のとき，B^n と S^{n-1} はどのような図形であるか考えよ．

定理 8.5 (距離の基本 3 性質)　任意の 3 点 $p,q,r\in\mathbb{E}^n$ に対して，次の 3 つのことが成立する．

(M1)　$d(p,q)\geq 0$, さらに，$d(p,q)=0 \iff p=q$.
(M2)　$d(p,q)=d(q,p)$.
(M3)　$d(p,r)\leq d(p,q)+d(q,r)$.　(三角不等式)

証明　(M1) と (M2) はユークリッドの距離の定義 (8.1) から直ちに導かれる．(M3) の証明を与えよう．いま，$p=(x_1,x_2,\cdots,x_n)$, $q=(y_1,y_2,\cdots,y_n)$, $r=(z_1,z_2,\cdots,z_n)$ として，各 $i=1,2,\cdots,n$ に対し，$a_i=x_i-y_i$, $b_i=y_i-z_i$ とおくと，$a_i+b_i=x_i-z_i$. このとき，三角不等式 (M3) は

$$\sqrt{\sum_{i=1}^n (a_i+b_i)^2} \leq \sqrt{\sum_{i=1}^n a_i^2} + \sqrt{\sum_{i=1}^n b_i^2}$$

と表される．この両辺を平方して整理すると，

$$\sum_{i=1}^n a_i b_i \leq \sqrt{\left(\sum_{i=1}^n a_i^2\right)\left(\sum_{i=1}^n b_i^2\right)} \tag{8.2}$$

が得られるから，(8.2) を証明すればよい (これは **Schwarz の不等式**とよばれる)．いま，$a=\sum_{i=1}^n a_i^2$, $b=\sum_{i=1}^n b_i^2$ とおく．任意の $\alpha,\beta\in\mathbb{R}$ に対し，不等式

$$\alpha\beta \leq \frac{\alpha^2}{2}+\frac{\beta^2}{2} \tag{8.3}$$

が成立することに注意しよう．もしすべての i について $a_i=0$ であるか，または，すべての i について $b_i=0$ ならば，明らかに (8.2) は成立する．したがって，$a\neq 0$ かつ $b\neq 0$ であると仮定してよい．このとき，各 i に対し，$\alpha=a_i/\sqrt{a}$, $\beta=b_i/\sqrt{b}$ とおいて，これらを (8.3) に代入すると，

$$\frac{a_i b_i}{\sqrt{ab}} \leq \frac{a_i^2}{2a}+\frac{b_i^2}{2b}$$

が得られる．この両辺の $i=1$ から n までの和をとると，

$$\frac{1}{\sqrt{ab}}\sum_{i=1}^n a_i b_i \leq \frac{1}{2a}\sum_{i=1}^n a_i^2 + \frac{1}{2b}\sum_{i=1}^n b_i^2 = \frac{1}{2}+\frac{1}{2}=1.$$

結果として，Schwarz の不等式 (8.2) が導かれる．　□

ユークリッドの距離の定義は自然であるが，目的に応じて，他の距離の測り方をする場合がある．次節で，その例を 2 つ紹介する．以後，$\mathbb{R}^n$ 上の他の距離関数と区別するために，ユークリッドの距離関数 d を d_2 で表す．すなわち，任意の 2 点 $p=(x_1,x_2,\cdots,x_n), q=(y_1,y_2,\cdots,y_n)\in\mathbb{R}^n$ に対して，

$$d_2(p,q)=\sqrt{\sum_{i=1}^{n}(x_i-y_i)^2}.$$

ここで，記号 d_2 の 2 は，2 乗の和の平方根をとる定義を表している．

8.2 距離空間

定義 8.6 集合 X と関数 $d:X\times X\longrightarrow\mathbb{R}$ が与えられ，任意の $x,y,z\in X$ に対して，次の 3 つのことが成り立つとする．

(M1) $d(x,y)\geq 0$, さらに，$d(x,y)=0 \Longleftrightarrow x=y$.
(M2) $d(x,y)=d(y,x)$.
(M3) $d(x,z)\leq d(x,y)+d(y,z)$. （三角不等式）

このとき，d を X 上の**距離関数**という．

☞ ユークリッドの距離関数 d_2 は $\mathbb{R}^n$ 上の距離関数である (定理 8.5)．

定義 8.7 距離関数 $d:X\times X\longrightarrow\mathbb{R}$ が 1 つ定められた集合 X を**距離空間**とよび，(X,d) で表す．距離関数 d を明示する必要がない場合は，(X,d) を単に X と略記する．距離空間 (X,d) において，X の要素を (X,d) の**点**とよび，2 点 $x,y\in X$ に対し，$d(x,y)$ を x,y 間の**距離**という．

☞ ユークリッド空間 $\mathbb{E}^n=(\mathbb{R}^n,d_2)$ は距離空間である．

例 8.8 任意の集合 X と任意の 2 点 $x,y\in X$ に対して，

$$d_0(x,y)=\begin{cases}1 & (x\neq y \text{ のとき}), \\ 0 & (x=y \text{ のとき})\end{cases}$$

と定める．このとき，関数 $d_0:X\times X\longrightarrow\mathbb{R}$ は X 上の距離関数である（下の問 3 を見よ）．距離関数 d_0 を**離散距離関数**とよび，d_0 が定められた距離空間 (X,d_0) を**離散距離空間**という．

問 3 例 8.8 で定義した関数 d_0 は，集合 X 上の距離関数であることを示せ．

例 8.9 任意の 2 点 $p=(x_1, x_2, \cdots, x_n), q=(y_1, y_2, \cdots, y_n) \in \mathbb{R}^n$ に対して，
$$d_1(p,q) = \sum_{i=1}^{n} |x_i - y_i|,$$
$$d_\infty(p,q) = \max\{|x_i - y_i| : i = 1, 2, \cdots, n\}$$
と定める．このとき，d_1 と d_∞ もまた $\mathbb{R}^n$ 上の距離関数であることが証明できる (章末の演習問題 4 とする)．ユークリッド空間 $\mathbb{E}^n$ と距離空間 $(\mathbb{R}^n, d_1)$，$(\mathbb{R}^n, d_\infty)$ は，集合としては同じであるが，異なる距離関数をもつので異なる距離空間であると考える．また，距離関数 d_1, d_∞ に対しても，註 8.2 と同じ注意を適用する．

問 4 $\mathbb{R}^3$ の 2 点 $p=(2,-1,5), q=(-1,0,3)$ に対して，距離 $d_2(p,q), d_1(p,q)$, $d_\infty(p,q)$ を求めよ．

補題 8.10 任意の 2 点 $p,q \in \mathbb{R}^n$ に対して，不等式
$$d_\infty(p,q) \leq d_2(p,q) \leq d_1(p,q) \leq n d_\infty(p,q) \tag{8.4}$$
が成立する．

証明 $p=(x_1, x_2, \cdots, x_n), q=(y_1, y_2, \cdots, y_n)$ とおき，それらの各座標の差 $|x_i - y_i|$ $(i=1,2,\cdots,n)$ の中で最大のものを $|x_j - y_j|$ とする．このとき，
$$d_\infty(p,q) = |x_j - y_j| = \sqrt{(x_j - y_j)^2} \leq d_2(p,q),$$
$$d_2(p,q) = \sqrt{\sum_{i=1}^{n}(x_i - y_i)^2} \leq \sum_{i=1}^{n}\sqrt{(x_i - y_i)^2} = d_1(p,q),$$
$$d_1(p,q) = \sum_{i=1}^{n}|x_i - y_i| \leq n|x_j - y_j| = n d_\infty(p,q).$$
以上により，不等式 (8.4) が成立する． $\square$

註 8.11 平面 $\mathbb{R}^2$ において，3 通りの距離 $d_2(p,q), d_1(p,q), d_\infty(p,q)$ の違いについて考えよう．ユークリッドの距離の特徴は合同変換 (平行移動，回転，鏡映およびそれらの合成写像) によって保存されることである．すなわち，任意の合同変換 $f:\mathbb{R}^2 \longrightarrow \mathbb{R}^2$ に対して，
$$(\forall p,q \in \mathbb{R}^2)(d_2(f(p), f(q)) = d_2(p,q)) \tag{8.5}$$

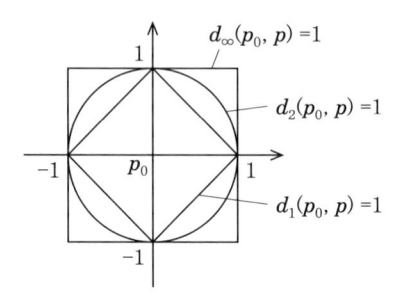

図 8.2 原点 $p_0=(0,0)$ からの距離が 1 である点の集合.

が成り立つ．また，逆に (8.5) を満たす写像 $f\colon \mathbb{R}^2 \longrightarrow \mathbb{R}^2$ は合同変換である (参考書 [23] を見よ)．これらの事実は $\mathbb{R}^n$ においても成立する．一方，距離 $d_1(p,q)$, $d_\infty(p,q)$ は，一般に合同変換によって保存されない (下の問 5 を見よ)．図 8.2 は，距離関数 d_2, d_1, d_∞ について原点 $p_0=(0,0)$ からの距離が 1 である点の集合を示している．

問 5 合同変換 $f\colon \mathbb{R}^2 \longrightarrow \mathbb{R}^2$ によって，距離 $d_1(p,q)$, $d_\infty(p,q)$ が保存されないことを示す例を与えよ．

問 6 2 点 $p_1=(1,1)$, $p_2=(-1,-1)\in\mathbb{R}^2$ に対し，次の集合を図示せよ．

(1) $M_1=\{p\in\mathbb{R}^2 : d_1(p_1,p)=d_1(p_2,p)\}$,

(2) $M_\infty=\{p\in\mathbb{R}^2 : d_\infty(p_1,p)=d_\infty(p_2,p)\}$.

例 8.12 (行列の空間)　実数を成分とする $n\times n$ 行列全体の集合を $M(n,\mathbb{R})$ で表す．任意の行列 $A=(a_{ij})$, $B=(b_{ij})\in M(n,\mathbb{R})$ に対して，

$$d(A,B)=\sqrt{\sum_{i=1}^n \sum_{j=1}^n (a_{ij}-b_{ij})^2}$$

と定めると，定理 8.5 と同様にして，関数 $d\colon M(n,\mathbb{R})\times M(n,\mathbb{R}) \longrightarrow \mathbb{R}$ は $M(n,\mathbb{R})$ 上の距離関数であることが証明できる．したがって，$(M(n,\mathbb{R}),d)$ は距離空間である．

問 7 距離空間 $(M(n,\mathbb{R}),d)$ において，距離 $d(E,-3E)$ を求めよ．ただし，E は n 次単位行列とする．

8.3 部分距離空間と直積距離空間

定義 8.13 2つの距離空間 $(X, d_X), (Y, d_Y)$ に対して，包含関係 $X \subseteq Y$ が成り立ち，さらに，条件

$$(\forall x, y \in X)(d_X(x, y) = d_Y(x, y))$$

が満たされるとき，(X, d_X) は (Y, d_Y) の **部分距離空間** または単に **部分空間** であるという．

逆に，距離空間 (Y, d) が与えられたとき，任意の部分集合 $X \subseteq Y$ に対して，距離関数 $d : Y \times Y \longrightarrow \mathbb{R}$ の $X \times X$ への制限

$$d\restriction_{X \times X} : X \times X \longrightarrow \mathbb{R} \, ; (x, y) \longmapsto d(x, y)$$

は，X 上の距離関数である．このとき，距離空間 $(X, d\restriction_{X \times X})$ は (Y, d) の部分距離空間である．

特に断らない限り，任意の距離空間 (Y, d) に対して，その部分集合 $X \subseteq Y$ は常に部分距離空間 $(X, d\restriction_{X \times X})$ であると考える．

例 8.14 2次元球面 S^2 上の2点 p, q に対し，p, q を結ぶ S^2 上の最短経路は，図 8.3 のようにして求められる．この経路の長さを $d(p, q)$ と定めると，d は S^2 上の距離関数になる．このとき，距離空間 (S^2, d) は，$\mathbb{E}^3$ の部分距離空間でない．なぜなら，異なる2点 $p, q \in S^2$ に対して，$d(p, q) \neq d_2(p, q)$ だからである．

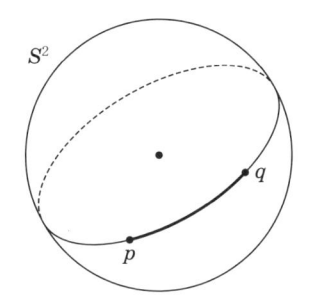

図 8.3 2点 p, q を結ぶ S^2 上の最短経路は，p, q を通る大円 ($= p, q$ と S^2 の中心を通る平面と S^2 との交わり) の短い方の弧 pq である．S^2 を地球面と見なしたとき，この経路は **大圏コース** とよばれる．

定義 8.15 距離空間 $(X_1, \rho_1), (X_2, \rho_2), \cdots, (X_n, \rho_n)$ が与えられたとき，直積集合 $X = \prod_{i=1}^{n} X_i$ の 2 点 $x = (x_1, x_2, \cdots, x_n), y = (y_1, y_2, \cdots, y_n)$ に対して，

$$\rho(x, y) = \sqrt{\sum_{i=1}^{n} \rho_i(x_i, y_i)^2}$$

と定義する．このとき，関数 $\rho : X \times X \longrightarrow \mathbb{R}$ は X 上の距離関数であることが証明できる (章末の演習問題 8)．距離空間 (X, ρ) を (X_i, ρ_i) $(i = 1, 2, \cdots, n)$ の**直積距離空間**といい，

$$(X, \rho) = (X_1, \rho_1) \times (X_2, \rho_2) \times \cdots \times (X_n, \rho_n)$$
$$= \prod_{i=1}^{n} (X_i, \rho_i)$$

で表す．また，ρ を ρ_i $(i = 1, 2, \cdots, n)$ から導かれる**直積距離関数**という．

☞ $\mathbb{E}^n$ は n 個の $\mathbb{E}^1$ の直積距離空間である．

問 8 直積距離空間 $(\mathbb{R}^2, d_1) \times (\mathbb{R}^2, d_\infty)$ における 2 点 $p = (p_1, p_2), q = (q_1, q_2)$ 間の距離を求めよ．ただし，$p_1 = p_2 = (0, 0), q_1 = q_2 = (1, 1) \in \mathbb{R}^2$ とする．

8.4 点列の収束

実数列 $\{a_n\}$ とは，各自然数 n にそれぞれ実数 a_n を対応させたものだから，写像 $a : \mathbb{N} \longrightarrow \mathbb{R} ; n \longmapsto a_n$ のことであると考えられる．同様に考えて，次の定義が得られる．

定義 8.16 任意の集合 X に対し，写像 $s : \mathbb{N} \longrightarrow X$ を X の**点列**といい，各 $n \in \mathbb{N}$ に対し，$s(n)$ を点列 s の**第 n 項**という．ただし，本書では，点列の第 n 項を x_n などで表し，このとき点列を $\{x_n\}$ で表す．

距離空間では，点列の収束についての議論ができる．

定義 8.17 距離空間 (X, d) の点列 $\{x_n\}$ が点 $x \in X$ に**収束する**とは，任意の正数 ε に対して，ある自然数 n_ε が存在して

$$(\forall n \in \mathbb{N})(n > n_\varepsilon \text{ ならば } d(x, x_n) < \varepsilon) \tag{8.6}$$

が成り立つことをいう．このとき，x を $\{x_n\}$ の**極限点**という．点列 $\{x_n\}$ が

x に収束することを

$$\lim_{n\to\infty} x_n = x \quad \text{または} \quad x_n \longrightarrow x$$

で表す.

註 8.18 定義 8.17 について説明を加えよう. 距離空間 (X, d) の点列 $\{x_n\}$ が点 $x \in X$ に収束するとは, 直観的には, n が大きくなるにしたがって, x_n が x に限りなく近づくことである. しかし「限りなく近づく」という表現は数学的に明確でないので, そのことを「任意の正数 ε に対して,

$$\text{集合 } \mathbb{N}_\varepsilon = \{n \in \mathbb{N} : d(x, x_n) \geq \varepsilon\} \text{ は有限集合} \tag{8.7}$$

である」と表現する. 実際, もしある $\varepsilon > 0$ に対して, $\mathbb{N}_\varepsilon$ が無限集合ならば, 無限個の n に対して $d(x, x_n) \geq \varepsilon$ だから, x_n が x に限りなく近づくとはいえない. さらに, (8.7) は, $\mathbb{N}_\varepsilon \subseteq \{1, 2, \cdots, n_\varepsilon\}$ を満たす自然数 n_ε が存在することと同値だから,

$$(8.7) \iff (\exists n_\varepsilon)(\mathbb{N}_\varepsilon \subseteq \{1, 2, \cdots, n_\varepsilon\})$$
$$\iff (\exists n_\varepsilon)(\forall n)(n > n_\varepsilon \text{ ならば } n \notin \mathbb{N}_\varepsilon)$$
$$\iff (\exists n_\varepsilon)(\forall n)(n > n_\varepsilon \text{ ならば } d(x, x_n) < \varepsilon).$$

以上の結果として, 定義 8.17 の条件が得られる.

約束 本書では, 特に断らない限り, 実数列は $\mathbb{E}^1$ の点列であると考える.

この約束により, 実数列の収束は, 定義 8.17 の特別な場合として, 次のように定義される.

定義 8.19 実数列 $\{x_n\}$ が実数 x に**収束する**とは, 任意の正数 ε に対して, ある自然数 n_ε が存在して

$$(\forall n \in \mathbb{N})(n > n_\varepsilon \text{ ならば } |x - x_n| < \varepsilon) \tag{8.8}$$

が成り立つことをいう.

補題 8.20 距離空間 (X, d) の点列 $\{x_n\}$ が点 $x \in X$ に収束するためには, 実数列 $\{d(x, x_n)\}$ が 0 に収束することが必要十分である.

証明 定義 8.17 より, $x_n \longrightarrow x$ であるとは, 任意の $\varepsilon > 0$ に対して, ある $n_\varepsilon \in \mathbb{N}$ が存在して, (8.6) が成り立つことである. 一方, $d(x, x_n) \longrightarrow 0$ である

とは，定義 8.19 より，任意の $\varepsilon>0$ に対して，ある $n_\varepsilon \in \mathbb{N}$ が存在して，
$$(\forall n\in\mathbb{N})(n>n_\varepsilon \text{ ならば } |0-d(x,x_n)|<\varepsilon) \tag{8.9}$$
が成り立つことである．(8.6) と (8.9) はまったく同じだから，$x_n \longrightarrow x$ であることと，$d(x,x_n) \longrightarrow 0$ であることは同値である． □

命題 8.21 直積距離空間 $(X,\rho) = \prod_{i=1}^{n}(X_i,\rho_i)$ の点列 $\{p_k\}$ と点 p に対して，
$$p_k = (x_k(1), x_k(2), \cdots, x_k(n)), \quad k\in\mathbb{N},$$
$$p = (x(1), x(2), \cdots, x(n))$$
とおく．このとき，$p_k \longrightarrow p\ (k \longrightarrow \infty)$ であるためには，各 $i=1,2,\cdots,n$ に対して，$x_k(i) \longrightarrow x(i)\ (k \longrightarrow \infty)$ が成り立つことが必要十分である．

証明 最初に，$p_k \longrightarrow p$ とする．各 $i=1,2,\cdots,n$ に対して，補題 8.20 より
$$\rho_i(x(i),x_k(i)) = \sqrt{\rho_i(x(i),x_k(i))^2} \leq \rho(p,p_k) \longrightarrow 0.$$
したがって，再び補題 8.20 より $x_k(i) \longrightarrow x(i)\ (k \longrightarrow \infty)$．

逆に，各 $i=1,2,\cdots,n$ に対して $x_k(i) \longrightarrow x(i)\ (k\longrightarrow\infty)$ が成り立つとする．このとき，任意の $\varepsilon>0$ をとると，各 i に対して，$k_i \in \mathbb{N}$ が存在して，
$$(\forall k\in\mathbb{N})(k>k_i \text{ ならば } \rho_i(x(i),x_k(i))<\varepsilon/\sqrt{n})$$
が成り立つ．そこで，$k_0 = \max\{k_1,k_2,\cdots,k_n\}$ とおく．このとき，$k>k_0$ ならば，すべての i について $k>k_i$ だから，
$$\rho(p,p_k) = \sqrt{\sum_{i=1}^{n}\rho_i(x(i),x_k(i))^2} < \sqrt{n \cdot \frac{\varepsilon^2}{n}} = \varepsilon.$$
ゆえに，$p_k \longrightarrow p$ が成立する． □

命題 8.21 は，直積距離空間の点列が収束するためには，各座標ごとに収束することが必要十分であることを示している．

註 8.22 上の証明の後半は，各 i,k に対して $a_k(i) = \rho_i(x(i),x_k(i))$ とおくと
$$(\forall i)\left(\lim_{k\to\infty}a_k(i)=0\right) \quad \text{ならば} \quad \lim_{k\to\infty}\sqrt{\sum_{i=1}^{n}a_k(i)^2}=0$$
であることを示している．この事実は，章末の演習問題 12 と関数 $f(x)=\sqrt{x}$ の連続性 (次章で学ぶ) からも導かれる．

問 9 任意の距離空間 (X,d) の 2 つの収束列 $\{x_n\}$, $\{y_n\}$ に対して，
$$\lim_{n\to\infty} d(x_n, y_n) = d\left(\lim_{n\to\infty} x_n, \lim_{n\to\infty} y_n\right)$$
が成立することを証明せよ．

問 10 任意の距離空間 (X,d) において，点列 $\{x_n\}$ が収束するとき，その極限点は一意的に定まることを証明せよ．

演習問題

1. $\mathbb{E}^5$ の 3 点 $p=(2,0,6,x,-1)$, $q=(-2,1,7,-4,3)$, $r=(5,2,0,-3,1)$ について，p は q,r から等距離な位置にある．このとき，x の値を求めよ．

2. 2 点 $p_1=(1,0)$, $p_2=(-1,0) \in \mathbb{R}^2$ に対して，次の集合を図示せよ．

(1) $E = \{p \in \mathbb{R}^2 : d_2(p_1,p) + d_2(p_2,p) = 4\}$,

(2) $H = \{p \in \mathbb{R}^2 : |d_2(p_1,p) - d_2(p_2,p)| = 1\}$,

(3) $P = \{p=(x,y) \in \mathbb{R}^2 : d_2(p_1,p) = x+1\}$.

3. 次の (1)–(4) のように定められた関数 d は $\mathbb{R}^2$ 上の距離関数であるか，それぞれ調べよ．ただし，$p=(x_1,x_2)$, $q=(y_1,y_2) \in \mathbb{R}^2$ とする．

(1) $d(p,q) = (x_1-y_1)^2 + (x_2-y_2)^2$,

(2) $d(p,q) = \sqrt{|x_1-y_1|} + \sqrt{|x_2-y_2|}$,

(3) $d(p,q) = (\sqrt{|x_1-y_1|} + \sqrt{|x_2-y_2|})^2$,

(4) $d(p,q) = \sqrt{|x_1-y_1| + |x_2-y_2|}$.

4. 例 8.9 で定義した関数 d_1, d_∞ が $\mathbb{R}^n$ 上の距離関数であることを示せ．

5. 上の問題 2 において，距離関数 d_2 を d_1 または d_∞ に置きかえると，集合 E, H, P の形はそれぞれどのように変化するか．それらを図示せよ．

6. 任意の距離空間 (X,d) の n 個の点 $x_1, x_2, \cdots, x_n$ に対し，不等式
$$d(x_1, x_n) \leq d(x_1, x_2) + d(x_2, x_3) + \cdots + d(x_{n-1}, x_n)$$
が成立することを示せ．

7. 任意の距離空間 (X,d) の 3 点 x,y,z に対して，不等式
$$|d(x,z) - d(y,z)| \leq d(x,y)$$
が成立することを示せ．

8. 定義 8.15 で定めた関数 $\rho: X \times X \longrightarrow \mathbb{R}$ は，直積集合 X 上の距離関数であることを示せ．

9. 集合 $D = \{10^k : k \in \mathbb{N}\}$ に対して，$\mathbb{E}^2$ の点列 $\{p_n\}$ を $p_n = (1/n, 1/n)$ $(n \notin D)$, $p_n = (1,1)$ $(n \in D)$ によって定める．このとき，$\{p_n\}$ は原点 $p_0 = (0,0)$ に収束するかどうか調べよ．

10. n 次元閉球体 B^n の点列 $\{p_n\}$ が点 $p \in \mathbb{E}^n$ に収束したとする．このとき，$p \in B^n$ であることを示せ．

11. 距離空間 (X, d) における収束列 $\{x_n\}$ と任意の点 $y \in X$ に対して，条件 $(\forall n \in \mathbb{N})(d(y, x_n) < \delta)$ を満たす正数 δ が存在することを示せ．

12. 2 つの実数列 $\{x_n\}, \{y_n\}$ がそれぞれ実数 x, y に収束するとき，次の (1)–(4) が成り立つことを示せ．

  (1) 任意の $a, b \in \mathbb{R}$ に対して，$ax_n + by_n \longrightarrow ax + by$.
  (2) $x_n y_n \longrightarrow xy$.
  (3) $|x_n| \longrightarrow |x|$.
  (4) すべての n に対して $y_n \neq 0, y \neq 0$ のとき，$x_n/y_n \longrightarrow x/y$.

13. 2 つの実数列 $\{x_n\}, \{y_n\}$ がそれぞれ実数 x, y に収束し，無限個の $n \in \mathbb{N}$ に対して $x_n \leq y_n$ であるとする．このとき，$x \leq y$ であることを示せ．

14. $\mathbb{R}^n$ の任意の点列 $\{p_k\}$ と点 $p \in \mathbb{R}^n$ に対し，次の (1)–(3) は同値であることを示せ．

  (1) $\{p_k\}$ は $\mathbb{E}^n$ の点列として p に収束する．
  (2) $\{p_k\}$ は距離空間 $(\mathbb{R}^n, d_1)$ の点列として p に収束する．
  (3) $\{p_k\}$ は距離空間 $(\mathbb{R}^n, d_\infty)$ の点列として p に収束する．

15. 離散距離空間 (X, d_0) において，点列 $\{x_n\}$ が点 $x \in X$ に収束するためには，ある $m \in \mathbb{N}$ が存在して，$(\forall n \in \mathbb{N})(n > m$ ならば $x = x_n)$ が成立することが必要十分であることを示せ．

第9章

距離空間の間の連続写像

距離空間の間の写像に対しては，その連続性が定義される．写像の連続性は，トポロジーにおける最も重要な概念の1つである．

9.1 連続写像

準備として，ε-近傍の定義を与えることから始めよう．

定義 9.1 距離空間 (X,d) の点 x と正数 ε に対して，集合
$$U(x,\varepsilon) = \{y \in X : d(x,y) < \varepsilon\}$$
を x の ε-近傍という．特に，距離空間 (X,d) または X における ε-近傍であることを強調するときには，$U(X,d,x,\varepsilon)$ または $U(X,x,\varepsilon)$ と書く．

☞ 任意の点 $x \in \mathbb{E}^1$ に対し，$U(\mathbb{E}^1, x, \varepsilon) = (x-\varepsilon, x+\varepsilon)$．

☞ 原点 $p_0 \in \mathbb{R}^2$ に対し，$U(\mathbb{E}^2, p_0, 1)$, $U(\mathbb{R}^2, d_1, p_0, 1)$, $U(\mathbb{R}^2, d_\infty, p_0, 1)$ を 図9.1 に示す．

本節では，(X, d_X) と (Y, d_Y) を任意の距離空間とする．写像 $f: X \longrightarrow Y$ が与えられたとき，f を (X, d_X) から (Y, d_Y) への写像と考え，
$$f: (X, d_X) \longrightarrow (Y, d_Y)$$
と書く．このような写像 f と点 $x \in X$ に関する次の3条件 (A), (B), (C) について考えよう．

$U(\mathbb{E}^2, p_0, 1)$ $\qquad U(\mathbb{R}^2, d_1, p_0, 1)$ $\qquad U(\mathbb{R}^2, d_\infty, p_0, 1)$

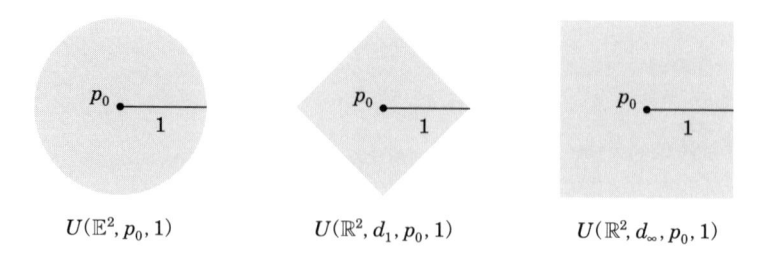

図 **9.1** ε-近傍の形は距離関数によって変化する.

(A) (X, d_X) の任意の点列 $\{x_n\}$ に対して,
$$x_n \longrightarrow x \quad \text{ならば} \quad f(x_n) \longrightarrow f(x) \tag{9.1}$$
が成立する.

(B) 任意の正数 ε に対して,ある正数 δ が存在して,
$$f(U(X, x, \delta)) \subseteq U(Y, f(x), \varepsilon) \tag{9.2}$$
が成立する.

(C) 任意の正数 ε に対して,ある正数 δ が存在して,
$$(\forall y \in X)(d_X(x, y) < \delta \text{ ならば } d_Y(f(x), f(y)) < \varepsilon) \tag{9.3}$$
が成立する.

補題 9.2 任意の写像 $f: (X, d_X) \longrightarrow (Y, d_Y)$ と任意の点 $x \in X$ に対して,上の連続性の 3 条件 (A), (B), (C) は同値である.

証明 (A) $\Longrightarrow$ (B): 対偶を証明する.いま,条件 (B) が満たされないと仮定すると,ある $\varepsilon_0 > 0$ が存在して,任意の $\delta > 0$ に対して,
$$f(U(X, x, \delta)) \not\subseteq U(Y, f(x), \varepsilon_0) \tag{9.4}$$
である (下の註 9.3 を見よ).任意の $n \in \mathbb{N}$ に対して,$\delta = 1/n$ と考えると,(9.4) より,$x_n \in U(X, x, 1/n)$ かつ $f(x_n) \notin U(Y, f(x), \varepsilon_0)$ を満たす $x_n \in X$ が存在する.このとき,
$$d_X(x, x_n) < 1/n \quad \text{かつ} \quad d_Y(f(x), f(x_n)) \geq \varepsilon_0. \tag{9.5}$$
すべての $n \in \mathbb{N}$ に対して,(9.5) を満たす $x_n \in X$ を選んで,点列 $\{x_n\}$ を作る.このとき,(9.5) の前半の不等式より,
$$d_X(x, x_n) < 1/n \longrightarrow 0$$

だから，補題 8.20 より $x_n \longrightarrow x$. ところが，(9.5) の後半の不等式より，すべての n に対して $d_Y(f(x), f(x_n)) \geq \varepsilon_0$ だから，$f(x_n) \not\longrightarrow f(x)$. ゆえに，条件 (A) が満たされない．

(B) $\iff$ (C): 条件 (B) の (9.2) は，次のように書き直すことができる．
$$(9.2) \iff (\forall y \in X)(y \in U(X, x, \delta) \text{ ならば } f(y) \in U(Y, f(x), \varepsilon))$$
$$\iff (\forall y \in X)(d_X(x, y) < \delta \text{ ならば } d_Y(f(x), f(y)) < \varepsilon).$$
ゆえに，条件 (B) と (C) は同値である．

(C) $\implies$ (A): 条件 (C) が満たされたとする．(X, d) の任意の点列 $\{x_n\}$ をとり，$x_n \longrightarrow x$ であると仮定する．このとき，$f(x_n) \longrightarrow f(x)$ であることを示せばよい．任意の $\varepsilon > 0$ をとると，条件 (C) より，ある $\delta > 0$ が存在して，
$$(\forall y \in X)(d_X(x, y) < \delta \text{ ならば } d_Y(f(x), f(y)) < \varepsilon). \tag{9.6}$$
いま，$x_n \longrightarrow x$ だから，この δ に対して，ある $n_\delta \in \mathbb{N}$ が存在して，
$$(\forall n \in N)(n > n_\delta \text{ ならば } d_X(x, x_n) < \delta). \tag{9.7}$$
(9.6) と (9.7) を組み合わせると，
$$(\forall n \in N)(n > n_\delta \text{ ならば } d_Y(f(x), f(x_n)) < \varepsilon).$$
したがって，$f(x_n) \longrightarrow f(x)$. ゆえに，条件 (A) が満たされる． □

註 9.3 連続性の条件 (B) の否定命題の作り方．条件 (B) は $(\forall \varepsilon)(\exists \delta)(9.2)$ の形であると考えられる．このような形の命題に対しては，5.1 節で述べた規則 (5.4), (5.5) を前から順に適用することによって，次のように機械的に否定命題を作ることができる．
$$\neg(\forall \varepsilon)(\exists \delta)(9.2) \overset{(5.4)}{\iff} (\exists \varepsilon) \neg (\exists \delta)(9.2) \overset{(5.5)}{\iff} (\exists \varepsilon)(\forall \delta) \neg (9.2).$$
結果として，(B) の否定命題は「ある ε が存在して，任意の δ に対して (9.2) が成立しない」である．

問 1 連続性の条件 (C) の否定命題を作れ．

定義 9.4 写像 $f: (X, d_X) \longrightarrow (Y, d_Y)$ が点 $x \in X$ において，条件 (A), (B), (C) の 1 つを満たすとき，f は x で**連続**であるという．

定義 9.5 写像 $f: (X, d_X) \longrightarrow (Y, d_Y)$ がすべての点 $x \in X$ で連続のとき，f は**連続**である，または，f は**連続写像**であるという．

条件 (A), (B), (C) の 1 つが満たされるとき，補題 9.2 より，他の 2 つも自動的に満たされることに注意しよう．特に，$(X, d_X) = (Y, d_Y) = \mathbb{E}^1$ のとき，条件 (C) は次のように表される．

(C′) 任意の正数 ε に対して，ある正数 δ が存在して，
$$(\forall x' \in \mathbb{E}^1)(|x - x'| < \delta \text{ ならば } |f(x) - f(x')| < \varepsilon) \tag{9.8}$$
が成立する．

これは，高校数学 III や微分積分学で学ぶ，通常の 1 変数関数の連続性の条件である．したがって，多項式関数や三角関数，指数関数などの連続関数は，連続写像の例である．以後，本書では 2 つの用語「連続写像，連続関数」を使うが，それらの意味はまったく同じである．

命題 9.6 距離空間 X, Y, Z と写像 $f: X \longrightarrow Y$, $g: Y \longrightarrow Z$ に対し，f と g がともに連続ならば，合成写像 $g \circ f: X \longrightarrow Z$ は連続である．

証明 連続性の条件 (A) を使って示そう．任意の点 $x \in X$ と X の任意の点列 $\{x_n\}$ をとり，$x_n \longrightarrow x$ であると仮定する．このとき，f は連続だから $f(x_n) \longrightarrow f(x)$．次に，$g$ も連続だから $g(f(x_n)) \longrightarrow g(f(x))$．すなわち，
$$(g \circ f)(x_n) \longrightarrow (g \circ f)(x).$$
ゆえに，$g \circ f$ は x で連続である．点 $x \in X$ の選び方は任意だから，$g \circ f$ は連続写像である． □

命題 9.7 距離空間 X から距離空間 Y への写像 f が連続のとき，X の任意の部分空間 A に対し，制限写像 $f\!\upharpoonright_A : A \longrightarrow Y$ は連続である．

証明 任意の点 $x \in A$ と A の任意の点列 $\{x_n\}$ をとり，$x_n \longrightarrow x$ であると仮定する．このとき，$\{x_n\}$ は X の点列としても x に収束するから，f の連続性より，$f(x_n) \longrightarrow f(x)$．すなわち，
$$(f\!\upharpoonright_A)(x_n) \longrightarrow (f\!\upharpoonright_A)(x).$$
ゆえに，$f\!\upharpoonright_A$ は x で連続である．点 $x \in A$ の選び方は任意だから，$f\!\upharpoonright_A$ は連続写像である． □

補題 9.8 写像 $f\colon (X,d_X) \longrightarrow (Y,d_Y)$ に対して，定数 $r\geq 0$ が存在して，
$$(\forall x,y\in X)(d_Y(f(x),f(y))\leq r\cdot d_X(x,y)) \tag{9.9}$$
が成り立つとする．このとき，f は連続写像である．

証明 任意の点 $x\in X$ と X の任意の点列 $\{x_n\}$ をとり，$x_n\longrightarrow x$ であると仮定する．このとき，補題 8.20 より $d_X(x,x_n)\longrightarrow 0$ だから，(9.9) より，
$$d_Y(f(x),f(x_n))\leq r\cdot d_X(x,x_n)\longrightarrow 0.$$
再び補題 8.20 より，$f(x_n)\longrightarrow f(x)$ だから，f は x で連続である．点 $x\in X$ の選び方は任意だから，f は連続写像である． $\square$

定義 9.9 補題 9.8 の条件を満たす写像 f を**リプシッツ写像**とよび，そのときの定数 r を**リプシッツ定数**という．リプシッツ定数が 1 未満のリプシッツ写像は**縮小写像**とよばれる．また，写像 $f\colon (X,d_X) \longrightarrow (Y,d_Y)$ が条件
$$(\forall x,y\in X)(d_Y(f(x),f(y))=d_X(x,y))$$
を満たすとき，f は**等距離写像**であるという．

☞ 恒等写像 $\mathrm{id}_X\colon (X,d_X)\longrightarrow (X,d_X)$ は等距離写像である．

☞ 任意の等距離写像はリプシッツ定数 1 のリプシッツ写像である．

☞ 任意のリプシッツ写像は連続写像である (補題 9.8)．

例 9.10 直積距離空間 $(X,\rho)=\prod_{i=1}^{n}(X_i,\rho_i)$ から (X_i,ρ_i) への射影を pr_i とする．任意の 2 点 $x=(x_1,x_2,\cdots,x_n),\ y=(y_1,y_2,\cdots,y_n)\in X$ に対して，
$$\rho_i(\mathrm{pr}_i(x),\mathrm{pr}_i(y))=\rho_i(x_i,y_i)\leq \sqrt{\sum_{j=1}^{n}\rho_j(x_j,y_j)^2}=\rho(x,y)$$
が成り立つから，射影 $\mathrm{pr}_i\colon (X,\rho)\longrightarrow (X_i,\rho_i)$ はリプシッツ定数 1 のリプシッツ写像である．

例 9.11 集合 X から集合 Y への写像 f が，条件
$$(\forall x,x'\in X)(f(x)=f(x'))$$
を満たすとき，f を**定値写像**とよぶ．任意の距離空間 X,Y に対し，X から Y への定値写像はリプシッツ定数 0 のリプシッツ写像である．

例題 9.12 関数 $f:\mathbb{E}^2 \longrightarrow \mathbb{E}^1\,;\,(x_1,x_2) \longmapsto x_1+x_2$ はリプシッツ写像であることを示せ.

証明 任意の $p=(x_1,x_2),\,q=(y_1,y_2)\in\mathbb{E}^2$ に対し,補題 8.10 より,
$$|f(p)-f(q)|=|(x_1+x_2)-(y_1+y_2)|$$
$$\leq |x_1-y_1|+|x_2-y_2|=d_1(p,q)\leq 2d_2(p,q).$$
ゆえに,f はリプシッツ写像である. □

問 2 関数 $f:\mathbb{E}^2 \longrightarrow \mathbb{E}^1\,;\,(x_1,x_2) \longrightarrow x_1x_2$ は連続であることを示せ.また,f はリプシッツ写像であるかどうか考えよ.

問 3 $\mathbb{E}^1$ の部分空間 $\mathbb{Q}$ ($=$有理数の集合) で定義された関数
$$f:\mathbb{Q} \longrightarrow \mathbb{E}^1\,;\,x \longmapsto \begin{cases} 1 & (x^2>2 \text{ のとき}), \\ 0 & (x^2<2 \text{ のとき}) \end{cases}$$
は連続であることを示せ.

問 4 離散距離空間 (X,d_0) から任意の距離空間 (Y,d) への任意の写像 f は連続であることを示せ.

註 9.13 写像の連続性がもつ幾何学的な意味を説明しておこう.いま,$\mathbb{E}^n$ の図形 X を図形 Y に変形したとする.ここで,変形とは,X を自由に伸縮させたり,切ったり貼り合わせたり,押しつぶしたりすることである.この変形によって X の各点 p は Y のどこかの点 p' になるから,写像
$$f:X \longrightarrow Y\,;\,p \longmapsto p'$$
が定義される.このとき,f の連続性は,この変形によって X が破れないことを意味している.図 9.2 が示すように,もし X が点 p で破れたならば,f は p で不連続になると考えられるからである.

9.2 位相同型写像

定義 9.14 距離空間 X から距離空間 Y への写像 f が全単射であって,f とその逆写像 f^{-1} がともに連続であるとき,f を**位相同型写像**または**同相写像**とよぶ.

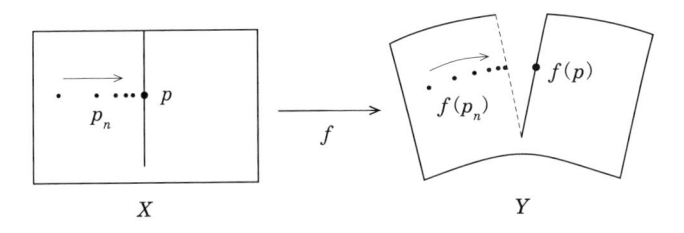

図 9.2 点 $p \in X$ を通る線分に沿って X が破れる場合を考えよう．いま，$f(p)$ が Y の割れ目の右側の縁にあると仮定する．このとき，X において左から p に収束する点列 $\{p_n\}$ をとると，$p_n \longrightarrow p$ であるが，$f(p_n) \not\longrightarrow f(p)$. ゆえに，$f$ は連続でない．

定義 9.15 距離空間 X から距離空間 Y への位相同型写像が存在するとき，X と Y は**位相同型**である，または，**同相**であるといい，$X \approx Y$ で表す．

次の命題は，関係 $\approx$ が距離空間の間の同値関係であることを示している．

定理 9.16 任意の距離空間 X, Y, Z に対して，次が成り立つ．

(1) $X \approx X$, （反射律）
(2) $X \approx Y$ ならば $Y \approx X$, （対称律）
(3) $X \approx Y$ かつ $Y \approx Z$ ならば，$X \approx Z$. （推移律）

証明 (1) 恒等写像 $\mathrm{id}_X : X \longrightarrow X$ は位相同型写像だから，$X \approx X$.

(2) いま $X \approx Y$ ならば，位相同型写像 $f : X \longrightarrow Y$ が存在する．このとき，逆写像 $f^{-1} : Y \longrightarrow X$ も位相同型写像だから，$Y \approx X$.

(3) いま $X \approx Y$ かつ $Y \approx Z$ ならば，位相同型写像 $f : X \longrightarrow Y$ と位相同型写像 $g : Y \longrightarrow Z$ が存在する．系 3.26 と命題 9.6 より，$g \circ f : X \longrightarrow Z$ は位相同型写像だから，$X \approx Z$. □

例 9.17 $\mathbb{E}^1$ の部分空間 $I = [a, b]$, $I' = [c, d]$ $(a < b, c < d)$ に対して，例 6.5 で定義した全単射 $f : I \longrightarrow I'$ は位相同型写像である．ゆえに，$I \approx I'$.

例 9.18 $\mathbb{E}^1$ の部分空間 $J = (-1, 1)$ に対して，例 6.6 で定義した全単射
$$f : \mathbb{E}^1 \longrightarrow J ; x \longmapsto x/(1 + |x|)$$
とその逆写像

$$f^{-1}: J \longrightarrow \mathbb{E}^1 \,;\, x \longmapsto x/(1-|x|)$$

はともに連続である (後の例題 9.26 を見よ). 結果として, f は位相同型写像だから, $\mathbb{E}^1 \approx J$.

例 9.19 $\mathbb{E}^n = (\mathbb{R}^n, d_2)$ と例 8.9 で定義した距離空間 $(\mathbb{R}^n, d_1)$, $(\mathbb{R}^n, d_\infty)$ について, 2 つの恒等写像

$$\mathbb{E}^n \xrightarrow{\mathrm{id}_{\mathbb{R}^n}} (\mathbb{R}^n, d_1) \xrightarrow{\mathrm{id}_{\mathbb{R}^n}} (\mathbb{R}^n, d_\infty)$$

はともに位相同型写像である. なぜなら, どちらについても, 補題 8.10 より, $\mathrm{id}_{\mathbb{R}^n}$ とその逆写像 $\mathrm{id}_{\mathbb{R}^n}^{-1}$ はリプシッツ写像だからである. 結果として,

$$\mathbb{E}^n \approx (\mathbb{R}^n, d_1) \approx (\mathbb{R}^n, d_\infty)$$

が成立する.

定義 9.20 任意の集合 X 上の 2 つの距離関数 d, d' に対し, 恒等写像

$$\mathrm{id}_X : (X, d) \longrightarrow (X, d')$$

が位相同型写像のとき, d と d' は**位相的に同値**であるという.

☞ $\mathbb{R}^n$ 上の距離関数 d_2, d_1, d_∞ は互いに位相的に同値である.

問 5 $\mathbb{E}^1$ の部分空間 $J = (0, +\infty)$ に対して, $\mathbb{E}^1 \approx J$ であることを示せ.

問 6 $\mathbb{E}^1$ の部分空間 $\mathbb{Q}$ と $\mathbb{Z}$ は位相同型でないことを示せ.

註 9.21 位相同型の幾何学的な意味を説明しておこう. いま, 図形 X を図形 Y に変形したときの点の対応を表す写像を

$$f : X \longrightarrow Y$$

とする (註 9.13 を見よ). このとき, f が位相同型写像ならば, f は全単射だから, X の点と Y の点は 1 対 1 に対応する. さらに, 註 9.13 で述べたように, f が連続であることは, この変形が X を破らないことを意味する. 同様に, 逆写像 $f^{-1}: Y \longrightarrow X$ が連続であることは, 変形の逆の動きが図形を破らないこと, すなわち, この変形が X を貼り合わせないことを意味する. したがって, 位相同型写像 $f: X \longrightarrow Y$ が存在することは, X を切ったり貼り合わせたりすることなく, Y に変形できることを意味している (図 9.3 を見よ). そのような変形を**位相的な変形**という. 位相幾何学 (トポロジー) とは, 位相的な変形の下

で不変な図形の性質を研究する幾何学であるといえる．また，ユークリッド幾何学において合同な図形を同じ図形と見なしたように，位相幾何学では，位相同型な図形を同じ図形と考える．

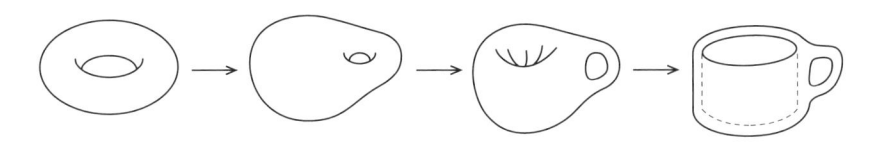

図 9.3　4 つの図形は互いに位相同型である．矢印は位相的な変形を表す．これらの図形の表面を形作る曲面は**トーラス**という共通の名前でよばれる．

9.3　実数値連続関数

距離空間 X から $\mathbb{E}^1$ への関数を X 上の**実数値関数**とよび，特にそれが連続のとき，**実数値連続関数**とよぶ．

定義 9.22　距離空間 X 上の 2 つの実数値関数 f, g と定数 $a \in \mathbb{R}$ に対して，関数 $f \pm g, fg, af, |f|, f/g$ を，次のように定義する．

$$f \pm g : X \longrightarrow \mathbb{E}^1 ; x \longmapsto f(x) \pm g(x),$$
$$fg : X \longrightarrow \mathbb{E}^1 ; x \longmapsto f(x)g(x),$$
$$af : X \longrightarrow \mathbb{E}^1 ; x \longmapsto af(x),$$
$$|f| : X \longrightarrow \mathbb{E}^1 ; x \longmapsto |f(x)|.$$

すべての $x \in X$ に対して $g(x) \neq 0$ のとき，

$$f/g : X \longrightarrow \mathbb{E}^1 ; x \longmapsto f(x)/g(x).$$

定理 9.23　距離空間 X 上の任意の 2 つの実数値連続関数 f, g と定数 $a \in \mathbb{R}$ に対して，$f \pm g, fg, af, |f|$ は連続関数である．さらに，すべての $x \in X$ に対して $g(x) \neq 0$ のとき，f/g も連続関数である．

本書では，定理 9.23 の証明を省略する (証明については，参考書 [5], [11], [22, 問題 3.17] などを参照せよ)．

例 9.24 一般に，$X \subseteq \mathbb{E}^1$ で定義された多項式関数，すなわち，
$$f(x) = a_0 x^n + a_1 x^{n-1} + \cdots + a_{n-1} x + a_n, \quad x \in X$$
$(a_0, a_1, \cdots, a_n \in \mathbb{R}, n \in \mathbb{N} \cup \{0\})$ の形の関数と，2 つの多項式関数 f, g の商
$$h(x) = f(x)/g(x) \quad (\text{ただし，} g(x) \neq 0)$$
として定義される関数 h を**有理関数**という．$\mathbb{E}^1$ の部分空間 X 上の任意の有理関数は，2 つの実数値連続関数
$$i : X \longrightarrow \mathbb{E}^1 ; x \longmapsto x,$$
$$c : X \longrightarrow \mathbb{E}^1 ; x \longmapsto 1$$
の定義 9.22 で定めた演算の結果として表現される．たとえば，有理関数
$$f : X \longrightarrow \mathbb{E}^1 ; x \longmapsto \frac{4x}{x^2+1}$$
は，$f = 4i/(ii+c)$ と表される．したがって，定理 9.23 より，任意の有理関数は連続である．

補題 9.25 距離空間 X, Y と写像 $f : X \longrightarrow Y$，および，$f(X) \subseteq Y' \subseteq Y$ である Y の部分空間 Y' に対して，f の終域を Y' に変えた写像
$$f' : X \longrightarrow Y' ; x \longmapsto f(x)$$
が連続であることは，f が連続であることと同値である．

証明 $Y = (Y, d_Y)$ とし，部分空間 Y' の距離関数を $d_{Y'}$ とする．すなわち，$d_{Y'} = d_Y \restriction_{Y' \times Y'}$．このとき，任意の点 $x, y \in X$ に対して，f' の定義より，
$$d_Y(f(x), f(y)) = d_{Y'}(f'(x), f'(y))$$
が成り立つ．ゆえに，任意の点 $x \in X$ において，f が連続性の条件 (C) を満たすことと，f' が (C) を満たすことは同値である． □

例題 9.26 $\mathbb{E}^1$ の部分空間 $J = (-1, 1)$ に対し，例 9.18 で定義した写像
$$f : \mathbb{E}^1 \longrightarrow J ; x \longmapsto x/(1+|x|),$$
$$f^{-1} : J \longrightarrow \mathbb{E}^1 ; x \longmapsto x/(1-|x|)$$
が連続であることを証明せよ．

証明 写像 f に対しては，f の終域を $\mathbb{E}^1$ に変えた写像
$$f' : \mathbb{E}^1 \longrightarrow \mathbb{E}^1 ; x \longmapsto x/(1+|x|)$$

の連続性を示せば，補題 9.25 より，f の連続性が導かれる．写像 f' は，恒等写像 $i = \mathrm{id}_{\mathbb{E}^1}$ と定値関数 $c: \mathbb{E}^1 \longrightarrow \mathbb{E}^1; x \longmapsto 1$ を使って，
$$f' = i/(c + |i|)$$
と表される．ゆえに，定理 9.23 より f' は連続である．また，f^{-1} は，J 上の実数値連続関数 $i' = i\!\upharpoonright_J$，$c' = c\!\upharpoonright_J$ を使って，$f^{-1} = i'/(c' - |i'|)$ と表される．ゆえに，定理 9.23 より f^{-1} も連続である． □

定理 9.27 距離空間 X から直積距離空間 $Y = Y_1 \times Y_2 \times \cdots \times Y_n$ への写像 f が与えられ，すべての $i = 1, 2, \cdots, n$ に対して，$\mathrm{pr}_i \circ f: X \longrightarrow Y_i$ は連続であるとする．このとき，f は連続である．ただし，pr_i は Y から Y_i への射影である (図 9.4 を見よ)．

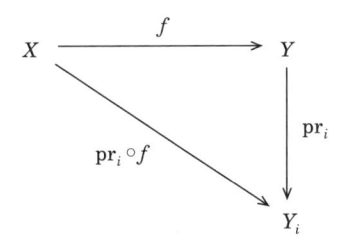

図 **9.4** 定理 9.27．写像 $f: X \longrightarrow Y$ の連続性を示すためには，合成写像 $\mathrm{pr}_i \circ f$ $(i = 1, 2, \cdots, n)$ の連続性を示せばよい．

証明 任意の $x \in X$ と X の任意の点列 $\{x_k\}$ をとり，$x_k \longrightarrow x$ であるとする．各 $i = 1, 2, \cdots, n$ に対し，$\mathrm{pr}_i \circ f$ は連続だから，
$$\mathrm{pr}_i(f(x_k)) \longrightarrow \mathrm{pr}_i(f(x)) \quad (k \longrightarrow \infty).$$
このとき，命題 8.21 より $f(x_k) \longrightarrow f(x)$．ゆえに，$f$ は x で連続である．点 $x \in X$ の選び方は任意だから，f は連続写像である． □

定理 9.27 より，写像 $f: X \longrightarrow \mathbb{E}^n$ の連続性は，X 上の実数値関数 $\mathrm{pr}_i \circ f$ $(i = 1, 2, \cdots, n)$ の連続性に帰結される．2 つの応用例を与えよう．

例題 9.28 1 次元球面 S^1 から 1 点 $p_0 \in S^1$ を取り除いた図形 $S^1 - \{p_0\}$ は $\mathbb{E}^1$ と位相同型であることを証明せよ．

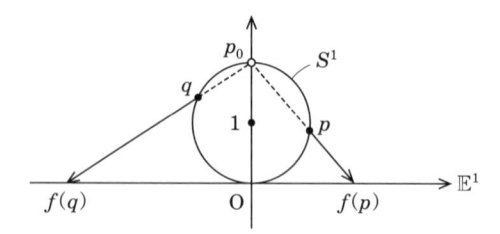

図 9.5 写像 $f: S^1 - \{p_0\} \longrightarrow \mathbb{E}^1$ は，点 $p \in S^1 - \{p_0\}$ を 2 点 p_0, p を通る直線が x 軸と交わる点にうつす．

証明 中心が $(0,1)$ で半径が 1 の S^1 を考え，$p_0 = (0,2)$ とする．このとき x 軸を $\mathbb{E}^1$ と考え，図 9.5 に示す写像

$$f: S^1 - \{p_0\} \longrightarrow \mathbb{E}^1 \,;\, (x,y) \longmapsto \frac{2x}{2-y}$$

が位相同型写像であることを示す．定義より f は全単射だから，f とその逆写像

$$f^{-1}: \mathbb{E}^1 \longrightarrow S^1 - \{p_0\} \,;\, x \longmapsto \left(\frac{4x}{x^2+4}, \frac{2x^2}{x^2+4}\right)$$

がともに連続であることを示せばよい．各 $i=1,2$ に対して，$\mathbb{E}^2$ から第 i 座標への射影を pr_i とし，$\rho_i = \mathrm{pr}_i \!\restriction_{S^1 - \{p_0\}}$ とおく．すなわち，

$$\rho_1: S^1 - \{p_0\} \longrightarrow \mathbb{E}^1 \,;\, (x,y) \longmapsto x,$$
$$\rho_2: S^1 - \{p_0\} \longrightarrow \mathbb{E}^1 \,;\, (x,y) \longmapsto y.$$

射影は連続だから，命題 9.7 より，ρ_1 と ρ_2 は $S^1 - \{p_0\}$ 上の実数値連続関数である．このとき，ρ_1, ρ_2 と定値関数 $c: S^1 - \{p_0\} \longrightarrow \mathbb{E}^1 \,;\, p \longmapsto 1$ を使うと，

$$f = \frac{2\rho_1}{2c - \rho_2}$$

と表されるから，定理 9.23 より f は連続である．次に，f^{-1} の終域を $\mathbb{E}^2$ に変えた写像の連続性を示せば，補題 9.25 より，f^{-1} の連続性が導かれる．したがって，f^{-1} の終域は $\mathbb{E}^2$ であると仮定してよい．このとき，

$$\mathrm{pr}_1 \circ f^{-1}: \mathbb{E}^1 \longrightarrow \mathbb{E}^1 \,;\, x \longmapsto \frac{4x}{x^2+4},$$
$$\mathrm{pr}_2 \circ f^{-1}: \mathbb{E}^1 \longrightarrow \mathbb{E}^1 \,;\, x \longmapsto \frac{2x^2}{x^2+4}$$

はともに $\mathbb{E}^1$ 上の有理関数だから連続である．ゆえに，定理 9.27 より，f^{-1} は連続写像である． □

問 7 例題 9.28 の写像 f と逆写像 f^{-1} に対して，等式 $f^{-1} \circ f = \mathrm{id}_{S^1 - \{p_0\}}$ と $f \circ f^{-1} = \mathrm{id}_{\mathbb{E}^1}$ が成立することを確かめよ．

註 9.29 例 9.18 と例題 9.28 より，$S^1 - \{p_0\} \approx \mathbb{E}^1 \approx (-1, 1)$ が成立する．この事実は高次元の場合に一般化される．$\mathbb{E}^n$ の図形

$$U^n = \{(x_1, x_2, \cdots, x_n) \in \mathbb{E}^n : x_1^2 + x_2^2 + \cdots + x_n^2 < 1\}$$

を n **次元開球体**とよぶ．特に，$n = 1$ のとき，$U^1 = (-1, 1)$ である．一般に，任意の次元 n と点 $p_0 \in S^n$ に対し，

$$S^n - \{p_0\} \approx \mathbb{E}^n \approx U^n$$

が成立する ($n = 2$ の場合を章末の演習問題 16 とする)．

例題 9.30 距離空間 X から距離空間 Y への連続写像 f のグラフ

$$G(f) = \{(x, f(x)) : x \in X\}$$

を直積距離空間 $X \times Y$ の部分空間と考える．このとき，$G(f) \approx X$ であることを証明せよ．

証明 写像 $h : X \longrightarrow G(f) ; x \longmapsto (x, f(x))$ が位相同型写像であることを示そう．定義より h は全単射である．補題 9.25 より，h の連続性を示すためには，h の終域を $X \times Y$ に変えた写像

$$h' : X \longrightarrow X \times Y ; x \longmapsto (x, f(x))$$

の連続性を示せばよい．いま $X \times Y$ から X, Y への射影を，それぞれ，pr_X，pr_Y とすると，$\mathrm{pr}_X(h(x)) = x$，$\mathrm{pr}_Y(h(x)) = f(x)$ だから，

$$\mathrm{pr}_X \circ h' = \mathrm{id}_X, \qquad \mathrm{pr}_Y \circ h' = f.$$

これらは連続だから，定理 9.27 より h' は連続である．次に，$h^{-1} = \mathrm{pr}_X \restriction_{G(f)}$ だから，射影 pr_X の連続性と命題 9.7 より，h^{-1} も連続である．ゆえに，h は位相同型写像である． □

問 8 距離空間 X 上の実数値連続関数 f が点 $x \in X$ において，$f(x) > a$ を満たすとする．ただし，a は定数である．このとき，ある $\delta > 0$ が存在して，任意の点 $y \in U(x, \delta)$ に対して，$f(y) > a$ が成り立つことを示せ．

9.4 連続関数の空間と関数列の収束

本節では直観的に自明でない 2 つの距離空間の例を紹介し，それらに関する写像の連続性と点列の収束について考える．高校数学 III で学ぶ次の定理を用いる．

定理 9.31 (最大値・最小値の定理)　$\mathbb{E}^1$ の部分空間 $[a,b]$ $(a<b)$ 上の任意の実数値連続関数は，最大値および最小値をとる．

上の定理は，コンパクト性とよばれる閉区間の位相的性質に基づいている．後の 12.3 節で一般的な形で証明を与える．

例 9.32 (連続関数の空間)　$\mathbb{E}^1$ の部分空間 $I=[0,1]$ 上の実数値連続関数全体の集合を $C(I)$ で表す．任意の $f,g \in C(I)$ に対して，

$$d_1(f,g) = \int_0^1 |f(x)-g(x)|\,dx,$$
$$d_\infty(f,g) = \max\{|f(x)-g(x)| : x \in I\}$$

と定める．任意の $f,g \in C(I)$ に対し，関数 $h=|f-g|$ は連続だから，定理 9.31 より I で最大値をとる．したがって，$d_\infty(f,g)$ は常に定義される．また，d_1 と d_∞ はともに $C(I)$ 上の距離関数であることが証明できる (章末の演習問題 17)．結果として，$(C(I),d_1)$ と $(C(I),d_\infty)$ は距離空間である．

註 9.33　例 9.32 の距離関数 d_1, d_∞ と，例 8.9 で定義した $\mathbb{R}^n$ 上の距離関数 d_1, d_∞ は異なる距離関数であるが，記号を煩雑にしないために，同じ記号を使用する．慧眼な読者は，両者の数学的な類似点に気付くと思う．

問 9　関数 $f,g \in C(I)$ を，それぞれ，$f(x) = \sin \pi x$, $g(x) = \cos \pi x$ によって定める．このとき，$d_1(f,g)$ と $d_\infty(f,g)$ を求めよ．

補題 9.34　任意の $f,g \in C(I)$ に対して，$d_1(f,g) \leq d_\infty(f,g)$ が成り立つことを示せ．

証明　連続関数 $h=|f-g|$ の I における最大値を m とすると，$d_\infty(f,g) = m$. このとき，任意の $x \in I$ に対して $0 \leq h(x) \leq m$ だから，

$$d_1(f,g) = \int_0^1 h(x)\,dx \leq \int_0^1 m\,dx = m.$$

ゆえに，求める不等式が得られる． □

例題 9.35 距離空間 $(C(I), d_1)$ で定義された関数
$$\varphi : (C(I), d_1) \longrightarrow \mathbb{E}^1 ; f \longmapsto \int_0^1 f(x)\, dx$$
は連続であることを証明せよ．

証明 任意の $f, g \in C(I)$ に対し，
$$|\varphi(f) - \varphi(g)| = \left|\int_0^1 f(x)\, dx - \int_0^1 g(x)\, dx\right| = \left|\int_0^1 (f(x) - g(x))\, dx\right|$$
$$\leq \int_0^1 |f(x) - g(x)|\, dx = d_1(f, g)$$
が成り立つから，φ はリプシッツ写像である．ゆえに，補題 9.8 より φ は連続である． □

☞ 例題 9.35 は，個々の関数の定積分の値を問題にするのではなく，関数とその定積分の値の対応が，距離空間 $(C(I), d_1)$ 上の実数値関数として連続であることを示している．

問 10 任意の $f \in C(I)$ に対し，閉区間 I における f の最大値を $m(f)$ で表す．このとき，関数 $m : (C(I), d_\infty) \longrightarrow \mathbb{E}^1 ; f \longmapsto m(f)$ は連続であることを示せ．

例題 9.36 各 $n \in \mathbb{N}$ に対し，関数 $f_n \in C(I)$ を $f_n(x) = x^n$ によって定めて，関数 $f \in C(I)$ を $f(x) = 0$ によって定める．このとき，関数列 $\{f_n\}$ は距離空間 $(C(I), d_1)$ の点列として f に収束するが，$(C(I), d_\infty)$ の点列としては f に収束しないことを示せ．

証明 図 9.6 (左) を参考にせよ．距離関数 d_1 の定義から，
$$d_1(f, f_n) = \int_0^1 x^n\, dx = \frac{1}{n+1} \longrightarrow 0.$$
したがって，補題 8.20 より，$(C(I), d_1)$ において $f_n \longrightarrow f$．他方，すべての $n \in \mathbb{N}$ に対して，
$$d_\infty(f, f_n) = \max\{|x^n| : x \in I\} = 1.$$
ゆえに，$(C(I), d_\infty)$ において $\{f_n\}$ は f に収束しない． □

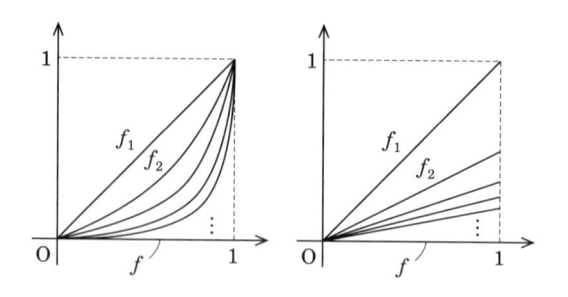

図 9.6　$f_n(x) = x^n$ (左) と $f_n(x) = x/n$ (右).

問 11　各 $n \in \mathbb{N}$ に対し，関数 $f_n \in C(I)$ を $f_n(x) = x/n$ によって定めて，関数 $f \in C(I)$ を $f(x) = 0$ によって定める．このとき，関数列 $\{f_n\}$ は距離空間 $(C(I), d_\infty)$ の点列として f に収束することを示せ (図 9.6 (右) を見よ)．

註 9.37　補題 9.34 より，恒等写像
$$\mathrm{id}_{C(I)} : (C(I), d_\infty) \longrightarrow (C(I), d_1) \tag{9.10}$$
はリプシッツ写像だから連続である．この事実から，$C(I)$ の任意の点列 $\{f_n\}$ と $f \in C(I)$ に対し，距離空間 $(C(I), d_\infty)$ において $f_n \longrightarrow f$ ならば，$(C(I), d_1)$ においても $f_n \longrightarrow f$ であることが導かれる．関数列 $\{f_n\}$ が距離空間 $(C(I), d_\infty)$ において f に収束することを，$\{f_n\}$ は f に**一様収束**するという．

註 9.38　例題 9.36 は，恒等写像 (9.10) の逆写像，すなわち，恒等写像
$$\mathrm{id}_{C(I)} : (C(I), d_1) \longrightarrow (C(I), d_\infty)$$
が連続でないことを示している．したがって，$C(I)$ 上の 2 つの距離関数 d_1, d_∞ は位相的に同値でない．距離空間 $(C(I), d_1)$ と $(C(I), d_\infty)$ の関係については，次章の例 10.18 と 14.3 節でより詳しく考察する．

演習問題

1. 距離空間 (X, d) の任意の 2 点 x, y と任意の $\varepsilon > 0$ に対して，次の (1), (2) が成立することを示せ．

(1) $y \in U(x, \varepsilon)$ ならば $U(y, \varepsilon) \subseteq U(x, 2\varepsilon)$．

(2) $U(x, \varepsilon) \cap U(y, \varepsilon) \neq \emptyset$ ならば $U(y, \varepsilon) \subseteq U(x, 3\varepsilon)$．

2. 離散距離空間 (X, d_0) における点 x の ε-近傍 $U(x, \varepsilon)$ を求めよ.

3. $\mathbb{E}^1$ の部分空間 $\mathbb{Q}$ と $\mathbb{Z}$ に対し, 全射連続写像 $f: \mathbb{Q} \longrightarrow \mathbb{Z}$ の例を与えよ.

4. $\mathbb{E}^1$ の部分空間 $X = [0, 1] \cup [2, 3]$ に対し, 関数 $f: X \longrightarrow \mathbb{E}^1$ を, $x \in [0, 1]$ のとき $f(x) = 0$, $x \in [2, 3]$ のとき $f(x) = 1$ として定義する. このとき, f は連続であることを示せ.

5. $\mathbb{E}^2$ 上の実数値関数 f を, $p = (0, 0)$ のとき $f(p) = 0$, $p = (x, y) \neq (0, 0)$ のとき $f(p) = xy/(x^2 + y^2)$ によって定義する. このとき, f は点 $p_0 = (0, 0)$ で連続性の条件 (A) (114 ページ) を満たさないことを示せ.

6. 次の連続関数はリプシッツ写像であるかどうかを調べよ.

(1) $f: \mathbb{E}^1 \longrightarrow \mathbb{E}^1 ; x \longmapsto ax + b \ (a \neq 0)$,

(2) $f: \mathbb{E}^1 \longrightarrow \mathbb{E}^1 ; x \longmapsto x^2$,

(3) $f: \mathbb{E}^1 \longrightarrow \mathbb{E}^1 ; x \longmapsto \sin x$.

7. 任意の距離空間 (X, d) の 1 点 $a \in X$ を固定する. このとき, 関数
$$f_a: (X, d) \longrightarrow \mathbb{E}^1 ; x \longmapsto d(a, x)$$
はリプシッツ写像であることを示せ.

8. 任意の等距離写像 $f: (X, d_X) \longrightarrow (Y, d_Y)$ は単射であることを示せ.

9. 任意の距離空間 (X, d) に対し, 距離関数 d は直積距離空間 $(X, d)^2$ 上の実数値連続関数であることを示せ.

10. 全射 $f: (X, d_X) \longrightarrow (Y, d_Y)$ に対して, 定数 $r > 0, s > 0$ が存在して,
$$(\forall x, y \in X)(r \cdot d_X(x, y) \leq d_Y(f(x), f(y)) \leq s \cdot d_X(x, y))$$
が成立するとする. このとき, f は位相同型写像であることを示せ.

11. 距離空間 X 上の実数値関数 f, g に対して, 関数 $f \vee g, f \wedge g$ を,
$$f \vee g : X \longrightarrow \mathbb{E}^1 ; x \longmapsto \max\{f(x), g(x)\},$$
$$f \wedge g : X \longrightarrow \mathbb{E}^1 ; x \longmapsto \min\{f(x), g(x)\}$$
によって定義する. もし f と g が連続ならば, $f \vee g$ と $f \wedge g$ はともに連続であることを示せ.

12. 任意の点 $q = (y_1, y_2, \cdots, y_n) \in \mathbb{E}^n$ を固定する. このとき, 写像
$$f: \mathbb{E}^n \longrightarrow \mathbb{E}^1 ; (x_1, x_2, \cdots, x_n) \longmapsto x_1 y_1 + x_2 y_2 + \cdots + x_n y_n$$
は連続であることを示せ.

13. 任意の1次変換 $f: \mathbb{E}^n \longrightarrow \mathbb{E}^n$ は連続であることを示せ.

14. 関数 $f: M(2, \mathbb{R}) \longrightarrow \mathbb{E}^1 \,;\, A \longmapsto \det A$ は連続であることを示せ. ただし, $\det A$ は A の行列式の値である.

15. 距離空間 $M(2, \mathbb{R})$ の正則行列全体からなる部分空間を $GL(2, \mathbb{R})$ で表す. 写像 $f: GL(2, \mathbb{R}) \longrightarrow GL(2, \mathbb{R}) \,;\, A \longmapsto A^{-1}$ は位相同型写像であることを示せ. ただし, A^{-1} は A の逆行列である.

16. 2次元球面 S^2 の任意の点 p_0 と 2次元開球体 U^2 に対し,
$$S^2 - \{p_0\} \approx \mathbb{E}^2 \approx U^2$$
が成立することを証明せよ (註 9.29 参照).

17. 例 9.32 で定義した関数 d_1, d_∞ が $C(I)$ 上の距離関数であることを示せ.

18. 各 $n \in \mathbb{N}$ に対して, 関数 $f_n \in C(I)$ を $f_n(x) = n^{x-1}$ によって定め, 関数 $f \in C(I)$ を $f(x) = 0$ によって定める. このとき, 次の問に答えよ.

 (1) $(C(I), d_1)$ において, $\{f_n\}$ は f に収束するか.

 (2) $(C(I), d_\infty)$ において, $\{f_n\}$ は f に収束するか.

19. 各 $n \in \mathbb{N}$ に対して, 関数 $f_n \in C(I)$ を $f_n(x) = \log_{n+1}(x+1)$ によって定め, 関数 $f \in C(I)$ を $f(x) = 0$ によって定める. このとき, 前問 18 と同じ問に答えよ.

20. 任意の $f, g \in C(I)$ に対して,
$$d_2(f, g) = \left[\int_0^1 (f(x) - g(x))^2 \, dx \right]^{1/2}$$
と定める. このとき, d_2 は $C(I)$ 上の距離関数であることを証明せよ.

第 10 章

距離空間の位相構造

$\mathbb{E}^n$ における合同変換は，対応する 2 点間のユークリッドの距離を変えない写像として特徴付けられる (註 8.11). それでは，位相同型写像は，距離空間の何を変えない写像として特徴付けられるだろうか．その答えを見つけることが本章の目的である．

10.1 開集合と閉集合

本節では，(X,d) を任意の距離空間として，それを X で表す．

定義 10.1 任意の部分集合 $A \subseteq X$ と点 $x \in X$ に対して，次のように定める (図 10.1 を見よ).

(1) ある正数 ε が存在して，$U(X, x, \varepsilon) \subseteq A$ が成り立つとき，x は X における A の**内点**であるという．

(2) ある正数 ε が存在して，$U(X, x, \varepsilon) \cap A = \emptyset$ が成り立つとき，x は X における A の**外点**であるという．

(3) X における A の内点でも外点でもない点を，X における A の**境界点**とよぶ．すなわち，任意の正数 ε に対して，
$$U(X, x, \varepsilon) \cap A \neq \emptyset \text{ かつ } U(X, x, \varepsilon) \cap (X - A) \neq \emptyset$$
が成り立つとき，x は X における A の境界点とよばれる．

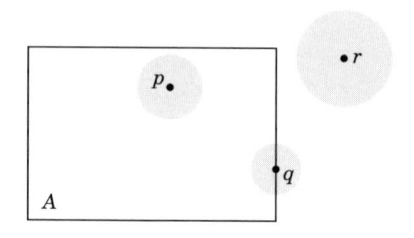

図 10.1 集合 A の内点 p, 境界点 q, 外点 r.

定義 10.2 $A \subseteq X$ とする．このとき，X における A の内点全体の集合を X における A の**内部** (interior) といい，$\mathrm{Int}_X A$ で表す．また，X における A の外点全体の集合と境界点全体の集合を，それぞれ，X における A の**外部** (exterior) と**境界** (boundary) とよび，$\mathrm{Ext}_X A$ と $\mathrm{Bd}_X A$ で表す．

☞ 任意の $A \subseteq X$ に対し，$\mathrm{Bd}_X A = X - (\mathrm{Int}_X A \cup \mathrm{Ext}_X A)$.

☞ 任意の $A \subseteq X$ に対し，$\mathrm{Int}_X A \subseteq A$, $\mathrm{Ext}_X A \subseteq X - A$.

☞ 閉区間 $I = [a, b]$ と開区間 $J = (a, b)$ $(a < b)$ に対して，
$$\mathrm{Int}_{\mathbb{E}^1} I = \mathrm{Int}_{\mathbb{E}^1} J = J,$$
$$\mathrm{Ext}_{\mathbb{E}^1} I = \mathrm{Ext}_{\mathbb{E}^1} J = \mathbb{E}^1 - I,$$
$$\mathrm{Bd}_{\mathbb{E}^1} I = \mathrm{Bd}_{\mathbb{E}^1} J = \{a, b\}.$$

閉区間 I と開区間 J に対して，次の関係が成り立つ．
$$\mathrm{Bd}_{\mathbb{E}^1} I \subseteq I, \quad J \cap \mathrm{Bd}_{\mathbb{E}^1} J = \varnothing.$$

数学では，前者のように境界を含む集合の状態を「閉」という言葉で表し，後者のように境界と交わらない集合の状態を「開」という言葉で表す．

定義 10.3 $A \subseteq X$ とする．$\mathrm{Bd}_X A \subseteq A$ が成り立つとき，A を X の**閉集合**とよび，$A \cap \mathrm{Bd}_X A = \varnothing$ が成り立つとき，A を X の**開集合**とよぶ．

☞ 閉区間 $[a, b]$ は $\mathbb{E}^1$ の閉集合であるが開集合でない．

☞ 開区間 (a, b) は $\mathbb{E}^1$ の開集合であるが閉集合でない．

☞ 半開区間 $[a, b)$ は $\mathbb{E}^1$ の開集合でも閉集合でもない．

問 1 $\mathbb{E}^1$ における集合 $A=[0,1]\cup(2,3)$, $\mathbb{Z}$, $\mathbb{Q}$ の内部, 外部, 境界を求めて, これらの集合が $\mathbb{E}^1$ の開集合であるか閉集合であるかを調べよ.

補題 10.4 任意の $A\subseteq X$ に対して, 次の (1), (2) が成立する.

(1) A が X の開集合ならば, $X-A$ は X の閉集合である.

(2) A が X の閉集合ならば, $X-A$ は X の開集合である.

証明 最初に, 境界点と境界の定義 10.1, 10.2 より,
$$\mathrm{Bd}_X A = \mathrm{Bd}_X(X-A) \tag{10.1}$$
が成り立つことに注意しよう. (1) A が X の開集合ならば, $A\cap\mathrm{Bd}_X A=\emptyset$ だから, (10.1) と合わせて, $\mathrm{Bd}_X(X-A)=\mathrm{Bd}_X A\subseteq X-A$. ゆえに, $X-A$ は X の閉集合である. (2) も同様に示される. □

距離空間の部分集合が「開集合であるか閉集合であるか」を調べるためには, 次の必要十分条件が便利である.

補題 10.5 任意の $A\subseteq X$ に対して, 次の (1), (2) が成立する.

(1) A が X の開集合であるためには, 任意の点 $x\in A$ に対して,
$$U(X,x,\varepsilon)\subseteq A$$
を満たす x の ε-近傍が存在することが必要十分である.

(2) A が X の閉集合であるためには, 任意の点 $x\in X-A$ に対して,
$$U(X,x,\varepsilon)\cap A=\emptyset$$
を満たす x の ε-近傍が存在することが必要十分である.

証明 (1) 内部, 境界と開集合の定義より, 次が成り立つ.
$$\begin{aligned}A\text{ は }X\text{ の開集合}&\Longleftrightarrow A\cap\mathrm{Bd}_X A=\emptyset\\&\Longleftrightarrow A\subseteq\mathrm{Int}_X A\\&\Longleftrightarrow (\forall x\in A)(x\text{ は }A\text{ の内点})\\&\Longleftrightarrow (\forall x\in A)(\exists\varepsilon>0)(U(X,x,\varepsilon)\subseteq A).\end{aligned}$$

(2) 後半の条件は, (1) より, $X-A$ が X の開集合であることと同値である. 補題 10.4 より, それは A が X の閉集合であることと同値である. □

補題 10.6 任意の点 $x \in X$ と任意の $\varepsilon > 0$ に対して，$U(X, x, \varepsilon)$ は X の開集合である．

証明 以下で，d は X の距離関数である．任意の点 $y \in U(x, \varepsilon)$ をとると，$d(x, y) < \varepsilon$. したがって，$\delta = \varepsilon - d(x, y)$ とおくと $\delta > 0$. このとき，
$$U(y, \delta) \subseteq U(x, \varepsilon) \tag{10.2}$$
が成り立つことを示せばよい．そのために，任意の $z \in U(y, \delta)$ をとると，$d(y, z) < \delta = \varepsilon - d(x, y)$ だから，三角不等式より，
$$d(x, z) \leq d(x, y) + d(y, z) < d(x, y) + (\varepsilon - d(x, y)) = \varepsilon.$$
したがって，$z \in U(x, \varepsilon)$ だから，(10.2) が示された．ゆえに，補題 10.5 より，$U(x, \varepsilon)$ は X の開集合である． □

補題 10.7 任意の点 $x \in X$ に対し，$\{x\}$ は X の閉集合である．

証明 以下で，d は X の距離関数である．任意の点 $y \in X - \{x\}$ をとると，$x \neq y$ だから $d(x, y) > 0$. このとき，$\varepsilon = d(x, y)$ とおくと，$x \notin U(y, \varepsilon)$ だから，
$$U(y, \varepsilon) \cap \{x\} = \varnothing.$$
ゆえに，補題 10.5 より，$\{x\}$ は X の閉集合である． □

問 2 任意の点 $x \in X$ と任意の $\varepsilon > 0$ に対し，集合 $F = \{y \in X : d(x, y) \leq \varepsilon\}$ は X の閉集合であることを示せ．

定理 10.8 (開集合の基本 3 性質)　X の開集合は，次の 3 性質をもつ．

(O1)　X と $\varnothing$ は X の開集合である．

(O2)　X の有限個の開集合の共通部分はまた X の開集合である (すなわち，$U_1, U_2, \cdots, U_n$ が X の開集合ならば，$U_1 \cap U_2 \cap \cdots \cap U_n$ はまた X の開集合である)．

(O3)　X の任意個の開集合の和集合はまた X の開集合である (すなわち，$U_\lambda, \lambda \in \Lambda,$ が X の開集合ならば，$\bigcup_{\lambda \in \Lambda} U_\lambda$ はまた X の開集合である)．

証明 (O1) 任意の $x \in X$ に対し，$U(x, 1) \subseteq X$ が成り立つから，補題 10.5 より，X は X の開集合である．また，任意の $x \in X$ に対し，命題「$x \in \varnothing$ ならば $U(x, 1) \subseteq \varnothing$」は常に真である (註 2.19 を見よ)．ゆえに，補題 10.5 より，

$\varnothing$ は X の開集合である.

(O2) X の開集合 $U_1, U_2, \cdots, U_n$ に対して, $U = U_1 \cap U_2 \cap \cdots \cap U_n$ とおく. 空集合は開集合だから, $U \neq \varnothing$ の場合を考えればよい. 任意の $x \in U$ をとる. 各 $i = 1, 2, \cdots, n$ に対して, $x \in U_i$ だから, 補題 10.5 より $U(x, \varepsilon_i) \subseteq U_i$ を満たす $\varepsilon_i > 0$ が存在する. このとき, $\varepsilon = \min\{\varepsilon_1, \varepsilon_2, \cdots, \varepsilon_n\}$ とおくと, $\varepsilon > 0$ であり, さらに, 各 i に対して $U(x, \varepsilon) \subseteq U(x, \varepsilon_i) \subseteq U_i$ だから,

$$U(x, \varepsilon) \subseteq U_1 \cap U_2 \cap \cdots \cap U_n = U.$$

ゆえに, 再び補題 10.5 より, U は X の開集合である.

(O3) X の開集合 U_λ, $\lambda \in \Lambda$, に対して, $U = \bigcup_{\lambda \in \Lambda} U_\lambda$ とおく. (O2) の証明と同様に, $U \neq \varnothing$ の場合を考えればよい. 任意の $x \in U$ をとると, ある $\mu \in \Lambda$ に対して $x \in U_\mu$. このとき, 補題 10.5 より, x のある ε-近傍が存在して,

$$U(x, \varepsilon) \subseteq U_\mu \subseteq U.$$

ゆえに, 再び補題 10.5 より, U は X の開集合である. □

註 10.9 (O1): $\mathrm{Bd}_X X = \mathrm{Bd}_X \varnothing = \varnothing$ であることからも導かれる. 任意の距離空間 X において, X と $\varnothing$ は常に開集合であると同時に閉集合である.

(O2): 無限個の開集合の共通部分は必ずしも開集合であるとは限らないことに注意しよう. たとえば, 開区間 $U_n = (-1/n, 1/n)$ $(n \in \mathbb{N})$ は $\mathbb{E}^1$ の開集合であるが, 共通部分 $\bigcap_{n \in \mathbb{N}} U_n = \{0\}$ は $\mathbb{E}^1$ の開集合でない.

(O3): 任意個の意味は, 有限, 無限を問わないということである.

命題 10.10 $A \subseteq X$ とする. このとき, A が X の閉集合であるためには, X の任意の収束列 $\{x_n\}$ とその極限点 $x \in X$ に対し,

$$\{x_n : n \in \mathbb{N}\} \subseteq A \quad \text{ならば} \quad x \in A \tag{10.3}$$

が成り立つことが必要十分である.

証明 A が X の閉集合であるとする. X の任意の収束列 $\{x_n\}$ とその極限点 $x \in X$ をとり, $\{x_n : n \in \mathbb{N}\} \subseteq A$ であると仮定する. もし $x \notin A$ ならば, 補題 10.5 より, $U(x, \varepsilon) \cap A = \varnothing$ を満たす x の ε-近傍が存在する. このとき, すべての $n \in \mathbb{N}$ に対して, $x_n \in A$ だから, $d(x, x_n) > \varepsilon$. これは $x_n \longrightarrow x$ であることに矛盾する. ゆえに, $x \in A$.

逆に，A が X の閉集合でないと仮定する．このとき，(10.3) を満たさないような X の収束列 $\{x_n\}$ とその極限点 x が存在することを示せばよい．補題 10.5 より，ある点 $x \in X - A$ が存在して，
$$(\forall \varepsilon > 0)(U(x, \varepsilon) \cap A \neq \emptyset).$$
したがって，各 $n \in \mathbb{N}$ に対して，点 $x_n \in U(x, 1/n) \cap A$ を選んで，X の点列 $\{x_n\}$ を作ることができる．このとき，$d(x, x_n) < 1/n \longrightarrow 0$ だから，補題 8.20 より $x_n \longrightarrow x$．ところが，$\{x_n : n \in \mathbb{N}\} \subseteq A$ かつ $x \notin A$ だから，(10.3) が満たされない．ゆえに，逆も成立する． □

例題 10.11 距離空間 X から距離空間 Y への任意の連続写像 f のグラフ $G(f)$ は直積距離空間 $X \times Y$ の閉集合であることを示せ．

証明 $X \times Y$ の任意の収束列 $\{p_n\}$ とその極限点 $p \in X \times Y$ をとり，
$$\{p_n : n \in \mathbb{N}\} \subseteq G(f)$$
であると仮定する．命題 10.10 より，$p \in G(f)$ であることを示せばよい．各 $n \in \mathbb{N}$ に対して，$p_n \in G(f)$ だから，$p_n = (x_n, f(x_n))$ を満たす $x_n \in X$ が存在する．いま $p_n \longrightarrow p$ だから，$p = (x, y)$ とおくと，射影の連続性より
$$x_n \longrightarrow x \quad \text{かつ} \quad f(x_n) \longrightarrow y.$$
上の左の事実と f の連続性より，$f(x_n) \longrightarrow f(x)$．このとき，収束列の極限点は一意的に定まる（第 8 章，問 10 (111 ページ)）から，$y = f(x)$ でなければならない．ゆえに，$p = (x, f(x))$ だから $p \in G(f)$． □

問 3 任意の $A \subseteq X$ に対し，$\mathrm{Int}_X A$ と $\mathrm{Ext}_X A$ は X の開集合であることを示せ．また，$\mathrm{Bd}_X A$ は X の閉集合であることを示せ．

問 4 離散距離空間 (X, d_0) において，任意の部分集合は開集合であると同時に閉集合であることを示せ．

10.2　写像の連続性と開集合，閉集合

本節では，X, Y を任意の 2 つの距離空間とする．写像 $f: X \longrightarrow Y$ の連続性は，開集合または閉集合を使って特徴付けられる．

定理 10.12 任意の写像 $f: X \longrightarrow Y$ に対して，次の 3 条件は同値である．

(1) f は連続写像である．
(2) Y の任意の開集合 V に対し，$f^{-1}(V)$ は X の開集合である．
(3) Y の任意の閉集合 F に対し，$f^{-1}(F)$ は X の閉集合である．

証明 (1)$\Longrightarrow$(2)：V を Y の任意の開集合とする．$f^{-1}(V)$ が X の開集合であることを示すために，任意の点 $x \in f^{-1}(V)$ をとると，$f(x) \in V$．補題 10.5 より $U(Y, f(x), \varepsilon) \subseteq V$ を満たす $f(x)$ の ε-近傍が存在する．いま f は x で連続だから，この ε に対して，ある $\delta > 0$ が存在して，
$$f(U(X, x, \delta)) \subseteq U(Y, f(x), \varepsilon).$$
このとき，$f(U(X, x, \delta)) \subseteq V$ だから，$U(X, x, \delta) \subseteq f^{-1}(V)$．ゆえに，補題 10.5 より，$f^{-1}(V)$ は X の開集合である．

(2)$\Longrightarrow$(1)：任意の点 $x \in X$ と任意の $\varepsilon > 0$ をとり，$V = U(Y, f(x), \varepsilon)$ とおく．補題 10.6 より V は Y の開集合だから，(2) より $f^{-1}(V)$ は X の開集合．いま，$f(x) \in V$ だから $x \in f^{-1}(V)$．したがって，補題 10.5 より
$$U(X, x, \delta) \subseteq f^{-1}(V)$$
を満たす x の δ-近傍が存在する．このとき，
$$f(U(X, x, \delta)) \subseteq V = U(Y, f(x), \varepsilon)$$
だから，f は x で連続である．点 x の選び方は任意だから，f は連続写像である．

(2)$\Longrightarrow$(3)：Y の任意の閉集合 F をとると，補題 10.4 より $Y - F$ は Y の開集合．したがって，(2) より $f^{-1}(Y - F)$ は X の開集合である．このとき，
$$f^{-1}(Y - F) = X - f^{-1}(F) \tag{10.4}$$
が成り立つから，補題 10.4 より $f^{-1}(F)$ は X の閉集合である．

(3)$\Longrightarrow$(2)：閉集合と開集合を交換することにより，(2)$\Longrightarrow$(3) と同様に証明できる． □

問 5 上の証明で，等式 (10.4) が成立することを示せ．

問 6 関数 $f: \mathbb{E}^1 \longrightarrow \mathbb{E}^1$ を，$f(0) = 0, x \neq 0$ のとき $f(x) = 1/x$ とおくことによって定義すると，f は連続でない．このとき，定理 10.12 より「$f^{-1}(V)$ が

開集合でないような $\mathbb{E}^1$ の開集合 V」と「$f^{-1}(F)$ が閉集合でないような $\mathbb{E}^1$ の閉集合 F」が存在する．そのような V と F の例を与えよ．

定理 10.13 写像 $f: X \longrightarrow Y$ が位相同型写像であるためには，f が全単射であって，任意の $A \subseteq X$ に対して，

$$A \text{ は } X \text{ の開集合} \iff f(A) \text{ は } Y \text{ の開集合} \tag{10.5}$$

が成り立つことが必要十分である．

証明 写像 f が全単射のとき，任意の $V \subseteq Y$ に対して，$A = f^{-1}(V)$ とおくと $V = f(A)$ である．したがって，任意の $A \subseteq X$ に対して (10.5) の $\Longleftarrow$ が成り立つことは，定理 10.12 より，f が連続であることを意味する．また，f が全単射のとき，任意の $A \subseteq X$ に対して $(f^{-1})^{-1}(A) = f(A)$ である．したがって，(10.5) の $\Longrightarrow$ が成り立つことは，逆写像 f^{-1} が連続であることを意味する．以上を合わせて，定理が得られる． □

定理 10.13 より「位相同型写像とは，全単射であって，対応する部分集合が開集合であるかどうかを変えない写像のことである」といえる．これが，本章の冒頭で述べた問に対する答えである．

註 10.14 定理 10.13 は，条件 (10.5) を

$$A \text{ は } X \text{ の閉集合} \iff f(A) \text{ は } Y \text{ の閉集合} \tag{10.6}$$

に変えても成立する (定理 10.12 の (2) の代わりに (3) を使えばよい)．

☞ 位相同型写像とは全単射であって，対応する部分集合が閉集合であるかどうかを変えない写像のことである．

10.3　距離空間の開集合系

定義 10.15 距離空間 (X,d) のすべての開集合からなる集合族を，(X,d) の**開集合系**とよび，$\mathcal{T}(X,d)$ または $\mathcal{T}(X)$, $\mathcal{T}(d)$ などで表す．

開集合系を定義したことにより「A は X の開集合である」と書く代わりに，$A \in \mathcal{T}(X)$ と書くことができる．

定理 10.16 集合 X 上の 2 つの距離関数 d, d' に対し，d と d' が位相的に同値であるためには，$\mathcal{T}(d) = \mathcal{T}(d')$ が成り立つことが必要十分である．

証明 定義 9.20 より，d と d' が位相的に同値であるとは，恒等写像
$$\mathrm{id}_X : (X, d) \longrightarrow (X, d')$$
が位相同型写像であることを意味する．定理 10.13 より，そのためには，任意の $A \subseteq X$ に対して，
$$A \in \mathcal{T}(d) \Longleftrightarrow A = \mathrm{id}_X(A) \in \mathcal{T}(d')$$
が成り立つことが必要十分．それは，$\mathcal{T}(d) = \mathcal{T}(d')$ と同値である． □

例 10.17 距離空間 $\mathbb{E}^n = (\mathbb{R}^n, d_2), (\mathbb{R}^n, d_1), (\mathbb{R}^n, d_\infty)$ において，距離関数 d_2, d_1, d_∞ は位相的に同値である (例 9.19)．したがって，定理 10.16 より，
$$\mathcal{T}(d_2) = \mathcal{T}(d_1) = \mathcal{T}(d_\infty).$$
すなわち，これら 3 つの距離空間は同じ開集合系をもっている．

例 10.18 例 9.32 の距離空間 $(C(I), d_1), (C(I), d_\infty)$ に対し，恒等写像
$$\mathrm{id}_{C(I)} : (C(I), d_\infty) \longrightarrow (C(I), d_1)$$
は連続 (註 9.37) だから，定理 10.12 より，任意の $A \subseteq C(I)$ に対し，
$$A \in \mathcal{T}(C(I), d_1) \Longrightarrow A = \mathrm{id}_{C(I)}^{-1}(A) \in \mathcal{T}(C(I), d_\infty)$$
が成り立つ．さらに，d_1 と d_∞ は位相的に同値でない (註 9.38) から，定理 10.16 より，$\mathcal{T}(C(I), d_1) \neq \mathcal{T}(C(I), d_\infty)$．以上により，
$$\mathcal{T}(C(I), d_1) \subsetneq \mathcal{T}(C(I), d_\infty)$$
が成立する．

註 10.19 集合 X 上の 2 つの距離関数 d と d' が位相的に同値ならば，
$$(X, d) \approx (X, d')$$
が成立する．しかし，その逆は一般に成立するとは限らないことに注意しよう．本書では例を与えないが，恒等写像以外の位相同型写像が存在する可能性が残されているからである．距離空間 $(C(I), d_1)$ と $(C(I), d_\infty)$ に対しては，それらが位相同型でないことを 14.3 節で証明する．

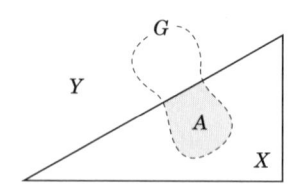

図 10.2 距離空間 X が距離空間 Y の部分空間のとき，$A \subseteq X$ が X の開集合であるためには，$A = G \cap X$ を満たす Y の開集合 G が存在することが必要十分である (定理 10.20).

最後に，距離空間 Y の部分空間 X に対して，X の開集合系と Y の開集合系の間の関係について考えよう．

定理 10.20 距離空間 X が距離空間 Y の部分空間のとき，等式
$$\mathcal{T}(X) = \{G \cap X : G \in \mathcal{T}(Y)\} \tag{10.7}$$
が成立する (図 10.2 を見よ)．

証明 任意の $x \in X$ と任意の $\varepsilon > 0$ に対して，ε-近傍の定義より，
$$U(X, x, \varepsilon) = U(Y, x, \varepsilon) \cap X \tag{10.8}$$
が成り立つことに注意しよう．いま，(10.7) の右辺の任意の要素 A をとると，$A = G \cap X$ を満たす Y の開集合 G が存在する．任意の点 $x \in A$ に対して，$x \in G$ かつ G は Y の開集合だから，補題 10.5 より，$U(Y, x, \varepsilon) \subseteq G$ を満たす Y における x の ε-近傍が存在する．このとき，(10.8) より，
$$U(X, x, \varepsilon) = U(Y, x, \varepsilon) \cap X \subseteq G \cap X = A.$$
ゆえに，補題 10.5 より A は X の開集合である．すなわち，$A \in \mathcal{T}(X)$.

逆に，任意の $A \in \mathcal{T}(X)$ をとる．このとき，任意の $x \in A$ に対して，補題 10.5 より，$U(X, x, \varepsilon(x)) \subseteq A$ を満たす X における x の $\varepsilon(x)$-近傍が存在する．すべての $x \in A$ に対して，このような $\varepsilon(x)$-近傍をとると，
$$A = \bigcup_{x \in A} U(X, x, \varepsilon(x)). \tag{10.9}$$
このとき，$G = \bigcup_{x \in A} U(Y, x, \varepsilon(x))$ とおくと，補題 10.6 と開集合の基本性質 (O3)(定理 10.8) より G は Y の開集合である．さらに (10.8), (10.9) より，

$$A = \bigcup_{x \in A}(U(Y, x, \varepsilon(x)) \cap X) = \Big(\bigcup_{x \in A} U(Y, x, \varepsilon(x))\Big) \cap X = G \cap X$$

だから，A は (10.7) の右辺に属する．ゆえに，等式 (10.7) が成立する． □

問 7 離散距離空間 (X, d_0) の開集合系は X のべき集合と一致する，すなわち，$\mathcal{T}(X, d_0) = \mathcal{P}(X)$ が成立することを示せ．

演習問題

1. $\mathbb{E}^2$ における次の集合の内部，外部，境界を求めよ．

(1) $A = [0, 1) \times [0, 1)$,
(2) $B = \{(x, 0) : x \in \mathbb{R}\}$,
(3) $\mathbb{Z} \times \mathbb{Z}$,
(4) $\mathbb{Q} \times \mathbb{Q}$.

2. 例 8.4 の n 次元閉球体 B^n と $n-1$ 次元球面 S^{n-1} について，$\mathbb{E}^n$ におけるそれらの内部，外部，境界をそれぞれ求めよ．また，B^n と S^{n-1} は $\mathbb{E}^n$ の閉集合であることを示せ．

3. 距離空間 X の任意の部分集合 A, B に対して，次の (1) と (2) が成立することを示せ．また，(2) において等号が成立しない例を与えよ．

(1) $\mathrm{Int}_X(A \cap B) = \mathrm{Int}_X A \cap \mathrm{Int}_X B$,
(2) $\mathrm{Int}_X(A \cup B) \supseteq \mathrm{Int}_X A \cup \mathrm{Int}_X B$.

4. 任意の距離空間 X の部分集合 A と点 $x \in X$ に対し，x が A の境界点であるためには，x に収束する 2 つの点列 $\{x_n\} \subseteq A$ と $\{y_n\} \subseteq X - A$ が存在することが必要十分であることを示せ．

5. 集合 $A = \{(x, y) : x > y\}$ は $\mathbb{E}^2$ の開集合であることを示せ．また，集合 $B = \{(x, y) : x \geq y\}$ は $\mathbb{E}^2$ の閉集合であることを示せ．

6. 距離空間 X の任意の開集合 U と任意の閉集合 F に対し，$U - F$ は X の開集合であることを示せ．また，$F - U$ は X の閉集合であることを示せ．

7. 距離空間 X の点列 $\{x_n\}$ が点 $x \in X$ に収束したとする．このとき，集合 $S = \{x_n : n \in \mathbb{N}\} \cup \{x\}$ は X の閉集合であることを示せ．

8. 距離空間 $M(2,\mathbb{R})$ の正則行列全体からなる部分集合を $GL(2,\mathbb{R})$ で表す. $GL(2,\mathbb{R})$ は $M(2,\mathbb{R})$ の開集合であることを示せ.

9. 集合 $A=\{f\in C(I): f(0)=1\}$ は距離空間 $(C(I),d_\infty)$ の閉集合であるが, $(C(I),d_1)$ の閉集合ではないことを示せ.

10. 閉区間 I 上の定値関数全体からなる $C(I)$ の部分集合 A は, 距離空間 $(C(I),d_1)$ と $(C(I),d_\infty)$ の閉集合であることを示せ.

11. 関数 $f:\mathbb{E}^1\longrightarrow\mathbb{E}^1$ を, $x>0$ のとき $f(x)=x-1$, $x\leq 0$ のとき $f(x)=x$ として定義する. このとき,「$f^{-1}(U)$ が開集合でないような $\mathbb{E}^1$ の開集合 U」と「$f^{-1}(F)$ が閉集合でないような $\mathbb{E}^1$ の閉集合 F」の例を与えよ.

12. 距離空間 Y の部分空間 X に対し, $\mathcal{T}(X)\subseteq\mathcal{T}(Y)$ が成り立つためには, X が Y の開集合であることが必要十分であることを示せ.

13. 集合 X 上の 2 つの距離関数 d,d' が位相的に同値であるためには, 次の (1), (2) がともに成立することが必要十分であることを示せ.

(1) 任意の $x\in X$ と任意の $\varepsilon>0$ に対して, $U(X,d,x,\delta)\subseteq U(X,d',x,\varepsilon)$ を満たす $\delta>0$ が存在する.

(2) 任意の $x\in X$ と任意の $\varepsilon>0$ に対して, $U(X,d',x,\delta)\subseteq U(X,d,x,\varepsilon)$ を満たす $\delta>0$ が存在する.

14. 直積距離空間 $X=\prod_{i=1}^n X_i$ の任意の点 $x=(x_1,x_2,\cdots,x_n)\in X$ に対して,

$$\prod_{i=1}^n U(X_i,x_i,\varepsilon/\sqrt{n})\subseteq U(X,x,\varepsilon)\subseteq \prod_{i=1}^n U(X_i,x_i,\varepsilon)$$

が成立することを示せ. ただし, $\varepsilon>0$ とする.

15. 直積距離空間 $X=\prod_{i=1}^n X_i$ の部分集合 $A=\prod_{i=1}^n A_i$ について, 次の (1), (2) が成り立つことを示せ.

(1) 各 i に対して A_i が X_i の開集合ならば, A は X の開集合である.

(2) 各 i に対して A_i が X_i の閉集合ならば, A は X の閉集合である.

第 11 章

位相空間

集合の上に距離関数を与えることなく，直接，開集合となる部分集合を定めてできる空間が位相空間である．位相空間は，位相（＝トポロジー）に関する議論を可能にするもっともシンプルな構造をもつ空間である．

11.1 位相空間

定義 11.1 集合 X の部分集合族 $\mathcal{T}$（すなわち，$\mathcal{T} \subseteq \mathcal{P}(X)$）が次の 3 条件を満たすとき，$\mathcal{T}$ を X の**位相構造**または**位相**という．

(O1) $X \in \mathcal{T}$, $\emptyset \in \mathcal{T}$.
(O2) $\mathcal{T}$ の任意の有限個の要素の共通部分はまた $\mathcal{T}$ に属する．
(O3) 任意の $\mathcal{S} \subseteq \mathcal{T}$ に対して，$\bigcup \mathcal{S} \in \mathcal{T}$ が成り立つ（すなわち，$\mathcal{T}$ の任意の任意個の要素の和集合はまた $\mathcal{T}$ に属する）．

☞ (O2) $\iff$ (O2′) 任意の $U_1, U_2 \in \mathcal{T}$ に対し，$U_1 \cap U_2 \in \mathcal{T}$.

定義 11.2 位相構造 $\mathcal{T}$ が 1 つ定められた集合 X を**位相空間**とよび，$(X, \mathcal{T})$ または，$\mathcal{T}$ を省略して，X で表す．このとき，X の要素を位相空間 $(X, \mathcal{T})$ の**点**とよび，$\mathcal{T}$ の要素を $(X, \mathcal{T})$ の**開集合**とよぶ．

集合 X に位相構造を定めることは，X の開集合全体を定めることにほかならない．このとき，定義 11.1 の 3 条件は，距離空間の開集合の基本 3 性質（定

理 10.8) と同じ主張である．定義 11.1 の 3 条件 (O1), (O2), (O3) を位相空間における**開集合の基本 3 性質**または**開集合の公理**という．

定義 11.3 距離空間 (X, d) の開集合系 $\mathcal{T}(d)$ は，定理 10.8 より，X の 1 つの位相構造である．開集合系 $\mathcal{T}(d)$ を**距離空間** (X, d) の**位相構造**または**距離位相**という．特に，$\mathbb{E}^n$ の位相構造 $\mathcal{T}(d_2)$ は，$\mathbb{E}^n$ の**ユークリッドの位相**または**通常の位相**とよばれる．

以後，距離空間 (X, d) は，常に距離空間であると同時に位相空間 $(X, \mathcal{T}(d))$ であると考える．この意味で，任意の距離空間は位相空間である．

例 11.4 3 つの距離空間 $\mathbb{E}^n = (\mathbb{R}^n, d_2), (\mathbb{R}^n, d_1), (\mathbb{R}^n, d_\infty)$ に対して，
$$\mathcal{T}(d_2) = \mathcal{T}(d_1) = \mathcal{T}(d_\infty)$$
が成り立つ (例 10.17)．これら 3 つの距離空間は同じ位相構造をもつので，位相空間としては同じ空間である．

例 11.5 例 9.32 で定めた距離空間 $(C(I), d_1), (C(I), d_\infty)$ に対しては，
$$\mathcal{T}(C(I), d_1) \neq \mathcal{T}(C(I), d_\infty)$$
である (例 10.18)．したがって，$(C(I), d_1)$ と $(C(I), d_\infty)$ は異なる位相構造をもつので，位相空間としても異なる空間である．

例 11.6 集合 $S = \{a, b, c\}$ の部分集合族
$$\mathcal{T}_1 = \{\emptyset, \{a, b\}, \{c\}, S\},$$
$$\mathcal{T}_2 = \{\emptyset, \{a\}, \{a, b\}, \{a, c\}, S\}$$
はどちらも S の位相構造である．位相空間 $(S, \mathcal{T}_1)$ と $(S, \mathcal{T}_2)$ は異なる位相構造をもつので，異なる位相空間である．

☞ 位相空間 $(S, \mathcal{T}_1)$ の開集合は $\emptyset, \{a, b\}, \{c\}, S$.

☞ 位相空間 $(S, \mathcal{T}_2)$ の開集合は $\emptyset, \{a\}, \{a, b\}, \{a, c\}, S$.

例 11.7 任意の集合 X に対して，集合族 $\{\emptyset, X\}$ と X のべき集合 $\mathcal{P}(X)$ はともに X の位相構造である．集合 X に定められる位相構造の中で，前者は最小の位相構造，後者は最大の位相構造である．位相構造 $\{\emptyset, X\}$ を X の**密着位相**といい，$\mathcal{P}(X)$ を X の**離散位相**という．離散位相をもつ位相空間は**離散**

位相空間または**離散空間**とよばれる．離散距離空間 (X, d_0) は離散位相空間である（第 10 章，問 7 (141 ページ)）．

定義 11.8　位相空間 X の任意の部分集合 A に対し，$X - A$ が X の開集合のとき，A は X の**閉集合**であるという．

☞　例 11.6 の位相空間 $(S, \mathcal{T}_1)$ の閉集合は $S, \{c\}, \{a, b\}, \varnothing$.

☞　例 11.6 の位相空間 $(S, \mathcal{T}_2)$ の閉集合は $S, \{b, c\}, \{c\}, \{b\}, \varnothing$.

定理 11.9 (閉集合の基本 3 性質)　位相空間 X の閉集合は次の 3 性質をもつ．

(C1)　X と $\varnothing$ は X の閉集合である．
(C2)　X の有限個の閉集合の和集合はまた X の閉集合である．
(C3)　X の任意個の閉集合の共通部分はまた X の閉集合である．

証明　(C1) X と $\varnothing$ は X の開集合だから，閉集合の定義より，それらの補集合 $\varnothing$ と X は X の閉集合である．(C2) と (C3) は，それぞれ，開集合の基本性質 (O2) と (O3) (定義 11.1) からド・モルガンの公式 (命題 5.4) を使って導かれる（下の問 1 を見よ）．　□

問 1　定理 11.9 の (C2) と (C3) が成立することを示せ．

問 2　位相空間 X の無限個の閉集合の和集合は，X の閉集合であるとは限らない．そのことを示す例を与えよ．

問 3　カントル集合 $\mathbb{K}$ (例 5.20) は $\mathbb{E}^1$ の閉集合であることを示せ．

11.2　内部と閉包，集積点と孤立点

定義 11.10　位相空間 X の点 x に対し，$x \in U$ を満たす X の開集合 U を (X における) x の**近傍**とよぶ．

☞　近傍は，距離空間における ε-近傍と同様の働きをする．

本節では，X を任意の位相空間とする．また，点 $x \in X$ に対し，X における x の近傍のことを，単に「x の近傍」という．

定義 11.11　任意の $A\subseteq X$ と $x\in X$ に対して，次のように定める．

(1) $U\subseteq A$ を満たす x の近傍 U が存在するとき，x は X における A の**内点**であるという．X における A の内点全体の集合を X における A の**内部** (interior) とよび，$\mathrm{Int}_X A$ で表す．

(2) x の任意の近傍 U に対して $U\cap A\neq\emptyset$ が成り立つとき，x は X における A の**触点**であるという．X における A の触点全体の集合を X における A の**閉包** (closure) とよび，$\mathrm{Cl}_X A$ で表す．

☞　任意の $A\subseteq X$ に対し，$\mathrm{Int}_X A\subseteq A\subseteq \mathrm{Cl}_X A$．

定理 11.12　任意の $A\subseteq X$ に対して，次の (1), (2) が成立する．

(1) $\mathrm{Int}_X A=\bigcup\{U:U\subseteq A,\ U$ は X の開集合$\}$，

(2) $\mathrm{Cl}_X A=\bigcap\{F:A\subseteq F,\ F$ は X の閉集合$\}$．

証明　(1) 右辺の集合を R とする．任意の $x\in \mathrm{Int}_X A$ に対して，$U\subseteq A$ を満たす x の近傍 U が存在する．このとき，$x\in U\subseteq R$ だから，$\mathrm{Int}_X A\subseteq R$．逆に，任意の $x\in R$ に対して，$x\in U\subseteq A$ を満たす X の開集合 U が存在する．このとき，U は x の近傍だから，$x\in \mathrm{Int}_X A$．ゆえに，$R\subseteq \mathrm{Int}_X A$．以上により，(1) が成立する．

(2) 定義より，任意の点 $x\in X$ に対して，x が A の触点でないことと，x が $X-A$ の内点であることは同値である．したがって，
$$X-\mathrm{Cl}_X A=\mathrm{Int}_X(X-A).$$
ゆえに，(1) とド・モルガンの公式 (命題 5.4) より，
$$\begin{aligned}\mathrm{Cl}_X A&=X-\mathrm{Int}_X(X-A)\\&=X-\bigcup\{U:U\subseteq X-A,\ U \text{ は } X \text{ の開集合}\}\\&=\bigcap\{X-U:U\subseteq X-A,\ U \text{ は } X \text{ の開集合}\}\\&=\bigcap\{X-U:A\subseteq X-U,\ U \text{ は } X \text{ の開集合}\}\\&=\bigcap\{F:A\subseteq F,\ F \text{ は } X \text{ の閉集合}\}.\end{aligned}$$
□

定理 11.12 (1) と開集合の基本性質 (O3) (定義 11.1) より，$\mathrm{Int}_X A$ は A に含まれる最大の X の開集合である．また，定理 11.12 (2) と閉集合の基本性質 (C3) (定理 11.9) より，$\mathrm{Cl}_X A$ は A を含む最小の X の閉集合である．

☞ 任意の $A \subseteq X$ に対して,A は X の開集合 $\iff A = \mathrm{Int}_X A$.

☞ 任意の $A \subseteq X$ に対して,A は X の閉集合 $\iff A = \mathrm{Cl}_X A$.

註 11.13 任意の $A \subseteq X$ に対して,X における A の**外部** $\mathrm{Ext}_X A$ と**境界** $\mathrm{Bd}_X A$ は,次のように定義される.

$$\mathrm{Ext}_X A = X - \mathrm{Cl}_X A, \tag{11.1}$$

$$\mathrm{Bd}_X A = X - (\mathrm{Int}_X A \cup \mathrm{Ext}_X A). \tag{11.2}$$

特に,X が距離空間のとき,本章で定義した「内部,外部,境界」は,それぞれ,定義 10.2 で定めた「内部,外部,境界」と一致する.

問 4 任意の $A \subseteq X$ に対して,$\mathrm{Cl}_X A = A \cup \mathrm{Bd}_X A$ が成立することを示せ.

補題 11.14 任意の $A \subseteq X$ に対して,次の (1), (2) が成立する.

(1) A が X の開集合であるためには,任意の点 $x \in A$ に対して,

$$U \subseteq A$$

を満たす x の近傍 U が存在することが必要十分である.

(2) A が X の閉集合であるためには,任意の点 $x \in X - A$ に対して,

$$U \cap A = \emptyset$$

を満たす x の近傍 U が存在することが必要十分である.

証明 (1) 任意の点 $x \in A$ に対して,$U \subseteq A$ を満たす x の近傍 U が存在したとする.このとき,$A = \mathrm{Int}_X A$ が成り立つから,A は X の開集合である.逆に,A が X の開集合であるとする.このとき,任意の点 $x \in A$ に対して,$U = A$ とおくと,U は x の近傍で $U \subseteq A$ を満たす.

(2) 後半の条件は,(1) より,$X - A$ が X の開集合であることと同値である.ゆえに,それは A が X の閉集合であることと同値である. □

定義 11.15 $A \subseteq X$ とする.点 $x \in X$ の任意の近傍 U に対して,

$$U \cap (A - \{x\}) \neq \emptyset$$

が成り立つとき,x は A の**集積点**であるという.また,$x \in A$ であって x が A の集積点でないとき,x は A の**孤立点**であるという.

例 11.16 $\mathbb{E}^1$ の部分集合 $A=[0,1)\cup\{2\}$ について考えよう. このとき, A の集積点の集合は $[0,1]$ である. 一方, 点 $x=2$ は A の孤立点である. なぜなら, $x\in A$ かつ $\mathbb{E}^1$ における x の近傍 $U=(1,3)$ に対して,
$$U\cap(A-\{x\})=\emptyset$$
が成り立つからである.

註 11.17 任意の $A\subseteq X$ に対し, A の集積点全体の集合を A の**導集合**とよび, A^d で表す. 定義より, A の集積点は A の触点だから, $A^d\subseteq \mathrm{Cl}_X A$ が成立する. また, $x\notin A$ のとき, x が A の集積点であることと x が A の触点であることは同値である. 結果として,
$$\mathrm{Cl}_X A = A\cup A^d$$
が成り立つ. また, $\mathrm{Cl}_X A - A^d$ は A の孤立点の集合である (図 11.1 を見よ).

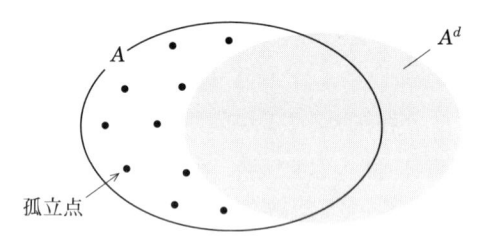

図 11.1 集合 $A\subseteq X$ に対し, A と A の導集合 A^d の関係.

問 5 集合 $S=\{a,b,c,d,e\}$ に, 位相構造
$$\mathcal{T}=\{\emptyset,\{a\},\{a,b\},\{a,b,c\},\{a,b,d\},\{a,b,c,d\},S\}$$
を与えて位相空間 $S=(S,\mathcal{T})$ を作る. このとき, S の各点の近傍をそれぞれすべて求めよ. また, 集合 $A=\{a,c\}$, $B=\{c,d\}$ の S における内部と閉包, 集積点と孤立点をそれぞれ求めよ.

問 6 $\mathbb{E}^1$ の部分集合 $A=\{1/n:n\in\mathbb{N}\}$ に対し, $\mathbb{E}^1$ における A の内部と閉包, 集積点と孤立点を求めよ.

註 11.18 集合 A の内部と閉包を, それぞれ, A° と $\overline{A}$ で表すことがある. また, 点 $x\in X$ の近傍を, $x\in U\subseteq V$ を満たす X の開集合 U が存在するような集合 V のこととして定義する流儀がある (参考書 [5], [16]).

11.3 部分空間

定義 11.19 2つの位相空間 $(X, \mathcal{T}_X)$, $(Y, \mathcal{T}_Y)$ に対して，包含関係 $X \subseteq Y$ が成り立ち，さらに，等式

$$\mathcal{T}_X = \{G \cap X : G \in \mathcal{T}_Y\} \tag{11.3}$$

が成立するとき，$(X, \mathcal{T}_X)$ は $(Y, \mathcal{T}_Y)$ の**部分空間**であるという．

位相空間 $(Y, \mathcal{T})$ が与えられたとき，任意の部分集合 $X \subseteq Y$ に対して，

$$\mathcal{T}\!\upharpoonright_X = \{G \cap X : G \in \mathcal{T}\} \tag{11.4}$$

と定めると，$\mathcal{T}\!\upharpoonright_X$ は X の1つの位相構造である（下の問7を見よ）．このとき，$(X, \mathcal{T}\!\upharpoonright_X)$ は $(Y, \mathcal{T})$ の部分空間である．以後，特に断らない限り，任意の位相空間 $(Y, \mathcal{T})$ に対して，その部分集合 $X \subseteq Y$ は，常に部分空間 $(X, \mathcal{T}\!\upharpoonright_X)$ であると考える．

問 7 (11.4) で定義した集合族 $\mathcal{T}\!\upharpoonright_X$ は X の位相構造であることを示せ．

問 8 問 5 (148ページ) で定義した位相空間 $S = (S, \mathcal{T})$ に対し，部分空間 $X = \{c, d, e\}$ の位相構造 $\mathcal{T}\!\upharpoonright_X$ を求めよ．

定理 11.20 位相空間 X が位相空間 Y の部分空間であるとき，任意の集合 $A \subseteq X$ に対して，次の (1), (2) が成立する．

(1) A が X の開集合であるためには，$A = G \cap X$ を満たす Y の開集合 G が存在することが必要十分である．

(2) A が X の閉集合であるためには，$A = F \cap X$ を満たす Y の閉集合 F が存在することが必要十分である．

証明 部分空間の定義より，X の位相構造 $\mathcal{T}_X$ と Y の位相構造 $\mathcal{T}_Y$ の間には，定義 11.19 の関係 (11.3) が成立する．これは (1) が成り立つことを意味する．(2) は閉集合の定義と (1) から導かれる． □

系 11.21 位相空間 Y の部分空間 X に対し，次の (1), (2) が成立する．

(1) Y の任意の開集合 G に対して，$G \cap X$ は X の開集合である．

(2) Y の任意の閉集合 F に対して，$F \cap X$ は X の閉集合である．

証明 定理 11.20 から直ちに導かれる． □

註 11.22 定理 10.20 より，距離空間 X が距離空間 Y の部分空間のとき，位相空間としても X は Y の部分空間である．

例 11.23 $\mathbb{E}^1$ の部分空間 $X=[0,2)$ において，集合 $A=[0,1)$ は X の開集合，$B=[1,2)$ は X の閉集合である．なぜなら，
$$A=(-1,1)\cap X$$
と書けるから，系 11.21 (1) より A は X の開集合．また，
$$B=[1,2]\cap X$$
と書けるから，系 11.21 (2) より B は X の閉集合である．

問 9 $\mathbb{E}^1$ の部分空間 $\mathbb{Q}$ において，集合 $A=\{x\in\mathbb{Q}:x^2<2\}$ は $\mathbb{Q}$ の開集合であると同時に閉集合でもあることを示せ．

問 10 $\mathbb{E}^1$ の部分空間 $X=[0,2)$ に対して，集合 $A=[0,1)$ と $B=[1,2)$ の X における内部，閉包，境界をそれぞれ求めよ．

問 11 位相空間 X,Y,Z に対し $X\subseteq Y\subseteq Z$ が成り立ち，Y は Z の部分空間であるとする．このとき，X が Y の部分空間であることと，X が Z の部分空間であることは同値であることを示せ．

11.4 連続写像と位相同型写像

定義 11.24 位相空間 X から位相空間 Y への写像 f と点 $x\in X$ が与えられたとする．Y における $f(x)$ の任意の近傍 V に対して，
$$f(U)\subseteq V$$
を満たす X における x の近傍 U が存在するとき，f は x で**連続**であるという．写像 f がすべての点 $x\in X$ で連続のとき，f は**連続**である，または，f は**連続写像**であるという．

　上の定義は，距離空間の間の写像の連続性の条件 (B) (114 ページ) における ε-近傍を近傍に置きかえたものである．一般の位相空間の間の写像の連続性を，点列の収束や ε-δ 論法によって表現することはできない．

定理 11.25 位相空間 X から位相空間 Y への写像 f に対して，次の 3 条件は同値である．

(1) f は連続写像である．
(2) Y の任意の開集合 V に対し，$f^{-1}(V)$ は X の開集合である．
(3) Y の任意の閉集合 F に対し，$f^{-1}(F)$ は X の閉集合である．

証明 $(1) \Longrightarrow (2)$：V を Y の開集合とする．任意の点 $x \in f^{-1}(V)$ をとると，$f(x) \in V$ だから，V は $f(x)$ の近傍である．いま f は x で連続だから，
$$f(U) \subseteq V$$
を満たす x の近傍 U が存在する．このとき，$U \subseteq f^{-1}(V)$．ゆえに，補題 11.14 より $f^{-1}(V)$ は X の開集合である．

$(2) \Longrightarrow (1)$：任意の点 $x \in X$ と Y における $f(x)$ の任意の近傍 V をとり，$U = f^{-1}(V)$ とおく．このとき，$x \in U$ かつ (2) より U は X の開集合だから，U は x の近傍である．さらに，
$$f(U) = f(f^{-1}(V)) \subseteq V$$
が成り立つ (第 3 章，問 16 (36 ページ))．ゆえに，f は x で連続である．点 $x \in X$ の選び方は任意だから，f は連続写像である．$(2) \Longleftrightarrow (3)$ は，定理 10.12 と同様に証明できる． □

命題 11.26 位相空間 X, Y, Z と写像 $f: X \longrightarrow Y$, $g: Y \longrightarrow Z$ に対し，f と g がともに連続ならば，合成写像 $g \circ f: X \longrightarrow Z$ は連続である．

証明 定理 11.25 を使って示す．Z の任意の開集合 V をとる．このとき，g は連続だから，$g^{-1}(V)$ は Y の開集合．次に，f も連続だから，
$$f^{-1}(g^{-1}(V)) = (g \circ f)^{-1}(V)$$
は X の開集合．ゆえに，$g \circ f$ は連続である． □

命題 11.27 位相空間 X から位相空間 Y への写像 f が連続のとき，X の任意の部分空間 A に対し，制限写像 $f\!\restriction_A : A \longrightarrow Y$ は連続である．

証明 定理 11.25 を使って示す．Y の任意の開集合 V をとると，f は連続だから，$f^{-1}(V)$ は X の開集合である．このとき，
$$(f\!\restriction_A)^{-1}(V) = \{x \in A : f(x) \in V\} = f^{-1}(V) \cap A$$

だから，系 11.21 より $(f\!\upharpoonright_A)^{-1}(V)$ は A の開集合．ゆえに，$f\!\upharpoonright_A$ は連続である． □

註 11.28 2 つの距離空間 $(X,d_X),(Y,d_Y)$ に対して，写像
$$f\colon(X,d_X)\longrightarrow(Y,d_Y)$$
が連続であることは，定理 10.12 と定理 11.25 より，位相空間 $(X,\mathcal{T}(d_X))$ から位相空間 $(Y,\mathcal{T}(d_Y))$ への写像として f が連続であることと同値である．したがって，距離空間の間の写像の連続性は，位相空間の間の写像の連続性の特別な場合である．

定義 11.29 位相空間 X から位相空間 Y への写像 f が全単射であって，f とその逆写像 f^{-1} がともに連続であるとき，f を**位相同型写像**または**同相写像**とよぶ．また，X から Y への位相同型写像が存在するとき，X と Y は**位相同型**である，または，**同相**であるといい，$X\approx Y$ で表す．

上の定義は，距離空間における位相同型の定義の一般化である．定理 9.16 では，関係 $\approx$ が距離空間の間の同値関係であることを示した．それは位相空間の間の関係に自然に拡張される．

定理 11.30 任意の位相空間 X,Y,Z に対して，次が成り立つ．

(1) $X\approx X$，　(反射律)

(2) $X\approx Y$ ならば $Y\approx X$，　(対称律)

(3) $X\approx Y$ かつ $Y\approx Z$ ならば，$X\approx Z$．　(推移律)

証明 定理 9.16 と同様に証明できる (章末の演習問題 14)． □

位相同型な 2 つの位相空間に対して，それらの一方がもつならば他方ももつような性質，いいかえれば，位相同型写像が保存する性質を**位相的性質**とよぶ．次章以降で，基本的な位相的性質のいくつかについて考察する．

註 11.31 定理 10.13 とまったく同じ理由で，写像 $f\colon(X,\mathcal{T}_X)\longrightarrow(Y,\mathcal{T}_Y)$ が位相同型写像であるためには，f が全単射であって，任意の $A\subseteq X$ に対し，
$$A\in\mathcal{T}_X\iff f(A)\in\mathcal{T}_Y \tag{11.5}$$
が成り立つことが必要十分である．

問 12 例 11.6 の位相空間 $(S, \mathcal{T}_1)$ から $(S, \mathcal{T}_2)$ への写像 f を，$f(a) = f(b) = a, f(c) = b$ によって定義する．このとき，f は連続であるかどうか調べよ．

演習問題

1. 集合 $S = \{a, b, c\}$ には全部で 29 個の異なる位相構造が定められる．それらをすべて列記せよ．また，それらの位相構造を使ってできる 29 個の位相空間を関係 $\approx$ によって分類せよ．

2. 無限集合 X の部分集合族 $\mathcal{T} = \{\varnothing\} \cup \{A \subseteq X : X - A \text{ は有限集合}\}$ は，X の位相構造であることを示せ．また，位相空間 $(X, \mathcal{T})$ の閉集合はどのような集合か．

3. 集合 $\mathbb{N}$ の部分集合族 $\mathcal{T} = \{\varnothing\} \cup \{U \subseteq \mathbb{N} : (\exists n \in \mathbb{N})(\{kn : k \in \mathbb{N}\} \subseteq U)\}$ は，$\mathbb{N}$ の 1 つの位相構造であることを示せ．

4. 集合 X の 2 つの位相構造 $\mathcal{T}_1, \mathcal{T}_2$ に対して，$\mathcal{T}_1 \cap \mathcal{T}_2$ はまた X の位相構造であることを示せ．

5. 位相空間 X の部分集合 A に対して，A が X の開集合であるためには，$A \cap \mathrm{Bd}_X A = \varnothing$ が成り立つことが必要十分であることを示せ．また，A が X の閉集合であるためには，$\mathrm{Bd}_X A \subseteq A$ が成り立つことが必要十分であることを示せ．

6. 位相空間 X の部分集合 A, B に対して，次の (1) と (2) が成立することを示せ．また，(2) において等号が成立しない例を与えよ．

(1) $\mathrm{Cl}_X (A \cup B) = \mathrm{Cl}_X A \cup \mathrm{Cl}_X B$,

(2) $\mathrm{Cl}_X (A \cap B) \subseteq \mathrm{Cl}_X A \cap \mathrm{Cl}_X B$.

7. カントル集合 $\mathbb{K}$ は孤立点をもたないことを示せ．

8. $\mathbb{E}^2$ における次の集合の閉包，および，集積点と孤立点を求めよ．

(1) $A = [0, 1) \times [0, 1)$,

(2) $B = \{(x, 0) : x \in \mathbb{R}\}$,

(3) $\mathbb{Z} \times \mathbb{Z}$,

(4) $\mathbb{Q} \times \mathbb{Q}$.

9. $\mathbb{E}^1$ の部分空間 $\mathbb{Z}$ について，次の (1)–(4) の中で正しいものを選べ．

(1) $\mathbb{Z}$ の任意の部分集合は $\mathbb{E}^1$ の開集合である．

(2) $\mathbb{Z}$ の任意の部分集合は $\mathbb{E}^1$ の閉集合である．

(3) $\mathbb{Z}$ の任意の部分集合は $\mathbb{Z}$ の開集合である．

(4) $\mathbb{Z}$ の任意の部分集合は $\mathbb{Z}$ の閉集合である．

10. $\mathbb{E}^2$ の部分空間 $X = [0,3) \times [0,3)$ に対し，次の集合は X の開集合であるか閉集合であるかを調べよ．ただし，$H_1 = [0,1)$, $H_2 = [2,3)$ とする．

(1) $H_1 \times H_1$,　(2) $H_1 \times H_2$,　(3) $H_2 \times H_1$,　(4) $H_2 \times H_2$.

11. $\mathbb{E}^2$ の部分空間 $X = \{(x,0) : x \in \mathbb{R}\}$ と $A = \{(x,0) : -1 \leq x < 1\} \subseteq X$ に対して，X における A の内部と閉包を求めよ．

12. 位相空間 Y の部分空間 X と $A \subseteq X$ に対して，$\mathrm{Cl}_X A = \mathrm{Cl}_Y A \cap X$ が成立することを示せ．

13. 位相空間 X から位相空間 Y への写像 f が連続であるためには，任意の $A \subseteq X$ に対して，$f(\mathrm{Cl}_X A) \subseteq \mathrm{Cl}_Y f(A)$ が成り立つことが必要十分であることを示せ．

14. 定理 11.30 の証明を完成させよ．

15. 集合 X に対して，次の条件 (1)–(4) を満たす写像 $c : \mathcal{P}(X) \longrightarrow \mathcal{P}(X)$ が与えられたとする．

(1) $c(\varnothing) = \varnothing$.

(2) 任意の $A \in \mathcal{P}(X)$ に対し，$A \subseteq c(A)$.

(3) 任意の $A, B \in \mathcal{P}(X)$ に対し，$c(A \cup B) = c(A) \cup c(B)$.

(4) 任意の $A \in \mathcal{P}(X)$ に対し，$c(c(A)) = c(A)$.

このとき，X に位相構造 $\mathcal{T}$ を定めて，各 $A \subseteq X$ に対して，位相空間 $(X, \mathcal{T})$ における A の閉包が $c(A)$ と一致するようにできることを証明せよ．上の条件 (1)–(4) は **Kuratowski** の閉包公理系とよばれる．

第12章

コンパクト空間

コンパクト性は，位相的性質の中でもっとも重要なものの1つであり，位相に関するほとんどすべての議論で使われる．高校数学 III で学ぶ最大値・最小値の定理をコンパクト空間の上で証明する．

12.1 開被覆とコンパクト性

位相空間がコンパクトであるとは，簡単にいえば，無限に大きい空間とは位相同型にならないということである．後の例 12.3 で示すように，無限に大きい空間 $\mathbb{E}^n$ や $\mathbb{E}^n$ と位相同型である n 次元開球体

$$U^n = \{(x_1, x_2, \cdots, x_n) \in \mathbb{E}^n : x_1^2 + x_2^2 + \cdots + x_n^2 < 1\} \quad (12.1)$$

(註 9.29) などはコンパクトでない．

定義 12.1 位相空間 X の部分集合族 $\mathcal{U}$ が $X = \bigcup\{U : U \in \mathcal{U}\}$ を満たすとき，$\mathcal{U}$ を X の**被覆**とよぶ．特に，開集合からなる被覆を**開被覆**といい，有限個の集合からなる被覆を**有限被覆**という．

定義 12.2 位相空間 X の被覆 $\mathcal{U}$ が与えられたとき，$\mathcal{U}$ から有限個の要素 $U_1, U_2, \cdots, U_n \in \mathcal{U}$ を選んで，X の被覆 $\mathcal{V} = \{U_1, U_2, \cdots, U_n\}$ ができたとする．このとき，$\mathcal{V}$ を $\mathcal{U}$ の**有限部分被覆**という．また，被覆 $\mathcal{U}$ の有限部分被覆が存在するとき，$\mathcal{U}$ は有限部分被覆をもつ，または，$\mathcal{U}$ は X の有限被覆を含むという．

例 12.3 $\mathbb{E}^n$ における 1-近傍全体の集合族
$$\mathcal{U} = \{U(p,1) : p \in \mathbb{E}^n\}$$
は $\mathbb{E}^n$ の開被覆であるが有限部分被覆をもたない．一方，(12.1) の n 次元開球体 U^n は無限に大きくはないが，やはり有限部分被覆をもたない U^n の開被覆が存在する．たとえば，p_0 を $\mathbb{E}^n$ の原点とするとき，
$$\mathcal{U} = \{U(p_0, n/(n+1)) : n \in \mathbb{N}\}$$
は，そのような U^n の開被覆の例である．

定義 12.4 位相空間 X の任意の開被覆が有限部分被覆をもつとき，X は**コンパクト**である，または，X は**コンパクト空間**であるという．

☞ $\mathbb{E}^n$ と U^n はコンパクトでない (例 12.3)．

問 1 有限個の点からなる位相空間 $X = \{x_1, x_2, \cdots, x_n\}$ はコンパクト空間であることを示せ．

位相空間 Y と $X \subseteq Y$ に対して，「X は Y の**コンパクト集合**である」または「Y の部分集合 X はコンパクトである」ということがある．これは，X が Y の部分空間としてコンパクト空間であることを意味する．すなわち，X の任意の開被覆 (図 12.1 (左)) が有限部分被覆をもつということである．

このことを，位相空間 Y の開集合を使って表現しておくと便利である．そのための用語を定義する．Y の開集合族 $\mathcal{G}$ が
$$X \subseteq \bigcup\{G : G \in \mathcal{G}\}$$
を満たすとき，$\mathcal{G}$ を Y における X の**開被覆**とよぶ (図 12.1 (右))．さらに，有限個の $G_1, G_2, \cdots, G_n \in \mathcal{G}$ が存在して，
$$X \subseteq G_1 \cup G_2 \cup \cdots \cup G_n$$
が成り立つとき，$\mathcal{G}$ は X の**有限被覆** $\{G_1, G_2, \cdots, G_n\}$ を含むという．

補題 12.5 位相空間 Y の部分集合 X に対して，次の (1), (2) は同値である．

(1) X は Y のコンパクト集合である．
(2) Y における X の任意の開被覆は X の有限被覆を含む．

12.1 開被覆とコンパクト性　157

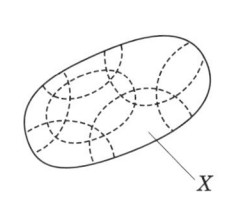

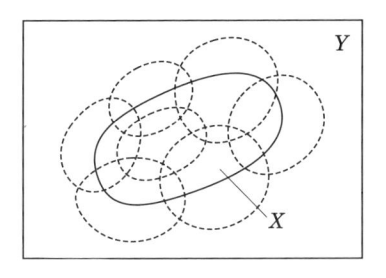

図 12.1 X の開被覆 (左) と, Y における X の開被覆 (右).

証明 $(1) \Longrightarrow (2)$: Y における X の任意の開被覆 $\mathcal{G}$ をとる (図 12.1 (右)). このとき, $\mathcal{U} = \{G \cap X : G \in \mathcal{G}\}$ とおくと, 系 11.21 より, $\mathcal{U}$ は X の開被覆である (図 12.1 (左)). (1) より, $\mathcal{U}$ は有限部分被覆をもつから, 結果として, $\mathcal{G}$ も X の有限被覆を含む.

$(2) \Longrightarrow (1)$: X の任意の開被覆 $\mathcal{U} = \{U_\lambda : \lambda \in \Lambda\}$ をとる (図 12.1 (左)). 定理 11.20 より, 各 $\lambda \in \Lambda$ に対して, $U_\lambda = G_\lambda \cap X$ を満たす Y の開集合 G_λ が存在する. このとき, $\mathcal{G} = \{G_\lambda : \lambda \in \Lambda\}$ は, Y における X の開被覆である (図 12.1 (右)). (2) より, $\mathcal{G}$ は X の有限被覆 $\{G_{\lambda(1)}, G_{\lambda(2)}, \cdots, G_{\lambda(n)}\}$ を含む. このとき, $\{U_{\lambda(1)}, U_{\lambda(2)}, \cdots, U_{\lambda(n)}\}$ は $\mathcal{U}$ の有限部分被覆だから, X はコンパクトである. □

定理 12.6 コンパクト空間 X から位相空間 Y への連続写像 f が存在するとき, $f(X)$ は Y のコンパクト集合である.

証明 Y における $f(X)$ の任意の開被覆 $\mathcal{G}$ をとる. 補題 12.5 より, $\mathcal{G}$ が $f(X)$ の有限被覆を含むことを示せばよい. 任意の $G \in \mathcal{G}$ に対して, 定理 11.25 より $f^{-1}(G)$ は X の開集合である. さらに,
$$X \subseteq f^{-1}(f(X)) \subseteq f^{-1}(\bigcup\{G : G \in \mathcal{G}\})$$
$$= \bigcup\{f^{-1}(G) : G \in \mathcal{G}\} \subseteq X \quad (12.2)$$
が成り立つから (下の問 2 を見よ), $\{f^{-1}(G) : G \in \mathcal{G}\}$ は X の開被覆である. いま X はコンパクトだから, 有限個の $G_1, G_2, \cdots, G_n \in \mathcal{G}$ が存在して,
$$X = f^{-1}(G_1) \cup f^{-1}(G_2) \cup \cdots \cup f^{-1}(G_n) \quad (12.3)$$
が成立する. このとき,

$$f(X) = f(f^{-1}(G_1) \cup f^{-1}(G_2) \cup \cdots \cup f^{-1}(G_n))$$
$$= f(f^{-1}(G_1)) \cup f(f^{-1}(G_2)) \cup \cdots \cup f(f^{-1}(G_n))$$
$$\subseteq G_1 \cup G_2 \cup \cdots \cup G_n \tag{12.4}$$

だから (下の問 2 を見よ), $\mathcal{G}$ は $f(X)$ の有限被覆 $\{G_1, G_2, \cdots, G_n\}$ を含む. ゆえに, $f(X)$ は Y のコンパクト集合である. □

問 2 上の証明で, (12.2), (12.4) が成立することを確かめよ.

系 12.7 X, Y を位相空間とし, $f: X \longrightarrow Y$ を連続写像とする. このとき, X の任意のコンパクト集合 A に対し, $f(A)$ は Y のコンパクト集合である.

証明 制限写像 $f\!\restriction_A : A \longrightarrow Y$ に定理 12.6 を適用せよ. □

系 12.8 位相空間 X と Y が位相同型のとき, もし X がコンパクトならば, Y もコンパクトである.

証明 位相同型写像 $f: X \longrightarrow Y$ に定理 12.6 を適用せよ. □

定理 12.9 コンパクト空間 X の任意の閉集合 A はコンパクトである.

証明 X における A の任意の開被覆 $\mathcal{G}$ をとる. いま A は X の閉集合だから, $X - A$ は X の開集合. したがって, $\mathcal{U} = \mathcal{G} \cup \{X - A\}$ とおくと, $\mathcal{U}$ は X の開被覆である. いま X はコンパクトだから, $\mathcal{U}$ は有限部分被覆 $\mathcal{V}$ をもつ. このとき, $\mathcal{V}$ の要素の中で $X - A$ 以外のものを $G_1, G_2, \cdots, G_n$ とすると, $\{G_1, G_2, \cdots, G_n\} \subseteq \mathcal{G}$ であって,
$$A \subseteq G_1 \cup G_2 \cup \cdots \cup G_n$$
が成り立つ. ゆえに, $\mathcal{G}$ は A の有限被覆を含むから, 補題 12.5 より A はコンパクトである. □

定義 12.10 位相空間 X の任意の異なる 2 点 $x, y \in X$ に対して, $U \cap V = \emptyset$ を満たす x の近傍 U と y の近傍 V が存在するとき, X を**ハウスドルフ空間**または T_2-**空間**とよぶ.

命題 12.11 任意の距離空間 (X, d) は (位相空間 $(X, \mathcal{T}(d))$ として) ハウスドルフ空間である.

証明 距離空間 (X,d) の任意の異なる 2 点 x,y をとると，$d(x,y)>0$．このとき，$\varepsilon=d(x,y)$ とおくと，

$$U(x,\varepsilon/2)\cap U(y,\varepsilon/2)=\varnothing. \tag{12.5}$$

補題 10.6 より，$U(x,\varepsilon/2)$ と $U(y,\varepsilon/2)$ は (X,d) の開集合だから，それぞれ x と y の近傍である．ゆえに，(X,d) はハウスドルフ空間である． □

問 3 上の証明で (12.5) が成立することを確かめよ．

☞ $\mathbb{E}^n$ はハウスドルフ空間である．

☞ 例 11.6 の位相空間 $(S,\mathcal{T}_1),(S,\mathcal{T}_2)$ はともにハウスドルフ空間でない．どちらも，2 点 $a,b\in S$ が交わらない近傍をもたないからである．

定理 12.12 ハウスドルフ空間 X の任意のコンパクト集合 A は，X の閉集合である．

証明 任意の点 $x\in X-A$ をとる．補題 11.14 より，$U\cap A=\varnothing$ を満たす x の近傍 U の存在を示せばよい．任意の点 $y\in A$ に対し，X はハウスドルフ空間だから，X における x の近傍 U と y の近傍 V で，

$$U\cap V=\varnothing$$

を満たすものが存在する．ここで，U,V は y の選び方に従属するから，$U=U(y), V=V(y)$ と書く．すべての点 $y\in A$ に対して，このような $U(y)$ と $V(y)$ をとり，$\mathcal{V}=\{V(y):y\in A\}$ とおくと，$\mathcal{V}$ は X における A の開被覆である．いま A はコンパクトだから，補題 12.5 より $\mathcal{V}$ は A の有限被覆を含む．すなわち，有限個の点 $y_1,y_2,\cdots,y_n\in A$ が存在して

$$A\subseteq V(y_1)\cup V(y_2)\cup\cdots\cup V(y_n). \tag{12.6}$$

このとき，$U=U(y_1)\cap U(y_2)\cap\cdots\cap U(y_n)$ とおくと，開集合の基本性質 (O2) (定義 11.1) より，U は X における x の近傍であり，$U\cap A=\varnothing$ が成り立つ．なぜなら，各 $i=1,2,\cdots,n$ に対して，$U(y_i)\subseteq X-V(y_i)$ だから，(12.6) より

$$U=\bigcap_{i=1}^{n}U(y_i)\subseteq\bigcap_{i=1}^{n}(X-V(y_i))=X-\bigcup_{i=1}^{n}V(y_i)\subseteq X-A$$

が成り立つからである．ゆえに，U が求める x の近傍である． □

定理 12.13 コンパクト空間 X からハウスドルフ空間 Y への任意の全単射, 連続写像 f は位相同型写像である.

証明 逆写像 $f^{-1}: Y \longrightarrow X$ が連続であることを示せばよい. そのために, X の任意の閉集合 F に対して, $(f^{-1})^{-1}(F)$ が Y の閉集合であることを示す (定理 11.25). 最初に, $(f^{-1})^{-1}(F) = f(F)$ が成り立つ. いま X はコンパクトだから, 定理 12.9 より F はコンパクトである. 次に f は連続だから, 系 12.7 より $f(F)$ は Y のコンパクト集合である. さらに Y はハウスドルフ空間だから, 定理 12.12 より $f(F)$ は Y の閉集合である. 以上により, f^{-1} の連続性が示された. □

註 12.14 任意の距離空間は位相空間だから, その逆も正しいかという問は自然である. 位相空間 $(X, \mathcal{T})$ は, $\mathcal{T} = \mathcal{T}(d)$ を満たす X 上の距離関数 d が存在するとき**距離化可能**とよばれる. 上の問は, 正確には「すべての位相空間は距離化可能か」という問題であるが, その答えは否定的である. 命題 12.11 は, ハウスドルフ空間でない位相空間は距離化可能でないことを示している.

12.2 $\mathbb{E}^n$ のコンパクト集合

同じ長さの n 個の閉区間 I_i $(i = 1, 2, \cdots, n)$ に対して, 直積集合
$$I_1 \times I_2 \times \cdots \times I_n = \{(x_1, x_2, \cdots, x_n) : x_i \in I_i, i = 1, 2, \cdots, n\}$$
を n 次元立方体とよぶ.

定理 12.15 n 次元立方体 $K = I_1 \times I_2 \times \cdots \times I_n$ は $\mathbb{E}^n$ のコンパクト集合である.

証明 $\mathbb{E}^n$ における K の開被覆 $\mathcal{U}$ で, K の有限被覆を含まないものが存在したと仮定して矛盾を導く. 各 I_i の長さを $a > 0$ とする.

K の各辺を 2 等分することにより, K は 1 辺の長さ $a/2$ の 2^n 個の n 次元立方体の和集合として表される (図 12.2 (左)). このとき, もしそれらの 2^n 個の n 次元立方体が, それぞれ, $\mathcal{U}$ の有限個の要素で覆われれば, 全体として K も $\mathcal{U}$ の有限個の要素で覆われることになる. したがって, 2^n 個の n 次元立方体の中の少なくとも 1 つは $\mathcal{U}$ の有限個の要素では覆われない. それを K_1

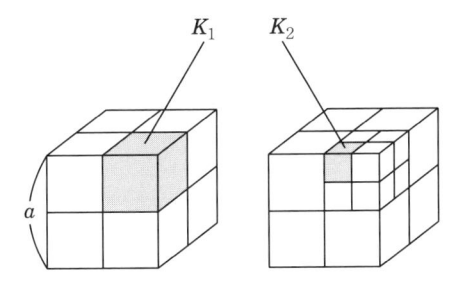

図 12.2　n 次元立方体 K の分割，$n=3$ の場合．

とおく．

次に，K_1 の各辺を 2 等分することにより，K_1 は 1 辺の長さ $a/2^2$ の 2^n 個の n 次元立方体の和集合として表される．このとき，上と同じ理由により，それらの 2^n 個の n 次元立方体の中の少なくとも 1 つは $\mathcal{U}$ の有限個の要素で覆われない．それを K_2 とおく (図 12.2 (右))．

この操作を繰り返すことによって，すべての $i \in \mathbb{N}$ に対して，1 辺の長さ $a/2^i$ の n 次元立方体 K_i で，次の 2 条件を満たすものが得られる．

$$K \supseteq K_1 \supseteq K_2 \supseteq \cdots \supseteq K_i \supseteq \cdots, \tag{12.7}$$

$$K_i \text{ は } \mathcal{U} \text{ の有限個の要素で覆われない．} \tag{12.8}$$

ここで，各 K_i は長さ $a/2^i$ の n 個の閉区間 I_{ij} ($j=1,2,\cdots,n$) の直積集合として，次のように表される．

$$K_1 = I_{11} \times I_{12} \times \cdots \times I_{1n},$$
$$K_2 = I_{21} \times I_{22} \times \cdots \times I_{2n},$$
$$\cdots$$
$$K_i = I_{i1} \times I_{i2} \times \cdots \times I_{in},$$
$$\cdots.$$

各 j に対し，上の閉区間の行列の縦の列に注目すると，(12.7) より，

$$I_{1j} \supseteq I_{2j} \supseteq \cdots \supseteq I_{ij} \supseteq \cdots$$

が成り立つ．各 I_{ij} の長さは $a/2^i$ だから，Cantor の共通部分定理 5.19 より，$\{x_j\} = \bigcap_{i \in \mathbb{N}} I_{ij}$ を満たす点 x_j が存在する．すべての $j=1,2,\cdots,n$ に対して，

このような x_j を選び，$p = (x_1, x_2, \cdots, x_n)$ とおくと，$p \in \bigcap_{i \in \mathbb{N}} K_i$ が成り立つ．

いま，$p \in K$ だから，$p \in U$ である $U \in \mathcal{U}$ が存在する．U は $\mathbb{E}^n$ の開集合だから，補題 10.5 より $U(\mathbb{E}^n, p, \varepsilon) \subseteq U$ を満たす p の ε-近傍が存在する．このとき，$a\sqrt{n}/2^i < \varepsilon$ を満たす $i \in \mathbb{N}$ をとると，
$$K_i \subseteq U(\mathbb{E}^n, p, \varepsilon)$$
が成立する．なぜなら，任意の点 $q = (y_1, y_2, \cdots, y_n) \in K_i$ に対して，$p, q \in K_i$ かつ K_i の 1 辺の長さは $a/2^i$ だから，
$$d_2(p, q) = \sqrt{\sum_{j=1}^{n}(x_j - y_j)^2} \leq \frac{a\sqrt{n}}{2^i} < \varepsilon$$
が成り立つからである．以上により，$K_i \subseteq U$ が成立する．ところが，$U \in \mathcal{U}$ だから，これは (12.8) に矛盾する．ゆえに，補題 12.5 より K はコンパクトである． □

定義 12.16 $\mathbb{E}^n$ の部分集合 A が原点 $p_0 \in \mathbb{E}^n$ のある ε-近傍に含まれるとき，A は $\mathbb{E}^n$ において**有界**である，または，$\mathbb{E}^n$ の**有界集合**であるという．

☞ 上の定義で，ε はどんなに大きくてもよいことに注意しよう．すなわち，$\mathbb{E}^n$ において有界であるとは，無限に大きくないということである．

定理 12.17 $\mathbb{E}^n$ の部分集合 A がコンパクトであるためには，A が $\mathbb{E}^n$ の有界閉集合であることが必要十分である．

証明 A がコンパクトであるとする．$\mathbb{E}^n$ はハウスドルフ空間だから，定理 12.12 より，A は $\mathbb{E}^n$ の閉集合．また，原点 $p_0 \in \mathbb{E}^n$ に対して，
$$A \subseteq \mathbb{E}^n = \bigcup_{k \in \mathbb{N}} U(p_0, k)$$
が成り立つから，$\mathcal{U} = \{U(p_0, k) : k \in \mathbb{N}\}$ とおくと，$\mathcal{U}$ は $\mathbb{E}^n$ における A の開被覆である．いま A はコンパクトだから，$\mathcal{U}$ は A の有限被覆を含む，すなわち，有限個の $k_1, k_2, \cdots, k_m \in \mathbb{N}$ が存在して，
$$A \subseteq U(p_0, k_1) \cup U(p_0, k_2) \cup \cdots \cup U(p_0, k_m).$$
このとき，$k_j = \max\{k_1, k_2, \cdots, k_m\}$ とすると，上の右辺は $U(p_0, k_j)$ に一致するから，$A \subseteq U(p_0, k_j)$．ゆえに，A は $\mathbb{E}^n$ において有界である．逆に，A が

$\mathbb{E}^n$ の有界閉集合ならば，ある $\varepsilon > 0$ に対して $A \subseteq U(p_0, \varepsilon)$ が成り立つ．このとき，閉区間 $I = [-\varepsilon, \varepsilon]$ からできる n 次元立方体 I^n について，
$$A \subseteq U(p_0, \varepsilon) \subseteq I^n.$$
定理 12.15 より I^n はコンパクトである．いま A は $\mathbb{E}^n$ の閉集合であるが，$A = A \cap I^n$ だから，系 11.21 より A は I^n の閉集合でもある．ゆえに，定理 12.9 より A はコンパクトである． □

☞ n 次元閉球体 B^n は $\mathbb{E}^n$ のコンパクト集合である．

☞ $n-1$ 次元球面 S^{n-1} は $\mathbb{E}^n$ のコンパクト集合である．

系 12.18 $\mathbb{E}^1$ の閉区間 I と開区間 J は位相同型でない．

証明 定理 12.17 より，I はコンパクトであるが，J はコンパクトでない．ゆえに，系 12.8 より $I \not\approx J$． □

問 4 カントル集合 $\mathbb{K}$ は $\mathbb{E}^1$ のコンパクト集合であることを示せ．

註 12.19 $\mathbb{E}^n$ の部分集合 A が「$\mathbb{E}^n$ の有界集合であること」や「$\mathbb{E}^n$ の閉集合であること」は，$\mathbb{E}^n$ から見た A の性質であって，A 自身の位相的性質ではないことに注意しよう．たとえば，$\mathbb{E}^2$ の 2 つの部分空間
$$X = \{(x, 0) : x \in \mathbb{R}\}, \quad Y = \{(x, 0) : |x| < 1\}$$
について考えると，$X \approx \mathbb{E}^1 \approx (-1, 1) \approx Y$ だから，X と Y は位相同型である．ところが，次の (1), (2) が成り立つ．

(1) X は $\mathbb{E}^2$ の有界集合でないが，Y は $\mathbb{E}^2$ の有界集合である．

(2) X は $\mathbb{E}^2$ の閉集合であるが，Y は $\mathbb{E}^2$ の閉集合でない．

一方，系 12.8 より，コンパクト性は位相的性質である．したがって，コンパクト空間はどの空間の中にあってもコンパクトである．

12.3 最大値・最小値の定理

位相空間 X から $\mathbb{E}^1$ への関数を X 上の**実数値関数**とよび，特にそれが連続のとき，**実数値連続関数**とよぶ．

定理 12.20 (最大値・最小値の定理) 空でないコンパクト空間 X 上の任意の実数値連続関数 f は，X で最大値と最小値をとる．すなわち，2点 $a,b\in X$ が存在して，任意の $x\in X$ に対して $f(a)\leq f(x)\leq f(b)$ が成立する．

上の定理を証明することが本節の目標である．そのために，実数に関するいくつかの定義と「実数の連続性」の別の表現を与える．

定義 12.21 $A\subseteq\mathbb{R}, s\in\mathbb{R}$ とする．任意の $x\in A$ に対して $x\leq s$ が成り立つとき，s は A の**上界**であるといい，A のすべての上界の集合を A^* で表す．また，A の上界が存在するとき (すなわち，$A^*\neq\varnothing$ のとき)，A は**上に有界**であるという．特に，$s=\min A^*$ のとき，s を A の**上限** (supremum) または**最小上界**とよび，$s=\sup A$ で表す．

☞ $I=[0,1]$ のとき，$I^*=[1,+\infty), \sup I=1$.

☞ $J=(-\infty,1)$ のとき，$J^*=[1,+\infty), \sup J=1$.

☞ $K=\{n/(n+1):n\in\mathbb{N}\}$ のとき，$K^*=[1,+\infty), \sup K=1$.

逆の不等号を用いることにより「**下界**，**下に有界**，**下限**または**最大下界**」が同様に定義される．集合 A の下限 (infimum) は $\inf A$ で表される．

問 5 下界，下に有界，下限の定義を正確に述べよ．

補題 12.22 $A\subseteq\mathbb{R}, s\in\mathbb{R}$ とする．このとき，$s=\sup A$ であるためには，次の (1) と (2) が成り立つことが必要十分である．

(1) $(\forall x\in A)(x\leq s)$ (すなわち，s は A の上界である)，

(2) $(\forall r<s)(A\cap(r,s]\neq\varnothing)$.

証明 (1) と (2) が成立したとする．(1) より s は A の上界である．また，(2) より，任意の $r<s$ は A の上界でない．ゆえに，s は A の最小の上界だから，$s=\sup A$. 逆に，$s=\sup A$ ならば，s は A の上界だから (1) が成立する．また，任意の $r<s$ に対し，r は A の上界でないから，$A\cap(r,+\infty)\neq\varnothing$. このとき，もし $A\cap(s,+\infty)\neq\varnothing$ ならば，s が A の上界であることに矛盾する．ゆえに，$A\cap(r,s]\neq\varnothing$ だから，(2) も成立する． □

12.3 最大値・最小値の定理

定理 12.23 (Weierstrass の定理) $\mathbb{R}$ の任意の上に有界な空でない部分集合 A に対して, A の上限が存在する.

証明 Cantor の共通部分定理 5.19 を使って証明する. いま $A \neq \emptyset$ だから, 任意に $r_0 \in A$ をとる. また, A は上に有界だから, $s_0 \in A^*$ が存在する. このとき, $r_0 \leq s_0$. もし $r_0 = s_0$ ならば, $s_0 \in A$ だから, $s_0 = \max A = \sup A$ が成立する. したがって, $r_0 < s_0$ の場合を考えよう.

数学的帰納法によって, すべての $n \in \mathbb{N} \cup \{0\}$ に対して, 以下のように閉区間 $[r_n, s_n]$ を定義する. すでに $[r_0, s_0]$ は定義されている. 次に $[r_n, s_n]$ が定義されたと仮定する. このとき, $I_n = [(r_n + s_n)/2, s_n]$ とおき,

$$A \cap I_n \neq \emptyset \text{ のとき}, \quad r_{n+1} = (r_n + s_n)/2, \quad s_{n+1} = s_n,$$
$$A \cap I_n = \emptyset \text{ のとき}, \quad r_{n+1} = r_n, \quad s_{n+1} = (r_n + s_n)/2$$

と定める. 上の定義より, 次が成り立つ.

$$r_0 \leq r_1 \leq r_2 \leq \cdots \leq r_n \leq \cdots\cdots \leq s_n \leq \cdots \leq s_2 \leq s_1 \leq s_0, \tag{12.9}$$

$$|r_n - s_n| = |r_0 - s_0|/2^n \longrightarrow 0, \tag{12.10}$$

$$(\forall n \in \mathbb{N} \cup \{0\})(s_n \in A^*), \tag{12.11}$$

$$(\forall n \in \mathbb{N} \cup \{0\})(A \cap [r_n, s_n] \neq \emptyset). \tag{12.12}$$

(12.9), (12.10) と Cantor の共通部分定理 5.19 より,

$$\{s\} = \bigcap_{n \in \mathbb{N}} [r_n, s_n]$$

を満たす s が存在する. このとき, s が補題 12.22 の条件 (1), (2) を満たすことを示そう. いま $s_n \longrightarrow s$ だから,

$$(s, +\infty) = \bigcup_{n \in \mathbb{N}} (s_n, +\infty). \tag{12.13}$$

(12.11) より, すべての n に対して $A \cap (s_n, +\infty) = \emptyset$ だから, (12.13) より $A \cap (s, +\infty) = \emptyset$. ゆえに, s は A の上界だから, (1) は満たされる.

次に, $r_n \longrightarrow s$ だから, 任意の $r < s$ に対して, $r < r_m \leq s$ を満たす $m \in \mathbb{N}$ が存在する. このとき, (12.12) より $A \cap [r_m, s_m] \neq \emptyset$. もし $A \cap (s, s_m] \neq \emptyset$ ならば, s が A の上界であることに矛盾する. したがって,

$$\emptyset \neq A \cap [r_m, s] \subseteq A \cap (r, s].$$

ゆえに (2) も満たされるから, $s = \sup A$ が成立する (図 12.3 を参照). □

```
(1) 実数の連続性の公理 ←─────────┐
            │                        │
     命題 5.11, 定理 5.19           │
            ↓                        │
(2) アルキメデスの公理 + Cantor の共通部分定理   演習問題 10
            │                        │
         定理 12.23                  │
            ↓                        │
(3) Weierstrass の定理 ──────────────┘
```

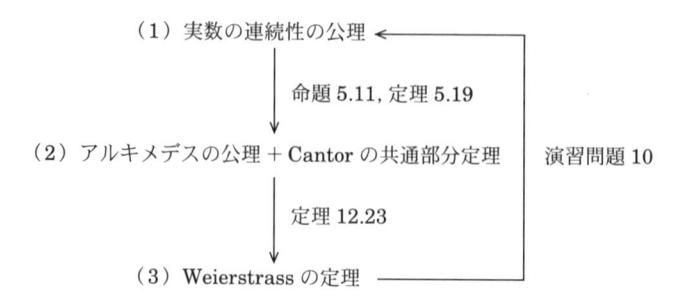

図 12.3 定理 12.23 では，Cantor の共通部分定理 5.19 を使って Weierstrass の定理を証明した．証明中の (12.10) でアルキメデスの公理 (命題 5.11) を使っていることに注意しよう．また，Weierstrass の定理から実数の連続性の公理 (59 ページ) を導くことができる (章末の演習問題 10)．すなわち，上の図式の (1), (2), (3) は互いに同値な命題である．

註 12.24 定理 12.23 と同様に「$\mathbb{R}$ の任意の下に有界な空でない部分集合には下限が存在する」ことが証明できる．

補題 12.25 $\mathbb{E}^1$ の任意の閉集合 A に対して，A の上限 s が存在するとき，s は A の最大元である．また，A の下限 r が存在するとき，r は A の最小元である．

証明 上限 $s = \sup A$ が存在するとき，$s \notin A$ であったと仮定する．このとき，A は $\mathbb{E}^1$ の閉集合だから，補題 10.5 より，ある $\varepsilon > 0$ が存在して，
$$(s-\varepsilon, s+\varepsilon) \cap A = \varnothing.$$
これは，補題 12.22 の条件 (2) に矛盾する．ゆえに，$s \in A$ だから，s は A の最大元である．後半も同様に証明できる． □

以上で，最大値・最小値の定理を証明するための準備が整った．

定理 12.20 の証明 定理 12.6 より $f(X)$ は $\mathbb{E}^1$ のコンパクト集合である．したがって，定理 12.17 より $f(X)$ は $\mathbb{E}^1$ の有界閉集合である．すなわち，$f(X)$ は上下に有界だから，定理 12.23 と註 12.24 より，$m = \inf f(X)$ と $M = \sup f(X)$ が存在する．また，$f(X)$ は $\mathbb{E}^1$ の閉集合だから，補題 12.25 より，m は $f(X)$ の最小元，M は $f(X)$ の最大元である．このとき，$m, M \in f(X)$

だから，$m=f(a)$ である点 $a\in X$ と $M=f(b)$ である点 $b\in X$ が存在する．ゆえに，f は a で最小値 m をとり，b で最大値 M をとる． □

閉区間はコンパクトだから，閉区間上の最大値・最小値の定理 9.31 は定理 12.20 から直ちに導かれる．

問 6 $\mathbb{R}$ の部分集合 $A=\{x\in\mathbb{Q}:x^2\leq 2\}$ と $B=\{x\in\mathbb{R}-\mathbb{Q}:x^2\leq 2\}$ の上限と下限をそれぞれ求めよ．

問 7 次の連続関数 f の最大値と最小値を求めよ．
(1) $f:[-2,2]\longrightarrow \mathbb{E}^1:x\longmapsto x/(x^2+1)$,
(2) $f:[0,2\pi]\longrightarrow \mathbb{E}^1;x\longmapsto x\sin x+\cos x$.

註 12.26 微分積分学では，最大値・最小値の定理から平均値の定理が導かれ，平均値の定理を使って，テイラー展開の存在やロピタルの定理などが証明される．コンパクト性は解析学の豊かな理論を生み出す源の 1 つである．また，定理 12.15 の証明が示すように，閉区間のコンパクト性は実数の連続性の結果であることにも注意しよう．

演習問題

1. 2 次元閉球体 $B^2=\{(x,y):x^2+y^2\leq 1\}$ は $\mathbb{E}^2$ のコンパクト集合である．$\mathbb{E}^2$ における B^2 の開被覆 $\mathcal{U}=\{U(\mathbb{E}^2,p,1):p\in B^2\}$ が含む B^2 の有限被覆の中で，要素の個数がもっとも少ないものを求めよ．

2. 離散空間 $(X,\mathcal{T})$ がコンパクトであるためには，X が有限集合であることが必要十分であることを示せ．

3. 位相空間 X の有限個のコンパクト集合 $A_1,A_2,\cdots,A_n$ に対して，和集合 $A_1\cup A_2\cup\cdots\cup A_n$ はまたコンパクトであることを示せ．

4. 任意の無限集合 X の 1 つの要素 x_0 を固定する．このとき，
$$\mathcal{T}=\{U\subseteq X:x_0\notin U \text{ または } X-U \text{ は有限集合}\}$$
は X の位相構造で，$(X,\mathcal{T})$ はコンパクト，ハウスドルフ空間であることを示せ．

5. 位相空間 X がコンパクトであるためには，有限交叉性をもつ任意の閉集合族 $\mathcal{F}$ に対して，$\bigcap \mathcal{F} \neq \varnothing$ が成り立つことが必要十分であることを証明せよ (有限交叉性については，第 7 章，演習問題 7 を見よ)．

6. コンパクト空間 X の有限交叉性をもつ閉集合族 $\mathcal{F}$ に対して，$F = \bigcap \mathcal{F}$ とおく．このとき，$F \subseteq U$ である X の任意の開集合 U に対して，
$$F_1 \cap F_2 \cap \cdots \cap F_n \subseteq U$$
を満たす有限個の要素 $F_1, F_2, \cdots, F_n \in \mathcal{F}$ が存在することを示せ．

7. ハウスドルフ空間の部分空間はまたハウスドルフ空間であることを示せ．

8. 位相空間 X からハウスドルフ空間 Y への単射，連続写像が存在するとき，X はハウスドルフ空間であることを示せ (結果として，ハウスドルフ空間であることは位相的性質である)．

9. ハウスドルフ空間 X の交わらないコンパクト集合 K, L に対し，$K \subseteq U$, $L \subseteq V$, $U \cap V = \varnothing$ を満たす X の開集合 U, V が存在することを示せ．

10. Weierstrass の定理 12.23 から，実数の連続性の公理を導け．

11. 集合 $A \subseteq \mathbb{R}$ に対し，上限 $s = \sup A$ が存在するとき，s は $\mathbb{E}^1$ における A の触点であることを示せ．

12. 距離空間 (X, d) の部分集合 A と点 $x \in X$ に対して，
$$d(x, A) = \inf\{d(x, y) : y \in A\}$$
と定めて，$d(x, A)$ を x と A の**距離**という．次の (1)–(3) を証明せよ．

(1) 関数 $f_A : X \longrightarrow \mathbb{E}^1 ; x \longmapsto d(x, A)$ は連続である．

(2) $\mathrm{Cl}_X A = \{x \in X : d(x, A) = 0\}$．

(3) A が X のコンパクト集合のとき，任意の点 $x \in X$ に対し，$d(x, A) = d(x, y)$ を満たす点 $y \in A$ が存在する．

第13章

連結空間

位相空間の連結性は，コンパクト性と同様，もっとも基本的な位相的性質であり，数学全般に広い応用をもつ．高校数学 III で学ぶ中間値の定理を連結空間の上で証明する．

13.1 位相空間の連結性

位相空間 X が連結であるとは，X が離れた 2 つ以上の部分に分かれていないことである．そのことを，開集合を用いて，次のように表現する．

定義 13.1 位相空間 X に対して，条件
$$X = U \cup V, \quad U \cap V = \emptyset, \quad U \neq \emptyset, \quad V \neq \emptyset \tag{13.1}$$
を満たす X の開集合 U, V が存在するとき，X は**連結でない**という．逆に，条件 (13.1) を満たす X の開集合 U, V が存在しないとき，X は**連結空間**である，または，X は**連結**であるという．

補題 13.2 任意の位相空間 X に対して，次の条件 (1), (2), (3) は同値である．

(1) X は連結空間である．

(2) 条件 (13.1) を満たす X の閉集合 U, V は存在しない．

(3) X の開集合であると同時に閉集合である集合 W で，$\emptyset \neq W \subsetneq X$ を満たすものは存在しない．

位相空間 X の開集合 U,V が (13.1) を満たすとき，関係 $U=X-V$, $V=X-U$ が成り立つから，U と V は X の閉集合でもある．この事実より，補題 13.2 が導かれる．完全な証明は，読者への問にしよう．

問 1 補題 13.2 の証明を完成させよ．

例 13.3 $\mathbb{E}^1$ の部分空間 $X=\{0\}\cup[1,2]$ は連結でない．なぜなら，
$$U=\{0\}, \quad V=[1,2]$$
とおくと，それらは条件 (13.1) を満たす．さらに，$\mathbb{E}^1$ の開集合 $G=(-1,1)$, $H=(0,3)$ を使って $U=G\cap X$, $V=H\cap X$ と表されるから，U と V はどちらも X の開集合である (系 11.21)．

☞ $\mathbb{E}^1$ の部分空間 $\mathbb{Q}$ は連結でない (第 11 章，問 9 (150 ページ))．

例 13.4 例 11.6 で与えた集合 $S=\{a,b,c\}$ 上の 2 つの位相構造 $\mathcal{T}_1, \mathcal{T}_2$ について，位相空間 $(S,\mathcal{T}_1)$ は連結でない．なぜなら，
$$U=\{a,b\}, \quad V=\{c\}$$
は (13.1) を満たす $(S,\mathcal{T}_1)$ の開集合だからである．他方，位相空間 $(S,\mathcal{T}_2)$ にはそのような開集合が存在しないから，$(S,\mathcal{T}_2)$ は連結である．

位相空間 Y と $X\subseteq Y$ に対して，「X は Y の**連結集合である**」または「Y の部分集合 X は**連結である**」ということがある．これは，X が Y の部分空間として連結空間であることを意味する．すなわち，条件 (13.1) を満たす X の開集合 U,V が存在しないということである．このことを Y の開集合を使って表現しておこう．

補題 13.5 位相空間 Y の部分集合 X が連結であるためには，条件
$$X\subseteq G\cup H, \quad G\cap H\cap X=\emptyset, \quad G\cap X\neq\emptyset, \quad H\cap X\neq\emptyset \quad (13.2)$$
を満たす Y の開集合 G,H が存在しないことが必要十分である．

証明 条件 (13.1) を満たす X の開集合 U,V が存在することと，(13.2) を満たす Y の開集合 G,H が存在することが同値であることを示せばよい (図 13.1 を見よ)．もし (13.1) を満たす X の開集合 U,V が存在したならば，定理 11.20 より $U=G\cap X$, $V=H\cap X$ である Y の開集合 G,H が存在する．こ

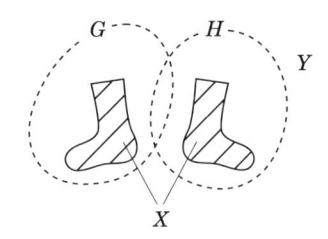

図 13.1 条件 (13.2) を満たす開集合 G, H.

のとき，G と H は (13.2) を満たす．逆に，(13.2) を満たす Y の開集合 G, H が存在したとする．このとき，$U = G \cap X, V = H \cap X$ とおくと，系 11.21 より，U と V は (13.1) を満たす X の開集合である． □

定理 13.6 連結空間 X から位相空間 Y への連続写像 f が存在するとき，$f(X)$ は Y の連結集合である．

証明 もし $f(X)$ が連結でないとすると，補題 13.5 より，
$$f(X) \subseteq G \cup H, \quad G \cap H \cap f(X) = \varnothing, \tag{13.3}$$
$$G \cap f(X) \neq \varnothing, \quad H \cap f(X) \neq \varnothing \tag{13.4}$$
を満たす Y の開集合 G, H が存在する．このとき，$U = f^{-1}(G), V = f^{-1}(H)$ とおくと，定理 11.25 より U と V は X の開集合である．(13.3) より，
$$X = U \cup V, \quad U \cap V = \varnothing \tag{13.5}$$
(下の問 2 を見よ)．さらに (13.4) より，$U \neq \varnothing$ かつ $V \neq \varnothing$．これらは X が連結空間であることに矛盾する．ゆえに，$f(X)$ は Y の連結集合である． □

問 2 上の証明で，(13.5) が成立することを確かめよ．

系 13.7 X, Y を位相空間とし，$f: X \longrightarrow Y$ を連続写像とする．このとき，X の任意の連結集合 A に対し，$f(A)$ は Y の連結集合である．

証明 制限写像 $f\!\upharpoonright_A : A \longrightarrow Y$ に定理 13.6 を適用せよ． □

系 13.8 位相空間 X と Y が位相同型のとき，もし X が連結ならば，Y も連結である．

証明 位相同型写像 $f: X \longrightarrow Y$ に定理 13.6 を適用せよ． □

13.2 連結成分

連結でない図形は，いくつかの連結な部分に自然に分かれている．この事実が，任意の位相空間に対して成立することを示そう．

補題 13.9 位相空間 X の連結集合の族 $\{A_\lambda : \lambda \in \Lambda\}$ が与えられたとする．このとき，$\bigcap_{\lambda \in \Lambda} A_\lambda \neq \varnothing$ ならば，和集合 $A = \bigcup_{\lambda \in \Lambda} A_\lambda$ は連結である．

証明 もし A が連結でないならば，補題 13.5 より，

$$A \subseteq G \cup H, \quad G \cap H \cap A = \varnothing, \quad G \cap A \neq \varnothing, \quad H \cap A \neq \varnothing \tag{13.6}$$

を満たす X の開集合 G, H が存在する．このとき，任意の $\lambda \in \Lambda$ に対して，G と H の両方が A_λ と交わることはない．なぜなら，もし $G \cap A_\lambda \neq \varnothing$ かつ $H \cap A_\lambda \neq \varnothing$ ならば，(13.6) より

$$A_\lambda \subseteq G \cup H, \quad G \cap H \cap A_\lambda = \varnothing$$

だから，A_λ の連結性に矛盾するからである．

いま $\bigcap_{\lambda \in \Lambda} A_\lambda \neq \varnothing$ だから，G と H の少なくとも一方は $\bigcap_{\lambda \in \Lambda} A_\lambda$ と交わる．すなわち，G と H の一方はすべての A_λ と交わる．このとき，上に示したことから，G と H の他方はどの A_λ とも交わることができない．したがって，$G \cap A = \varnothing$ または $H \cap A = \varnothing$．これは (13.6) に矛盾する．ゆえに，A は連結である． □

補題 13.10 位相空間 X の連結集合 A に対して，$A \subseteq B \subseteq \mathrm{Cl}_X A$ を満たす任意の部分集合 B は連結である．

証明 もし条件を満たす B が連結でないならば，補題 13.5 より，

$$B \subseteq G \cup H, \quad G \cap H \cap B = \varnothing, \quad G \cap B \neq \varnothing, \quad H \cap B \neq \varnothing$$

を満たす X の開集合 G, H が存在する．いま，$A \subseteq B$ だから，

$$A \subseteq G \cup H, \quad G \cap H \cap A = \varnothing. \tag{13.7}$$

任意に点 $x \in G \cap B$ をとると，$x \in B \subseteq \mathrm{Cl}_X A$．このとき，$G$ は x の近傍だから，$G \cap A \neq \varnothing$．同様に $H \cap A \neq \varnothing$ も成立するから，(13.7) と補題 13.5 より，A の連結性に矛盾が生じる．ゆえに，B は連結である． □

定義 13.11 位相空間 X における二項関係 R を，X の 2 点 x, y に対して，x と y の両方を含む X の連結集合が存在するとき，xRy と定めることによって定義する．このとき，R は同値関係である（下の問 3 を見よ）．同値関係 R による各同値類を X の**連結成分**とよぶ．

問 3 上で定めた二項関係 R が同値関係であることを示せ．

定理 13.12 位相空間 X の点 x を含む連結成分を $C(x)$ とする．$C(x)$ は X の極大連結集合である．すなわち，$C(x)$ は X の連結集合で，$C(x) \subsetneq C$ を満たす X の連結集合 C は存在しない．さらに，$C(x)$ は X の閉集合である．

証明 同値関係 R の定義より，
$$C(x) = \bigcup \{A : A \text{ は } x \in A \text{ を満たす } X \text{ の連結集合}\} \tag{13.8}$$
が成り立つ．したがって，補題 13.9 より $C(x)$ は連結である．また，$C(x) \subseteq C$ を満たす X の任意の連結集合 C をとると，C は x を含むから，(13.8) より $C(x) = C$ が成立する．ゆえに，$C(x)$ は極大連結集合である．

最後に，補題 13.10 より $\mathrm{Cl}_X C(x)$ は連結だから，$C(x)$ の極大性より，$C(x) = \mathrm{Cl}_X C(x)$ が成立する．ゆえに，$C(x)$ は X の閉集合である． □

☞ 任意の位相空間は，連結成分の族によって分割される．
☞ $\mathbb{E}^1$ の部分空間 $X = \{0\} \cup [1, 2]$ の連結成分は $\{0\}$ と $[1, 2]$．
☞ 例 11.6 の位相空間 $(S, \mathcal{T}_1)$ の連結成分は $\{a, b\}$ と $\{c\}$．

問 4 $\mathbb{E}^1$ の部分空間 $\mathbb{Q}$ の任意の連結成分は，$\mathbb{Q}$ の 1 点だけからなる集合であることを示せ．

問 5 位相空間 X の連結集合の族 $\{A_1, A_2, \cdots, A_n\}$ が与えられたとする．各 $i = 1, 2, \cdots, n-1$ に対して $A_i \cap A_{i+1} \neq \emptyset$ ならば，和集合 $A_1 \cup A_2 \cup \cdots \cup A_n$ は連結であることを示せ．

13.3 $\mathbb{E}^n$ の連結集合と中間値の定理

定理 13.13 任意の閉区間 $I = [a, b]$ $(a < b)$ は $\mathbb{E}^1$ の連結集合である．

証明 閉区間 $I=[a,b]$ が連結でないと仮定する．このとき，補題 13.5 より，
$$I\subseteq G\cup H, \quad G\cap H\cap I=\emptyset, \quad G\cap I\neq\emptyset, \quad H\cap I\neq\emptyset$$
を満たす $\mathbb{E}^1$ の開集合 G,H が存在する．いま，$b\in G$ または $b\in H$ だから，$b\in H$ であると仮定する ($b\in G$ の場合も同様に証明できる)．任意の $a'\in G\cap I$ をとると，G と H は $\mathbb{E}^1$ の開集合だから，
$$(a'-\varepsilon_1, a'+\varepsilon_1)\subseteq G, \quad (b-\varepsilon_2, b+\varepsilon_2)\subseteq H$$
を満たす $\varepsilon_1>0$ と $\varepsilon_2>0$ が存在する．集合 $G\cap I$ は上に有界だから，定理 12.23 より，上限 $c=\sup(G\cap I)$ が存在する．このとき，
$$a\leq a'<a'+\varepsilon_1\leq c\leq b-\varepsilon_2<b.$$
すなわち，$c\in I$ だから，$c\in G$ または $c\in H$．もし $c\in G$ ならば，
$$(c-\delta, c+\delta)\subseteq G$$
を満たす $\delta>0$ が存在する．このとき，$c<x<c+\delta$ を満たす $x\in G\cap I$ が存在するから，$c=\sup(G\cap I)$ であることに矛盾する．もし $c\in H$ ならば，
$$(c-\gamma, c+\gamma)\subseteq H$$
を満たす $\gamma>0$ が存在する．このとき，$G\cap(c-\gamma,c]=\emptyset$ だから，補題 12.22 より，$c=\sup(G\cap I)$ であることに矛盾する．ゆえに，いずれの場合も矛盾が生じるから，I は連結である． □

以後，本節では $I=[0,1]$ とおいて，I は $\mathbb{E}^1$ の部分空間であると考える．

定義 13.14 位相空間 X の任意の 2 点 x,y に対して，$f(0)=x, f(1)=y$ を満たす連続写像 $f:I\longrightarrow X$ が存在するとき，X は**弧状連結**または**道連結**であるという．また，このとき，写像 f を x と y を結ぶ (X における) **弧**または**道**という (図 13.2 を見よ)．

註 13.15 定義 13.14 において，写像 f を弧または道とよぶ場合と，像 $f(I)$ を弧または道とよぶ場合がある．実用上の差はないが，本書では前者の流儀を採用する．

補題 13.16 位相空間 X の任意の 2 点に対して，それらの両方を含む X の連結集合が存在するとき，X は連結である．

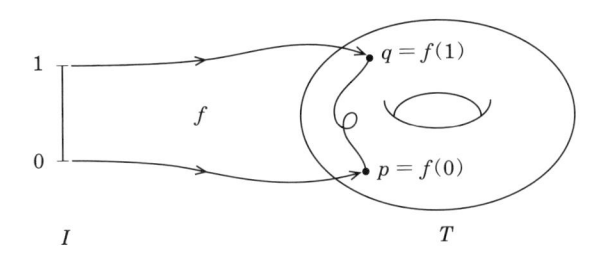

図 13.2 トーラス T の 2 点 p, q を結ぶ弧 $f: I \longrightarrow T$.

証明 空集合は連結だから，$X \neq \emptyset$ の場合を考えればよい．このとき，R を定義 13.11 で定めた同値関係とすると，仮定より，任意の 2 点 $x, y \in X$ に対して xRy が成立する．結果として，X 自身が X の連結成分だから，定理 13.12 より X は連結である． □

定理 13.17 任意の弧状連結空間 X は連結である．

証明 任意の 2 点 $x, y \in X$ に対して，x と y を結ぶ弧 $f: I \longrightarrow X$ が存在する．このとき，定理 13.6 より，$f(I)$ は x と y の両方を含む X の連結集合である．ゆえに，補題 13.16 より，X は連結である． □

以後，必要に応じて，点 $p \in \mathbb{E}^n$ を位置ベクトル $\vec{p}$ で表す．

定義 13.18 任意の 2 点 $p, q \in \mathbb{E}^n$ に対し，$\mathbb{E}^n$ の部分集合
$$[p, q] = \{(1-t)\vec{p} + t\vec{q} : 0 \leq t \leq 1\}$$
を，p, q を結ぶ**線分**という．$\mathbb{E}^n$ の部分集合 X は，任意の 2 点 $p, q \in X$ に対して $[p, q] \subseteq X$ が成り立つとき，**凸集合**とよばれる．凸集合とは「くぼみ」のない図形のことである．

☞ $\mathbb{E}^n$ と例 8.4 の n 次元閉球体 B^n は $\mathbb{E}^n$ の凸集合である．

定理 13.19 $\mathbb{E}^n$ の凸集合である部分空間は弧状連結である．

証明 X を $\mathbb{E}^n$ の凸集合とする．任意の 2 点 $p, q \in X$ に対して，$[p, q] \subseteq X$ が成り立つから，写像
$$f: I \longrightarrow X : t \longmapsto (1-t)\vec{p} + t\vec{q} \tag{13.9}$$

が定義できる．このとき，f は連続だから (下の問 6 を見よ)，f は p と q を結ぶ X における弧である．ゆえに，X は弧状連結である． □

問 6 (13.9) で定義した写像 f は連続であることを示せ．

☞ $\mathbb{E}^n$ は弧状連結空間である (定理 13.19)．

☞ n 次元閉球体 B^n は $\mathbb{E}^n$ の弧状連結部分空間である (定理 13.19)．

定理 13.20 $\mathbb{E}^1$ の任意の部分空間 X に対して，次の (1)–(3) は同値である．

(1) X は凸集合である．

(2) X は弧状連結である．

(3) X は連結である．

証明 (1) $\Longrightarrow$ (2), (2) $\Longrightarrow$ (3) はそれぞれ定理 13.19, 13.17 の結果である．(3) $\Longrightarrow$ (1) の対偶を示す．もし X が凸集合でないならば，ある 2 点 $a, b \in X$ $(a < b)$ が存在して，$[a,b] \not\subseteq X$．点 $c \in [a,b] - X$ をとると，$a < c < b$．このとき，$U = (-\infty, c), V = (c, +\infty)$ とおくと，U と V は $\mathbb{E}^1$ の開集合で，

$$X \subseteq U \cup V, \quad U \cap V \cap X = \emptyset, \quad a \in U \cap X, \quad b \in V \cap X.$$

ゆえに，補題 13.5 より X は連結でない． □

$\mathbb{E}^1$ の凸集合は，$\mathbb{E}^1$ 自身と例 1.5 で定義した 8 つの形の区間と無限区間，および，1 点集合と空集合である．

定理 13.20 の 3 条件について，$\mathbb{E}^n$ の任意の部分空間 X に対して，

$$凸集合 \Longrightarrow 弧状連結 \Longrightarrow 連結$$

が成立するが，$n \geq 2$ のとき，それらの逆が成立するとは限らない．実際，2 次元球面やトーラスのような凸集合でない多くの弧状連結集合が存在する．次の例は，弧状連結でない連結集合の例である．

例 13.21 $\mathbb{E}^2$ において，

$$A = \{(0, y) : |y| \leq 1\}, \quad B = \left\{\left(x, \sin \frac{1}{x}\right) : 0 < x \leq 1\right\}$$

とおく (図 13.3 を見よ)．このとき，$\mathbb{E}^2$ の部分空間 $X = A \cup B$ は連結であるが，弧状連結でないことを示す．集合 B は連続関数

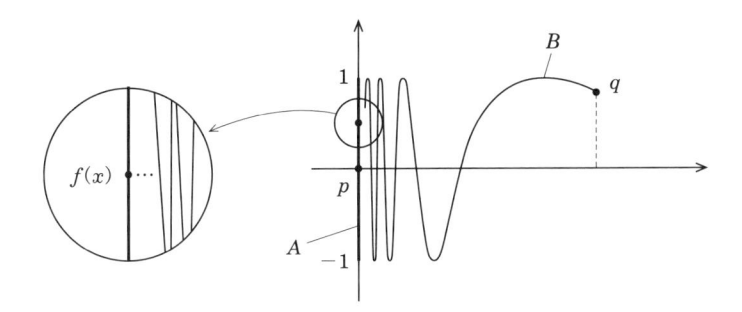

図 13.3 左の拡大図より, $U(X, f(x), 1/4)$ の任意の連結部分集合は, A, B の両方と交わることができない.

$$g : (0, 1] \longrightarrow \mathbb{E}^1 \, ; x \longmapsto \sin \frac{1}{x}$$

のグラフだから, $B \approx (0, 1]$ が成り立つ (例題 9.30). 定理 13.20 より区間 $(0, 1]$ は連結だから, 系 13.8 より B も連結である. さらに, A の各点は B の触点だから, $B \subseteq X \subseteq \mathrm{Cl}_{\mathbb{E}^2} B$. ゆえに, 補題 13.10 より X は連結である.

次に, 2 点 $p = (0, 0)$ と $q = (1, \sin 1)$ を結ぶ X における弧が存在しないことを示そう. もし p と q を結ぶ弧 $f : I \longrightarrow X$ が存在したと仮定する. このとき, $U = f^{-1}(A), V = f^{-1}(B)$ とおくと, $f(0) = p, f(1) = q$ だから,

$$I = U \cup V, \quad U \cap V = \varnothing, \quad 0 \in U, \quad 1 \in V.$$

したがって, U と V がともに I の開集合であることを示せば, 区間 I の連結性に矛盾が生じる. はじめに, B は X の開集合である. なぜなら, $\mathbb{E}^2$ の開集合 $G = (0, +\infty) \times \mathbb{R}$ に対して, $B = G \cap X$ が成立するからである (系 11.21). したがって, 定理 11.25 より V は I の開集合である. 次に, U が I の開集合であることを示すために, 任意の点 $x \in U$ をとる. 写像 f は x で連続だから, $\varepsilon = 1/4$ に対して, ある $\delta > 0$ が存在して,

$$f(U(I, x, \delta)) \subseteq U(X, f(x), 1/4)$$

が成り立つ. ここで, $J = U(I, x, \delta)$ とおくと, $J = (x - \delta, x + \delta) \cap I$ だから, J は連結. したがって, 系 13.7 より $f(J)$ も連結である. 図 13.3 の拡大図が示すように, $U(X, f(x), 1/4)$ の任意の連結部分集合は A と B の両方と同時に交わることができない (下の問 7 を見よ). いま $f(x) \in f(J) \cap A$ だから, こ

の事実より $f(J)\cap B=\emptyset$, すなわち,
$$f(U(I,x,\delta))=f(J)\subseteq A.$$
結果として, $U(I,x,\delta)\subseteq U$ が成り立つから, 補題 10.5 より U は I の開集合である. 以上により, X は弧状連結でない.

問 7 上の証明で, $U(X,f(x),1/4)$ の任意の連結部分集合は A と B の両方と同時に交わることができないことを説明せよ.

例題 13.22 $\mathbb{E}^2\not\approx\mathbb{E}^1$ であることを証明せよ.

証明 もし $\mathbb{E}^2\approx\mathbb{E}^1$ ならば, 位相同型写像 $f:\mathbb{E}^2\longrightarrow\mathbb{E}^1$ が存在する. いま $f(p)=0$ である点 $p\in\mathbb{E}^2$ をとると, f は全単射だから,
$$f(\mathbb{E}^2-\{p\})=\mathbb{E}^1-\{0\}.$$
$\mathbb{E}^2-\{p\}$ は連結であるが, $\mathbb{E}^1-\{0\}$ は連結でない. これは系 13.7 に矛盾する. ゆえに, $\mathbb{E}^2\not\approx\mathbb{E}^1$. □

註 13.23 一般に, $m\neq n$ ならば $\mathbb{E}^m\not\approx\mathbb{E}^n$ が成り立つが, その証明は本書の範囲を越えている (参考書 [17] を見よ).

問 8 $\mathbb{E}^1$ の任意の開区間と半開区間は位相同型でないことを示せ.

問 9 任意の関数 $f:\mathbb{E}^1\longrightarrow\mathbb{E}^1$ に対して, もし f が連続ならば, f のグラフ $G(f)$ は $\mathbb{E}^2$ の連結集合であることを示せ. また, 逆が成立するかどうかを考えよ.

本章の最後に, 連結空間の上で中間値の定理を証明しよう.

定理 13.24 (中間値の定理) 連結空間 X 上の実数値連続関数 f が X の 2 点 a,b において $f(a)\neq f(b)$ であるとする. このとき, $f(a)$ と $f(b)$ の間の任意の実数 k に対して, $f(x)=k$ を満たす点 $x\in X$ が存在する.

証明 はじめに $f(a)<f(b)$ であると仮定する (逆の場合も同様に証明できる). いま X は連結で f は連続だから, 定理 13.6 より $f(X)$ は $\mathbb{E}^1$ の連結集合である. したがって, 定理 13.20 より $f(X)$ は $\mathbb{E}^1$ の凸集合だから,
$$[f(a),f(b)]\subseteq f(X).$$

ゆえに，$f(a) < k < f(b)$ である任意の k は $f(X)$ に属するから，$k = f(x)$ を満たす点 $x \in X$ が存在する． □

　高校数学 III で学ぶ中間値の定理は，定理 13.24 の X が閉区間の場合である．したがって，それは閉区間の連結性に基づいているといえる．また，定理 13.13 の証明が示すように，区間の連結性は実数の連続性の結果であることにも注意しよう．

問 10　方程式 $x\sin^2 x = (x-3)^2 \cos x$ は，区間 $[0, \pi]$ 内に実数解をもつことを示せ．

問 11　n が奇数のとき，方程式 $x^n + a_1 x^{n-1} + \cdots + a_{n-1} x + a_n = 0$, ただし，$a_1, a_2, \cdots, a_n \in \mathbb{R}$, は少なくとも 1 つ実数解をもつことを示せ．

問 12　距離空間 (X, d) が連結のとき，任意の異なる 2 点 $a, b \in X$ に対して，$d(a, x) = d(b, x)$ を満たす点 $x \in X$ が存在することを示せ．

註 13.25　微分積分学では，中間値の定理は陰関数の定理の証明などに使われる．中間値の定理の主張は一見自明なように思われるが，自明でないさまざまな命題が導かれることが知られている (参考書 [8], [21] を見よ)．

演習問題

1. 第 11 章, 演習問題 1 で求めた位相構造を使って作られる 29 個の位相空間を，連結空間と連結でない空間に分類せよ．

2. 位相空間 X の部分集合族 $\{A_\lambda : \lambda \in \Lambda\}$ が与えられ，各 A_λ が連結集合で任意の $\lambda, \mu \in \Lambda$ に対して，$A_\lambda \cap A_\mu \neq \emptyset$ が成り立つとする．このとき，和集合 $\bigcup_{\lambda \in \Lambda} A_\lambda$ は X の連結集合であることを示せ．

3. 位相空間 X が連結であるためには，$f(X) = \{0, 1\}$ を満たす X 上の実数値連続関数 f が存在しないことが必要十分であることを示せ．

4. 位相空間 X の 2 つの閉集合 A, B に対して，もし $A \cup B$ と $A \cap B$ が X の連結集合ならば，A と B はともに X の連結集合であることを示せ．

5. ハウスドルフ空間の 2 点以上を含む任意の連結集合は，孤立点をもたない無限集合であることを示せ．

6. 弧状連結空間 X から位相空間 Y への連続写像 f が存在するとき，Y の部分空間 $f(X)$ は弧状連結であることを示せ (結果として，弧状連結性は位相的性質である).

7. 位相空間 X の 3 点 x, y, z に対し，もし x と y を結ぶ弧と y と z を結ぶ弧が存在するならば，x と z を結ぶ弧が存在することを示せ.

8. $\mathbb{E}^n$ の任意の連結開集合は弧状連結であることを示せ.

9. $n \geq 2$ のとき，例 8.4 の $n-1$ 次元球面 S^{n-1} は弧状連結であることを示せ.

10. $\mathbb{E}^2$ の任意の高々可算な部分集合 A に対して，$\mathbb{E}^2 - A$ は $\mathbb{E}^2$ の連結集合であることを示せ.

11. 任意の異なる自然数 m, n に対し，$\mathbb{E}^1$ の部分空間 $\mathbb{E}^1 - \{1, 2, \cdots, m\}$ と $\mathbb{E}^1 - \{1, 2, \cdots, n\}$ は位相同型でないことを示せ.

12. 閉区間 $I = [0,1] \subseteq \mathbb{E}^1$ と円周 $S^1 = \{(x,y) : x^2 + y^2 = 1\} \subseteq \mathbb{E}^2$ は位相同型でないことを示せ.

13. 例 9.32 で与えた距離空間 $(C(I), d_1)$ と $(C(I), d_\infty)$ はともに弧状連結空間であることを示せ.

14. 閉区間 $I = [0,1] \subseteq \mathbb{E}^1$ と任意の連続写像 $f: I \longrightarrow I$ に対して，$f(a) + 4a^4 + 2a^2 = 7a^5$ を満たす $a \in I$ が存在することを示せ.

15. 連結距離空間 (X, d) の任意の 2 点 x, y と任意の $\varepsilon > 0$ に対して，有限個の点 $x_1, x_2, \cdots, x_n \in X$ で，$x = x_1, y = x_n$ かつ，各 $i = 1, 2, \cdots, n-1$ に対して $d(x_i, x_{i+1}) < \varepsilon$ を満たすものが存在することを証明せよ.

16. ハウスドルフ空間 X の任意の空でないコンパクト連結集合の列
$$C_1 \supseteq C_2 \supseteq \cdots \supseteq C_n \supseteq C_{n+1} \supseteq \cdots$$
に対して，$\bigcap_{n \in \mathbb{N}} C_n$ はまた空でないコンパクト連結集合であることを示せ.

第14章

距離空間のコンパクト性と完備性

本章では，主に距離空間について考える．距離空間のコンパクト性は，集積点や点列などの概念を使って特徴付けられる．また，距離空間がもつ性質として特に重要な完備性について考察する．

14.1 距離空間のコンパクト性

本節の目標は，次の定理を証明することである．

定理 14.1 任意の距離空間 X に対して，次の 3 条件は同値である．

(1) X はコンパクトである．
(2) X の任意の無限部分集合は集積点をもつ．
(3) X の任意の点列は収束する部分列を含む．

本定理を 3 つの命題に分けて証明する．最初の命題は，定理 14.1 (1) $\Longrightarrow$ (2) が任意の位相空間に対して成立することを示している．

命題 14.2 コンパクト空間 X の任意の無限部分集合は集積点をもつ．

証明 集積点をもたない任意の集合 $A \subseteq X$ が有限集合であることを示せばよい．各 $x \in X$ は A の集積点でないから，

$$U(x) \cap (A - \{x\}) = \varnothing \tag{14.1}$$

を満たす近傍 $U(x)$ をもつ．このとき，$\mathcal{U} = \{U(x) : x \in X\}$ とおくと，$\mathcal{U}$ は X の開被覆である．いま X はコンパクトだから，$\mathcal{U}$ は有限部分被覆をもつ，すなわち，有限個の点 $x_1, x_2, \cdots, x_n \in X$ が存在して，

$$X = U(x_1) \cup U(x_2) \cup \cdots \cup U(x_n)$$

とできる．各 $i = 1, 2, \cdots, n$ に対して，(14.1) より $U(x_i) \cap A \subseteq \{x_i\}$ だから，

$$\begin{aligned}A = X \cap A &= (U(x_1) \cup U(x_2) \cup \cdots \cup U(x_n)) \cap A \\&= (U(x_1) \cap A) \cup (U(x_2) \cap A) \cup \cdots \cup (U(x_n) \cap A) \\&\subseteq \{x_1, x_2, \cdots, x_n\}.\end{aligned}$$

ゆえに，A は有限集合である． □

定義 14.3 距離空間 X の点列 $\{x_n\}$ が与えられたとする．このとき，条件

$$(\forall i, j \in \mathbb{N})(i < j \text{ ならば } k(i) < k(j))$$

を満たす任意の写像 $k: \mathbb{N} \rightarrow \mathbb{N}$ に対して，点列 $\{x_{k(i)}\}$ を $\{x_n\}$ の (写像 k によって定められる) **部分列**とよぶ．

☞ $\mathbb{E}^1$ の点列 $\{x_n = (-1)^n\}$ は収束しないが，$\{x_n\}$ の写像 $k(i) = 2i$ によって定められる部分列 $\{x_{k(i)}\}$ は 1 に収束する．

次の命題は，定理 14.1 (2) $\Longrightarrow$ (3) が成立することを示す．

命題 14.4 距離空間 X の任意の無限部分集合が集積点をもつとする．このとき，X の任意の点列は収束する部分列を含む．

証明 任意の点列 $\{x_n\}$ をとる．もし無限個の n に対して x_n が同じ点ならば，明らかに $\{x_n\}$ はその点に収束する部分列を含む．そうでないとき，集合 $A = \{x_n : n \in \mathbb{N}\}$ は無限集合だから，仮定より A の集積点 $x \in X$ が存在する．このとき，任意の $\varepsilon > 0$ に対して，$U(x, \varepsilon) \cap A$ は無限集合である (下の問 1 を見よ)．そこで，$x_n \in U(x, 1)$ を満たす n を任意に選んで，$k(1) = n$ とおく．すべての自然数 $i \geq 2$ に対して，$U(x, 1/i) \cap A$ は無限集合だから，

$$k(i-1) < k(i) \quad \text{かつ} \quad x_{k(i)} \in U(x, 1/i)$$

を満たす $k(i) \in \mathbb{N}$ を選ぶことができる．このとき，$d(x, x_{k(i)}) < 1/i \longrightarrow 0$ だから，$x_{k(i)} \longrightarrow x$．ゆえに，$\{x_n\}$ は収束する部分列を含む． □

問 1 上の証明において, 任意の $\varepsilon>0$ に対して, $U(x,\varepsilon)\cap A$ は無限集合であることを示せ.

定義 14.5 距離空間 (X,d) と $A\subseteq X$ に対し, 集合 $D_A=\{d(x,y):x,y\in A\}$ が上に有界のとき, $\sup D_A$ を A の**直径** (diameter) とよび, $\mathrm{diam}(A)$ で表す. D_A が上に有界でないとき, $\mathrm{diam}(A)=+\infty$ と書く. 任意の正数 ε に対して, 直径 ε 未満の集合からなる (X,d) の有限被覆が存在するとき, (X,d) は**全有界**であるという.

補題 14.6 距離空間 (X,d) の任意の点列が収束する部分列を含むとする. このとき, 次の (1), (2) が成立する.

(1) (X,d) は全有界である.

(2) (X,d) の任意の開被覆 $\mathcal{U}$ に対して, ある正数 ε が存在して,
$$(\forall A\subseteq X)(\mathrm{diam}(A)<\varepsilon \text{ ならば } (\exists U\in\mathcal{U})(A\subseteq U)) \tag{14.2}$$
が成立する (上の条件 (14.2) を満たす正数 ε を $\mathcal{U}$ の**ルベーグ数**という).

証明 (1) 任意の $\varepsilon>0$ をとる. 各 $x\in X$ に対して, $U(x)=U(x,\varepsilon/3)$ とおくと, $\mathrm{diam}(U(x))<\varepsilon$. したがって, X の開被覆 $\mathcal{U}=\{U(x):x\in X\}$ が有限部分被覆をもつことを示せばよい. いま, 任意に $x_1\in X$ をとる. もし $\mathcal{U}$ が有限部分被覆をもたないならば, すべての自然数 $n\geq 2$ に対し, 帰納的に
$$x_n\in X-(U(x_1)\cup U(x_2)\cup\cdots\cup U(x_{n-1}))$$
を満たす点 x_n をとることができる. このとき, 任意の $i,j\in\mathbb{N}$ に対し, もし $i\neq j$ ならば $d(x_i,x_j)\geq\varepsilon/3$ だから, 点列 $\{x_n\}$ は収束する部分列を含まない. これは仮定に矛盾するから, $\mathcal{U}$ は有限部分被覆をもつ.

(2) 背理法で証明する. ある開被覆 $\mathcal{U}$ に対してルベーグ数が存在しないと仮定すると, 任意の $n\in\mathbb{N}$ に対して, ある $A_n\subseteq X$ が存在して,
$$\mathrm{diam}(A_n)<1/n \quad \text{かつ} \quad (\forall U\in\mathcal{U})(A_n\not\subseteq U). \tag{14.3}$$
(14.3) の右の主張より $A_n\neq\varnothing$ であることに注意しよう. 各 $n\in\mathbb{N}$ に対し, 任意に点 $x_n\in A_n$ を選ぶと, 仮定より, 点列 $\{x_n\}$ は収束する部分列 $\{x_{k(i)}\}$ を含む. すなわち, ある $x\in X$ に対して $x_{k(i)}\longrightarrow x$. いま $\mathcal{U}$ は X の開被覆だから, $x\in U$ である $U\in\mathcal{U}$ と, $U(x,\varepsilon)\subseteq U$ を満たす x の ε-近傍が存在する.

このとき，$1/k(j) < \varepsilon/2$ かつ $d(x, x_{k(j)}) < \varepsilon/2$ を満たす $j \in \mathbb{N}$ をとると，
$$A_{k(j)} \subseteq U(x, \varepsilon).$$
なぜなら，$x_{k(j)} \in A_{k(j)}$ であり $\mathrm{diam}(A_{k(j)}) < 1/k(j) < \varepsilon/2$ だから，任意の $y \in A_{k(j)}$ に対して $d(x, y) \le d(x, x_{k(j)}) + d(x_{k(j)}, y) < \varepsilon/2 + \varepsilon/2 = \varepsilon$ が成り立つからである．結果として，$A_{k(j)} \subseteq U$．これは (14.3) に矛盾する． □

次の命題は，定理 14.1 の証明を完成する．

命題 14.7 距離空間 X の任意の点列が収束する部分列を含むとする．このとき，X はコンパクトである．

証明 X の任意の開被覆 $\mathcal{U}$ が有限部分被覆をもつことを示す．補題 14.6 (2) より，$\mathcal{U}$ のルベーグ数 ε が存在する．補題 14.6 (1) より，直径 ε 未満の集合からなる X の有限被覆 $\{V_1, V_2, \cdots, V_n\}$ が存在する．ルベーグ数の定義より，各 $i = 1, 2, \cdots, n$ に対して，$V_i \subseteq U_i$ を満たす $U_i \in \mathcal{U}$ が存在するから，
$$X = V_1 \cup V_2 \cup \cdots \cup V_n \subseteq U_1 \cup U_2 \cup \cdots \cup U_n.$$
ゆえに，$\mathcal{U}$ は有限部分被覆 $\{U_1, U_2, \cdots, U_n\}$ をもつ． □

系 14.8 任意のコンパクト距離空間は全有界である．

註 14.9 $\mathbb{E}^n$ の任意の部分集合 A に対して，次の 3 条件は同値である．

(1) A は定義 12.16 の意味で有界である．
(2) $\mathrm{diam}(A) < +\infty$．
(3) $\mathbb{E}^n$ の部分空間として，A は全有界である．

一般に，距離空間 X が $\mathrm{diam}(X) < +\infty$ を満たすとき，X は**有界**であるという．距離空間が全有界ならば有界であるが，逆は成立しない．たとえば，無限濃度の離散距離空間は有界であるが全有界でない．

距離空間の有界性や全有界性は位相的性質ではないことに注意しよう（註 12.19 を見よ）．全有界性から導かれる位相的性質の 1 つを紹介する．

定義 14.10 位相空間 X の部分集合 A に対し，$\mathrm{Cl}_X A = X$ が成り立つとき，A は X で**稠密**であるという．位相空間 X が高々可算な稠密部分集合をもつとき，X は**可分**である，または，X は**可分空間**であるという．

☞ $\mathbb{E}^n$ は可算稠密集合 $\mathbb{Q}^n$ をもつから可分である．

補題 14.11 位相空間 X の部分集合 A が X で稠密であるためには，X の任意の空でない開集合が A と交わることが必要十分である．

証明 X の任意の空でない開集合が A と交わるとする．これは，X の任意の点の任意の近傍が A と交わることを意味するから，X の点はすべて A の触点である．ゆえに，A は X で稠密である．逆に，もし X の空でない開集合 U に対して $U \cap A = \varnothing$ ならば，U の点は A の触点でない．このとき，A は X で稠密でないから，逆も成立する． □

定理 14.12 任意の全有界距離空間は可分である．

証明 距離空間 (X, d) が全有界であるとする．任意の $n \in \mathbb{N}$ に対して，直径 $1/n$ 未満の集合からなる X の有限被覆 $\mathcal{V}_n$ が存在する．各 $V \in \mathcal{V}_n$ から点 $a_V \in V$ を任意に選び，$A_n = \{a_V : V \in \mathcal{V}_n\}$ とおく．このとき，各 A_n は有限集合だから，和集合 $A = \bigcup_{n \in \mathbb{N}} A_n$ は高々可算である (例題 6.31)．

次に，A が X で稠密であることを示す．X の任意の空でない開集合 U と任意の点 $x \in U$ をとると，$U(x, \varepsilon) \subseteq U$ を満たす x の ε-近傍が存在する．さらに，$1/n < \varepsilon$ である $n \in \mathbb{N}$ をとると，$\mathcal{V}_n$ は X の被覆だから，$x \in V$ である $V \in \mathcal{V}_n$ が存在する．このとき，$x, a_V \in V$ かつ $\mathrm{diam}(V) < 1/n$ だから，$d(x, a_V) < 1/n < \varepsilon$．したがって，$a_V \in U(x, \varepsilon) \cap A \subseteq U \cap A$．ゆえに，補題 14.11 より，$A$ は X で稠密である．以上により，X は可分である． □

問 2 任意の位相空間 X, Y と全射連続写像 $f: X \longrightarrow Y$ に対し，もし X が可分ならば，Y も可分であることを示せ (結果として，可分性は位相的性質である)．

14.2 距離空間の完備性

定義 14.13 距離空間 (X, d) の点列 $\{x_n\}$ が**基本列**または**コーシー列**であるとは，任意の正数 ε に対して，自然数 n_ε が存在して，

$$(\forall m, n \in \mathbb{N})(m > n_\varepsilon \text{ かつ } n > n_\varepsilon \text{ ならば}, d(x_m, x_n) < \varepsilon)$$

が成り立つことをいう (図 14.1 を見よ)．

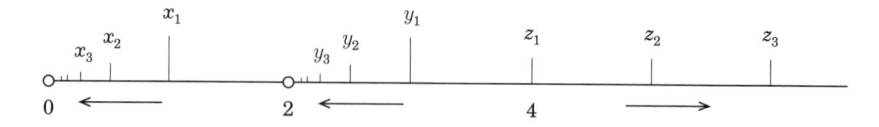

図 **14.1** $\mathbb{E}^1$ の部分空間 $X=(0,+\infty)-\{2\}$. 3 つの点列 $\{x_n=1/n\}$, $\{y_n=2+1/n\}$, $\{z_n=n+3\}$ の中で, $\{x_n\}$ と $\{y_n\}$ が X の基本列である. いずれも X の収束列でないことに注意しよう.

定義 14.14 距離空間 X が**完備**であるとは, X の任意の基本列が収束する, すなわち, X の任意の基本列が X の中に極限点をもつことをいう.

例 14.15 $\mathbb{E}^1$ の部分空間 $\mathbb{Q}$ は完備でない. $\sqrt{2}$ に収束する有理数列 $\{x_n\}$ は $\mathbb{Q}$ の基本列である. なぜなら, 収束の定義より, 任意の $\varepsilon > 0$ に対して,
$$(\forall n \in \mathbb{N})(n > n_0 \text{ ならば } |\sqrt{2}-x_n| < \varepsilon/2)$$
を満たす $n_0 \in \mathbb{N}$ が存在する. このとき, $m, n > n_0$ ならば,
$$|x_m - x_n| = |(x_m - \sqrt{2}) + (\sqrt{2} - x_n)|$$
$$\leq |\sqrt{2} - x_m| + |\sqrt{2} - x_n| < \varepsilon/2 + \varepsilon/2 = \varepsilon$$
が成り立つからである. 基本列 $\{x_n\}$ は $\mathbb{Q}$ に極限点をもたないから, $\mathbb{Q}$ は完備でない.

例 14.16 $\mathbb{E}^1$ の部分空間 $J=(-1,1)$ は完備でない. 点列 $\{x_n=n/(n+1)\}$ は J の基本列であるが, J に極限点をもたないからである.

☞ 距離空間 X の任意の収束列は基本列である (確かめよ).

基本列とは, 収束列と図 14.1 の $\{x_n\}$ や $\{y_n\}$ のような点列をあわせた概念である. したがって, 完備であるとは, 後者のような基本列が存在しないこと, すなわち, 少し大胆にいえば, 空間に「すき間」がないということである.

補題 14.17 距離空間 (X,d) の基本列 $\{x_n\}$ がある点 $x \in X$ に収束する部分列を含むならば, $\{x_n\}$ も x に収束する.

証明 基本列 $\{x_n\}$ の部分列 $\{x_{k(i)}\}$ が x に収束したとする. 任意の $\varepsilon > 0$ に対して, 基本列の定義より, ある $n_0 \in \mathbb{N}$ が存在して,
$$(\forall m, n \in \mathbb{N})(m, n > n_0 \text{ ならば } d(x_m, x_n) < \varepsilon/2). \tag{14.4}$$

いま $x_{k(i)} \longrightarrow x$ だから，十分に大きな $j \in \mathbb{N}$ をとれば，
$$k(j) > n_0 \quad \text{かつ} \quad d(x, x_{k(j)}) < \varepsilon/2. \tag{14.5}$$
このとき，任意の $n \in \mathbb{N}$ に対し，もし $n > n_0$ ならば，(14.4), (14.5) より，
$$d(x, x_n) \leq d(x, x_{k(j)}) + d(x_{k(j)}, x_n) < \varepsilon/2 + \varepsilon/2 = \varepsilon.$$
ゆえに，$\{x_n\}$ は x に収束する． □

定理 14.18 任意のコンパクト距離空間は完備である．

証明 コンパクト距離空間 X の任意の基本列 $\{x_n\}$ をとる．定理 14.1 より $\{x_n\}$ は収束する部分列を含むから，補題 14.17 より $\{x_n\}$ は収束する．ゆえに，X は完備である． □

定理 14.19 $\mathbb{E}^1$ は完備である．

証明 $\mathbb{E}^1$ の任意の基本列 $\{x_n\}$ をとる．基本列の定義より $\varepsilon = 1$ に対し，
$$(\forall m, n \in \mathbb{N})(m, n > n_0 \text{ ならば } |x_m - x_n| < 1)$$
を満たす $n_0 \in \mathbb{N}$ が存在する．このとき，$n_1 = n_0 + 1$ とおくと，任意の $n \geq n_1$ に対して，$|x_n| \leq |x_n - x_{n_1}| + |x_{n_1}| < |x_{n_1}| + 1$．したがって，正数
$$\delta = \max\{|x_1|, |x_2|, \cdots, |x_{n_0}|, |x_{n_1}| + 1\}$$
に対して $I = [-\delta, \delta]$ とおくと，$\{x_n : n \in \mathbb{N}\} \subseteq I$．すなわち，$\{x_n\}$ はコンパクト距離空間 I の基本列だから，定理 14.18 より I の点 x に収束する．このとき，$\{x_n\}$ は $\mathbb{E}^1$ の点列としても x に収束するから，$\mathbb{E}^1$ は完備である． □

問 3 完備距離空間 X の部分空間 A が完備であるためには，A が X の閉集合であることが必要十分であることを示せ (ヒント: 命題 10.10 を使う)．

問 4 完備距離空間 X_i $(i = 1, 2, \cdots, n)$ の直積空間 $X = X_1 \times X_2 \times \cdots \times X_n$ はまた完備であることを示せ．結果として，$\mathbb{E}^n$ は完備である．

定理 14.20 全有界かつ完備である距離空間 X はコンパクトである．

証明 $X = (X, d)$ とする．定理 14.1 より，X の任意の点列 $\{x_n\}$ が収束する部分列を含むことを示せばよい．各 $i \in \mathbb{N}$ に対して，X の全有界性より，直径が $1/i$ 未満の集合からなる X の有限被覆 $\mathcal{U}_i$ が存在する．まず $i = 1$ のと

き,各 $U \in \mathcal{U}_1$ に対して $\mathbb{N}(U) = \{n \in \mathbb{N} : x_n \in U\}$ とおくと,
$$\mathbb{N} = \bigcup \{\mathbb{N}(U) : U \in \mathcal{U}_1\}.$$
このとき,$\mathbb{N}$ は無限集合で $\mathcal{U}_1$ は有限集合だから,ある $U \in \mathcal{U}_1$ に対して集合 $\mathbb{N}(U)$ は無限集合でなければならない.そのような U の1つを U_1 とおく.すなわち,$\mathbb{N}(U_1) = \{n \in \mathbb{N} : x_n \in U_1\}$ は無限集合.同様の論法により,各 $i \geq 2$ に対して,集合 $\mathbb{N}(U_i) = \{n \in \mathbb{N}(U_{i-1}) : x_n \in U_i\}$ が無限集合であるような $U_i \in \mathcal{U}_i$ を帰納的に選ぶことができる.このとき,
$$\mathbb{N}(U_1) \supseteq \mathbb{N}(U_2) \supseteq \cdots \supseteq \mathbb{N}(U_i) \supseteq \cdots. \tag{14.6}$$
いま $n \in \mathbb{N}(U_1)$ を任意に選び,$k(1) = n$ とおく.各 $i \geq 2$ に対し,$\mathbb{N}(U_i)$ は無限集合だから,$k(i-1) < k(i)$ を満たす $k(i) \in \mathbb{N}(U_i)$ を帰納的に選ぶことができる.このとき,$\{x_{k(i)}\}$ は X の基本列である.なぜなら,任意の $\varepsilon > 0$ に対して,$1/i_0 < \varepsilon$ を満たす $i_0 \in \mathbb{N}$ をとると,任意の $i, j \in \mathbb{N}$ に対し,(14.6) より,
$$i, j > i_0 \Longrightarrow k(i), k(j) \in \mathbb{N}(U_{i_0})$$
$$\Longrightarrow x_{k(i)}, x_{k(j)} \in U_{i_0}$$
$$\Longrightarrow d(x_{k(i)}, x_{k(j)}) \leq \mathrm{diam}(U_{i_0}) < 1/i_0 < \varepsilon$$
が成り立つからである.ゆえに,X の完備性より,$\{x_{k(i)}\}$ は $\{x_n\}$ の収束する部分列である. □

系 14.8 と定理 14.18,14.20 より,次の系が成立する.この結果は,定理 12.17 の一般化であると考えられる.

系 14.21 距離空間 X がコンパクトであるためには,X が全有界かつ完備であることが必要十分である.

註 14.22 完備性は距離空間の性質であって,位相的性質でないことに注意しよう.たとえば,$\mathbb{E}^1$ とその部分空間 $J = (-1, 1)$ は位相同型である (例 9.18).ところが,$\mathbb{E}^1$ が完備であるが,J は完備でない (例 14.16).

註 14.23 定理 14.19 では,$\mathbb{E}^1$ の完備性を閉区間のコンパクト性を使って証明した.閉区間のコンパクト性は実数の連続性の結果だから,$\mathbb{E}^1$ の完備性もまた実数の連続性の結果である.逆に,$\mathbb{E}^1$ の完備性とアルキメデスの公理を合わせると,実数の連続性の公理を導くことができる (参考書 [9], [20] を見よ).

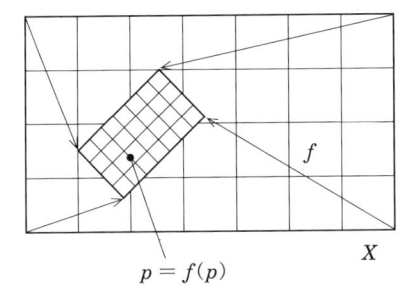

図 14.2 地図 X の上にその縮小地図を置くことは，X 上の縮小写像 f の例である．このとき，f の不動点 p が存在する．すなわち，どのように置いてもぴったり重なる 2 つの地図上の同じ地点が存在する．

本節の最後に，完備性の応用として，縮小写像 (定義 9.9) に関する定理を与えよう．任意の写像 $f:X \longrightarrow X$ に対し，$f(x)=x$ を満たす点 $x \in X$ を f の**不動点**とよぶ．

定理 14.24 (**縮小写像定理**)　任意の空でない完備距離空間 X と任意の縮小写像 $f:X \longrightarrow X$ に対して，f の不動点がただ 1 つ存在する (図 14.2 を見よ)．

証明　$X=(X,d)$ とする．また，f は縮小写像だからリプシッツ定数 $r<1$ をもつ．任意の点 $x_0 \in X$ をとり，各 $n \in \mathbb{N}$ に対し，$x_n = f(x_{n-1})$ と定める．このとき，$\{x_n\}$ は X の基本列であることを示す．$d(x_0, x_1) = \alpha$ とおくと，
$$d(x_1, x_2) = d(f(x_0), f(x_1)) \leq r \cdot d(x_0, x_1) = r\alpha,$$
$$d(x_2, x_3) = d(f(x_1), f(x_2)) \leq r \cdot d(x_1, x_2) \leq r^2 \alpha,$$
$$\cdots$$
$$d(x_n, x_{n+1}) = d(f(x_{n-1}), f(x_n)) \leq r \cdot d(x_{n-1}, x_n) \leq r^n \alpha,$$
$$\cdots .$$
いま $r<1$ だから，任意の $\varepsilon > 0$ に対して，$r^{n_0}\alpha/(1-r) < \varepsilon$ を満たす $n_0 \in \mathbb{N}$ が存在する．任意の $m, n \in \mathbb{N}$ に対し，もし $m \geq n \geq n_0$ ならば，
$$d(x_n, x_m) \leq d(x_n, x_{n+1}) + d(x_{n+1}, x_{n+2}) + \cdots + d(x_{m-1}, x_m)$$
$$\leq r^n \alpha + r^{n+1} \alpha + \cdots + r^{m-1} \alpha$$
$$= (1 + r + r^2 + \cdots + r^{m-n-1}) r^n \alpha$$

$$\leq r^n \alpha/(1-r) \leq r^{n_0}\alpha/(1-r) < \varepsilon.$$

したがって，$\{x_n\}$ は X の基本列である．いま X は完備だから，ある $x \in X$ が存在して $x_n \longrightarrow x$．このとき，f の連続性より $f(x_n) \longrightarrow f(x)$．ところが，各 $n \in \mathbb{N}$ に対して $f(x_n) = x_{n+1}$ だから，これは $x_n \longrightarrow f(x)$ を意味する．収束列の極限点は一意的に定まるから，$f(x) = x$ が成立する．

最後に，f の異なる 2 つの不動点 x, y が存在したとする．このとき，$x = f(x), y = f(y)$ かつ $d(x,y) > 0$ だから，$d(x,y) = d(f(x),f(y)) \leq r \cdot d(x,y) < d(x,y)$．これは矛盾だから，$f$ の不動点は一意的に定まる．□

問 5 離散距離空間 (X, d_0) は完備であることを示せ．また，$X \neq \emptyset$ のとき，縮小写像 $f : (X, d_0) \longrightarrow (X, d_0)$ はどのような写像か．

註 14.25 縮小写像定理 14.24 について，直観的な説明と常微分方程式の解の存在と一意性を示す応用例が，参考書 [1] に与えられている．

14.3　完備距離空間の位相的性質

次に紹介する性質は広い応用をもっている．

定義 14.26 位相空間 X の任意の稠密開集合の列 $G_1, G_2, \cdots, G_n, \cdots$ に対して，$\bigcap_{n \in \mathbb{N}} G_n$ がまた X で稠密のとき，X は**ベールの性質**をもつという．

定理 14.27 任意の完備距離空間 X はベールの性質をもつ．

証明 $X = (X, d)$ とする．X の任意の稠密開集合の列 $G_1, G_2, \cdots, G_n, \cdots$ をとり，$H = \bigcap_{n \in \mathbb{N}} G_n$ とおく．補題 14.11 より，X の任意の空でない開集合 U が H と交わることを示せばよい．最初に $U_0 = U$ とおき，下に説明するように，数学的帰納法によって，各 $n \in \mathbb{N}$ に対して，2 条件

$$x_n \in U_n \subseteq \mathrm{Cl}_X U_n \subseteq U_{n-1} \cap G_n, \tag{14.7}$$

$$\mathrm{diam}(U_n) < 1/n \tag{14.8}$$

を満たす X の開集合 U_n と点 x_n を選ぶ．いま，U_{n-1} がすでに選ばれたと仮定する．このとき，G_n は X で稠密だから，補題 14.11 より $U_{n-1} \cap G_n \neq \emptyset$．

さらに，$U_{n-1} \cap G_n$ は X の開集合だから，
$$x_n \in U(x_n, \varepsilon_n) \subseteq U_{n-1} \cap G_n \quad \text{かつ} \quad \varepsilon_n < 1/n$$
を満たす点 x_n と $\varepsilon_n > 0$ をとることができる．このとき，$U_n = U(x_n, \varepsilon_n/2)$ とおくと，$\mathrm{Cl}_X U_n \subseteq U(x_n, \varepsilon_n)$ が成立する（下の問6を見よ）．ゆえに，U_n と x_n は (14.7) と (14.8) を満たす．

次に，点列 $\{x_n\}$ は X の基本列である．なぜなら，任意の $\varepsilon > 0$ に対して，$1/n_0 < \varepsilon$ を満たす $n_0 \in \mathbb{N}$ をとると，(14.7) より
$$\{x_n : n \geq n_0\} \subseteq U_{n_0}.$$
したがって，(14.8) より，任意の $m, n \geq n_0$ に対して $d(x_m, x_n) \leq 1/n_0 < \varepsilon$ が成り立つからである．いま X は完備だから，$\{x_n\}$ は X のある点 x に収束する．最後に，$x \in U \cap H$ であることを示そう．

もし $x \notin U = U_0$ ならば，(14.7) より $x \notin \mathrm{Cl}_X U_1$ だから，$U(x, \delta) \cap U_1 = \varnothing$ を満たす x の δ-近傍が存在する．このとき，$\{x_n : n \in \mathbb{N}\} \subseteq U_1$ だから，任意の $n \in \mathbb{N}$ に対して $d(x, x_n) > \delta$．これは $x_n \longrightarrow x$ であることに矛盾する．ゆえに，$x \in U$．もし $x \notin H$ ならば，ある $n_1 \in \mathbb{N}$ に対して $x \notin G_{n_1}$．このとき，(14.7) より $x \notin \mathrm{Cl}_X U_{n_1}$ だから，$U(x, \gamma) \cap U_{n_1} = \varnothing$ を満たす x の γ-近傍が存在する．このとき，$\{x_n : n \geq n_1\} \subseteq U_{n_1}$ だから，任意の $n \geq n_1$ に対して $d(x, x_n) > \gamma$．これは $x_n \longrightarrow x$ であることに矛盾する．ゆえに，$x \in H$．以上によって，$U \cap H \neq \varnothing$ であることが示された． $\square$

問 6 上の証明で，$\mathrm{Cl}_X U_n \subseteq U(x_n, \varepsilon_n)$ が成立することを示せ．

問 7 ベールの性質は位相的性質であることを示せ．

例 14.28 $\mathbb{E}^1$ の部分空間 $\mathbb{Q}$ はベールの性質をもたない．なぜなら，$\mathbb{Q}$ は可算集合だから，$\mathbb{Q} = \{x_n : n \in \mathbb{N}\}$ と表すことができる．任意の $n \in \mathbb{N}$ に対して，$G_n = \mathbb{Q} - \{x_1, x_2, \cdots, x_n\}$ とおくと，G_n は $\mathbb{Q}$ の稠密開集合である．ところが，
$$\bigcap_{n \in \mathbb{N}} G_n = \varnothing$$
だから，$\mathbb{Q}$ はベールの性質をもたない．この事実は，$\mathbb{Q}$ が完備でないだけでなく，$\mathbb{Q}$ は任意の完備距離空間と位相同型でないことを示している．

問 8 位相空間 X の高々可算個の開集合の共通部分として表される集合を, X の G_δ **集合**という. $\mathbb{Q}$ は $\mathbb{E}^1$ の G_δ 集合でないことを証明せよ.

問 9 完備距離空間 X が部分集合族 $\{A_n : n \in \mathbb{N}\}$ の和集合として表されているとき, 少なくとも 1 つの $n \in \mathbb{N}$ に対して, $\mathrm{Int}_X(\mathrm{Cl}_X A_n) \neq \varnothing$ が成り立つことを示せ.

ベールの性質を利用して, 例 9.32 で定義した 2 つの距離空間 $(C(I), d_1)$ と $(C(I), d_\infty)$ が位相同型でないことを証明しよう. 次節への準備を兼ねて, 後者の完備性を一般的な形で示す.

定義 14.29 距離空間 X 上の実数値関数 f に対して, $f(X)$ が $\mathbb{E}^1$ の有界集合のとき, f は**有界**であるという. 距離空間 X 上の有界な実数値連続関数全体の集合を $C(X)$ で表し, 任意の $f, g \in C(X)$ に対して,

$$d_\infty(f, g) = \sup\{|f(x) - g(x)| : x \in X\}$$

と定める. 任意の $f, g \in C(X)$ に対して, 関数 $h = |f - g|$ はまた有界だから, 定理 12.23 より $d_\infty(f, g)$ は常に定義される. さらに, d_∞ は $C(X)$ 上の距離関数であることが証明できる (章末の演習問題 9). ゆえに, $(C(X), d_\infty)$ は距離空間である.

特に, X がコンパクト距離空間のとき, 定理 12.20 より, $C(X)$ は X 上の実数値連続関数全体の集合と一致する. さらに, 任意の $f, g \in C(X)$ に対して, 連続関数 $h = |f - g|$ は最大値をもつから,

$$d_\infty(f, g) = \max\{|f(x) - g(x)| : x \in X\}$$

が成立する. したがって, 例 9.32 の距離空間 $(C(I), d_\infty)$ は, 定義 14.29 の距離空間 $(C(X), d_\infty)$ の $X = I$ の場合である.

定理 14.30 任意の距離空間 X に対して, $(C(X), d_\infty)$ は完備である.

証明 $X = (X, d)$ とおく. 距離空間 $(C(X), d_\infty)$ の任意の基本列 $\{f_n\}$ をとる. 各 $x \in X$ に対して,

$$(\forall m, n \in \mathbb{N})(|f_m(x) - f_n(x)| \leq d_\infty(f_m, f_n))$$

が成り立つから, $\{f_n(x)\}$ は $\mathbb{E}^1$ の基本列である. $\mathbb{E}^1$ の完備性より, $\{f_n(x)\}$

はある点 $a_x \in \mathbb{E}^1$ に収束する．このとき，任意の $\varepsilon > 0$ に対して，
$$(\forall x \in X)(\forall n \in \mathbb{N})(n > n_0 \text{ ならば } |a_x - f_n(x)| < \varepsilon/3) \tag{14.9}$$
を満たす $n_0 \in \mathbb{N}$ が存在することを示そう．いま $\{f_n\}$ は基本列だから，ある $n_0 \in \mathbb{N}$ が存在して，
$$(\forall m, n \in \mathbb{N})(m, n > n_0 \text{ ならば } d_\infty(f_m, f_n) < \varepsilon/4). \tag{14.10}$$
この n_0 が (14.9) を満たすことを示す．任意の $x \in X$ と任意の $n \in \mathbb{N}$ をとり，$n > n_0$ とする．このとき，すべての $m \geq n$ に対して，(14.10) より
$$|f_m(x) - f_n(x)| \leq d_\infty(f_m, f_n) < \varepsilon/4. \tag{14.11}$$
いま $f_m(x) \longrightarrow a_x$ $(m \longrightarrow \infty)$ だから，
$$|a_x - f_n(x)| \leq \varepsilon/4 < \varepsilon/3 \tag{14.12}$$
が成り立つ (下の問 10 を見よ)．ゆえに，(14.9) が成立する．

次に，関数 $f : X \longrightarrow \mathbb{E}^1$ を，各 $x \in X$ に対して $f(x) = a_x$ として定義する．このとき，$f \in C(X)$ であることを示す．任意の $x_0 \in X$ と任意の $\varepsilon > 0$ をとると，上で示した主張から，
$$(\forall x \in X)(\forall n \in \mathbb{N})(n > n_0 \text{ ならば } |f(x) - f_n(x)| < \varepsilon/3) \tag{14.13}$$
を満たす $n_0 \in \mathbb{N}$ が存在する．このとき，$m = n_0 + 1$ とおくと，
$$(\forall x \in X)(|f(x) - f_m(x)| < \varepsilon/3). \tag{14.14}$$
また，f_m の連続性より，ある $\delta > 0$ が存在して，
$$(\forall y \in X)(d(x_0, y) < \delta \text{ ならば } |f_m(x_0) - f_m(y)| < \varepsilon/3). \tag{14.15}$$
(14.14), (14.15) より，任意の $y \in X$ に対し，もし $d(x_0, y) < \delta$ ならば，
$$|f(x_0) - f(y)| \leq |f(x_0) - f_m(x_0)| + |f_m(x_0) - f_m(y)|$$
$$+ |f_m(y) - f(y)| < \varepsilon/3 + \varepsilon/3 + \varepsilon/3 = \varepsilon.$$
ゆえに，f は x_0 で連続である．点 $x_0 \in X$ の選び方は任意だから，f は連続関数である．さらに，上の証明で f_m は有界だから，(14.14) より f も有界である．ゆえに，$f \in C(X)$．

最後に，$f_n \longrightarrow f$ であることを示す．任意の $\varepsilon > 0$ に対して，上の f の連続性の証明と同様に，(14.13) を満たす $n_0 \in \mathbb{N}$ が存在する．このとき，任意の $n > n_0$ に対して，
$$d_\infty(f, f_n) = \sup\{|f(x) - f_n(x)| : x \in X\} \leq \varepsilon/3 < \varepsilon$$

だから，$f_n \longrightarrow f$. ゆえに，$(C(X), d_\infty)$ は完備である． □

問 10 上の証明で，(14.12) が成立することを確かめよ．

定理 14.31 距離空間 $(C(I), d_1)$ はベールの性質をもたない．

証明 任意の $f \in C(I)$ は最大値 $m(f)$ をもつことに注意しよう．したがって，各 $n \in \mathbb{N}$ に対して，$F_n = \{f \in C(I) : m(f) \leq n\}$ とおくと，

$$C(I) = \bigcup_{n \in \mathbb{N}} F_n \tag{14.16}$$

が成立する．各 $n \in \mathbb{N}$ に対して，$G_n = C(I) - F_n$ とおき，G_n が $(C(I), d_1)$ の稠密開集合であることを示す．任意の $f \in G_n$ をとると，ある $x \in I$ において $f(x) > n$. このとき，$n < r < f(x)$ である r をとると，

$$(\forall x \in I)(a \leq x \leq b \text{ ならば } f(x) > r)$$

を満たす区間 $[a, b]$ ($0 \leq a < b \leq 1$) が存在する（第 9 章，問 8 (125 ページ)）．任意の $g \in F_n$ に対し，$a \leq x \leq b$ ならば $f(x) - g(x) > r - n$ だから，

$$d_1(f, g) = \int_0^1 |f(x) - g(x)| \, dx$$
$$\geq \int_a^b |f(x) - g(x)| \, dx \geq (r - n)(b - a) > 0.$$

したがって，$\varepsilon = (r - n)(b - a)$ とおくと，$U(f, \varepsilon) \cap F_n = \varnothing$ が成り立つから $U(f, \varepsilon) \subseteq G_n$. ゆえに，補題 10.5 より G_n は $(C(I), d_1)$ の開集合である．

次に，G_n が $(C(I), d_1)$ で稠密であることを示す．補題 14.11 より，$(C(I), d_1)$ の任意の空でない開集合 U が G_n と交わることを示せばよい．任意の $f_0 \in U$ をとると，$U(f_0, \delta) \subseteq U$ を満たす f_0 の δ-近傍が存在する．関数 $h \in C(I)$ で，

$$h(0) > n - f_0(0) \quad \text{かつ} \quad \int_0^1 |h(x)| \, dx < \delta$$

を満たすものを任意に選び，$g_0 = f_0 + h$ と定める．このとき，$g_0(0) = f_0(0) + h(0) > n$ だから，$g_0 \in C(I) - F_n = G_n$. また，

$$d_1(f_0, g_0) = \int_0^1 |f_0(x) - g_0(x)| \, dx$$
$$= \int_0^1 |f_0(x) - (f_0(x) + h(x))| \, dx = \int_0^1 |h(x)| \, dx < \delta$$

だから，$g_0 \in U(f_0, \delta) \subseteq U$. ゆえに，$g_0 \in U \cap G_n$. 以上で，各 G_n は $(C(I), d_1)$

の稠密開集合であることが示された．(14.16) より
$$\bigcap_{n\in\mathbb{N}} G_n = \bigcap_{n\in\mathbb{N}} (C(I)-F_n) = C(I) - \bigcup_{n\in\mathbb{N}} F_n = \varnothing.$$
ゆえに，$(C(I), d_1)$ はベールの性質をもたない． □

系 14.32 $(C(I), d_1) \not\approx (C(I), d_\infty)$.

証明 定理 14.31 より $(C(I), d_1)$ はベールの性質をもたない．一方，定理 14.30 より $(C(I), d_\infty)$ は完備だから，定理 14.27 より，それはベールの性質をもつ．ベールの性質は位相的性質だから (問 7 (191 ページ))，これら 2 つの距離空間は位相同型でない． □

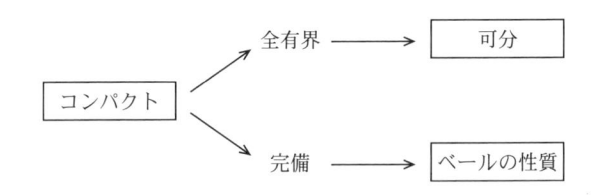

図 14.3 本節までに考察した距離空間の性質の間の関係をまとめておこう．長方形で囲まれた性質は位相的性質である．

14.4 完備化

距離空間 X, Y に対して，全射，等距離写像 $f: X \longrightarrow Y$ が存在するとき，f は距離を変えない全単射だから，X と Y は同じ距離空間と見なすことができる．同じ理由で，等距離写像 $f: X \longrightarrow Y$ が存在するとき，X と $f(X)$ は同じ距離空間と見なすことができるから，X は Y に**埋め込まれる**という．

定理 14.33 任意の距離空間 X は，ある完備距離空間 Y に埋め込まれる．すなわち，等距離写像 $h: X \longrightarrow Y$ が存在する．

証明 最初に，$X = (X, d)$ として，$Y = (C(X), d_\infty)$ とおく．また，$X \neq \varnothing$ であると仮定してよい．定理 14.30 より Y は完備距離空間だから，等距離写像 $h: X \longrightarrow Y$ の存在を示せばよい．任意の 1 点 $a \in X$ を固定する．各 $x \in X$ に

対して，X 上の実数値関数 f_x を
$$f_x(z) = d(x,z) - d(a,z), \quad z \in X$$
によって定義すると，$f_x \in C(X)$ が成り立つ (下の問 11 を見よ)．このとき，写像 $h: X \longrightarrow Y \,;\, x \longmapsto f_x$ が等距離写像であることを示そう．任意の $x, y \in X$ をとる．任意の $z \in X$ に対して，三角不等式より，
$$|f_x(z) - f_y(z)| = |(d(x,z) - d(a,z)) - (d(y,z) - d(a,z))|$$
$$= |d(x,z) - d(y,z)| \leq d(x,y)$$
が成り立つから，$d_\infty(f_x, f_y) \leq d(x,y)$．また，逆に，
$$d(x,y) = d(x,y) - d(a,y) + d(a,y) - d(y,y)$$
$$= f_x(y) - f_y(y) \leq d_\infty(f_x, f_y)$$
が成り立つから，$d_\infty(f_x, f_y) = d(x,y)$．ゆえに，$h$ は等距離写像である． □

問 11 上の証明で，$f_x \in C(X)$ であることを示せ．

定義 14.34 距離空間 X から完備距離空間 Y への等距離写像 $h: X \longrightarrow Y$ が存在するとき，Y の部分距離空間 $X^* = \mathrm{Cl}_Y h(X)$ を X の**完備化**という．

上の定義 14.34 で，完備化 X^* は Y の閉集合だから完備である (問 3 (187 ページ) を見よ)．また，X と $h(X)$ を同一視することにより，X は X^* の稠密部分空間であると考えられる．次の定理は，距離空間の完備化は一意的に定まることを示している．

定理 14.35 各 $i = 1, 2$ に対し，距離空間 X から完備距離空間 Y_i への等距離写像 h_i が存在したとする．このとき，$X_i^* = \mathrm{Cl}_{Y_i} h_i(X)$ とおくと，
$$(\forall x \in X)(f(h_1(x)) = h_2(x)) \tag{14.17}$$
を満たす全射，等距離写像 $f: X_1^* \longrightarrow X_2^*$ が存在する (図 14.4 を見よ)．

証明 $X = (X, d)$, $Y_i = (Y_i, \rho_i)$ $(i = 1, 2)$ とおく．任意の $y \in X_1^*$ に対して，$h_1(x_n) \longrightarrow y$ を満たすような X の点列 $\{x_n\}$ が存在する (下の問 12 を見よ)．このとき，h_1 は等距離写像だから $\{x_n\}$ は X の基本列である．さらに，h_2 も等距離写像だから $\{h_2(x_n)\}$ は $h_2(X)$ の基本列である．いま $h_2(X)$ は完備距離空間 X_2^* の部分距離空間だから，$\{h_2(x_n)\}$ は X_2^* のある点 z_y に収束する．

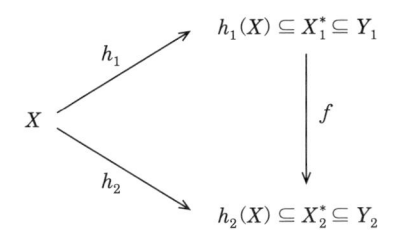

$$\begin{array}{c}
 & h_1(X) \subseteq X_1^* \subseteq Y_1 \\
 \nearrow^{h_1} & \\
 X & \downarrow f \\
 \searrow_{h_2} & \\
 & h_2(X) \subseteq X_2^* \subseteq Y_2
\end{array}$$

図 **14.4** 完備化の一意性．定理 14.35 の条件 (14.17) は，$h_1(X)$ と $h_2(X)$ を X と同一視したとき，等距離写像 $f\colon X_1^* \longrightarrow X_2^*$ が X の点を動かさないことを示している．

このとき，下で示すように，点 z_y は点列 $\{x_n\}$ の選び方に依存せずに一意的に定まる．写像
$$f\colon X_1^* \longrightarrow X_2^*;\, y \longmapsto z_y$$
が求める全射，等距離写像であることを示そう．任意の 2 点 $y, y' \in X_1^*$ と X の点列 $\{x_n\}, \{x_n'\}$ で，$h_1(x_n) \longrightarrow y$，$h_1(x_n') \longrightarrow y'$ を満たすものをとる．このとき，
$$\begin{aligned}
\rho_1(y, y') &= \rho_1(\lim_{n \to \infty} h_1(x_n), \lim_{n \to \infty} h_1(x_n')) \\
&= \lim_{n \to \infty} \rho_1(h_1(x_n), h_1(x_n')) \\
&= \lim_{n \to \infty} d(x_n, x_n') \\
&= \lim_{n \to \infty} \rho_2(h_2(x_n), h_2(x_n')) \\
&= \rho_2(\lim_{n \to \infty} h_2(x_n), \lim_{n \to \infty} h_2(x_n')) = \rho_2(f(y), f(y'))
\end{aligned}$$
が成立する (第 8 章，問 9 (111 ページ) を見よ)．上の等式は，点 $y \in X_1^*$ に対して $f(y) = z_y$ が点列 $\{x_n\}$ の選び方に依存せずに一意的に定まること ($y = y'$ と考えよ) と，同時に，f が等距離写像であることを示している．

次に，f が (14.17) を満たすことを示す．任意の点 $x \in X$ に対し，X の点列 $\{x_n\}$ を $x_n = x$ ($n \in \mathbb{N}$) によって定めると，明らかに，$h_1(x_n) \longrightarrow h_1(x)$．このとき，写像 f の定義より，
$$f(h_1(x)) = \lim_{n \to \infty} h_2(x_n) = h_2(x).$$
ゆえに，(14.17) が成立する．最後に，f が全射であることを示そう．はじめ

に，f の定義より，$h_2(X) \subseteq f(X_1^*) \subseteq X_2^*$．また X_1^* は完備で f は等距離写像だから，$f(X_1^*)$ も完備であることが分かる．ゆえに，$f(X_1^*)$ は Y_2 の閉集合である (問 3 (187 ページ) を見よ)．結果として，定理 11.12 より，
$$X_2^* = \mathrm{Cl}_{Y_2} h_2(X) \subseteq f(X_1^*).$$
ゆえに，$f(X_1^*) = X_2^*$ が成立するから，f は全射である． □

問 12 上の証明で，任意の点 $y \in X_1^*$ に対して，$h_1(x_n) \longrightarrow y$ を満たす X の点列 $\{x_n\}$ が存在することを示せ．

註 14.36 $\mathbb{E}^1$ の部分空間 $\mathbb{Q}$ の完備化は $\mathbb{E}^1$ である．距離空間 X の完備化は，簡単にいえば，X の「すき間」を埋めてできる距離空間である．定義 14.34 では，$h(X)$ の閉包をとることによってすき間を埋めている．完備化のより直接的な構成については，参考書 [5], [16] を見よ．

演習問題

1. $\mathbb{E}^2$ の部分空間 $X = \{(x, y) : 0 < x^2 + y^2 \leq 1\}$ に対し，次の (1)–(3) の例を与えよ．

(1) 有限部分被覆をもたない X の開被覆，
(2) 集積点をもたない X の無限部分集合，
(3) 収束する部分列を含まない X の点列．

2. 任意の距離空間 X に対して，次の 3 条件は同値であることを証明せよ．

(1) X はコンパクトである．
(2) X 上の任意の実数値連続関数は有界である．
(3) X の任意の空でない閉集合の列 $F_1 \supseteq F_2 \supseteq \cdots \supseteq F_n \supseteq F_{n+1} \supseteq \cdots$ に対して，$\bigcap_{n \in \mathbb{N}} F_n \neq \emptyset$ が成り立つ．

3. 距離空間 (X, d) の任意のコンパクト集合 A に対して，$\mathrm{diam}(A) = d(a, b)$ を満たす点 $a, b \in A$ が存在することを示せ．

4. 位相空間 X からハウスドルフ空間 Y への 2 つの連続写像 f, g と X の稠密集合 D に対し，もし $f\!\restriction_D = g\!\restriction_D$ ならば $f = g$ であることを示せ．

5. 可分空間 X から離散空間 $D=\{0,1\}$ への連続写像全体の集合 $C(X,D)$ に対し，$|C(X,D)|\leq 2^{\aleph_0}$ が成り立つことを示せ．

6. 距離空間 (X,d) の2つの基本列 $\{x_n\}$, $\{y_n\}$ に対して，$\{d(x_n,y_n)\}$ は $\mathbb{E}^1$ の基本列であることを示せ．

7. 完備距離空間 X の空でない閉集合の列 $F_1 \supseteq F_2 \supseteq \cdots \supseteq F_n \supseteq F_{n+1} \supseteq \cdots$ に対して，$\lim_{n\to\infty} \mathrm{diam}(F_n) = 0$ が成り立つとする．このとき，$\bigcap_{n\in\mathbb{N}} F_n = \{x\}$ を満たす点 $x\in X$ が存在することを示せ (これは，Cantor の共通部分定理 5.19 の一般化である).

8. 任意のコンパクト距離空間 X に対し，任意の等距離写像 $f:X\longrightarrow X$ は全単射であることを示せ．

9. 定義 14.29 で定めた関数 d_∞ は，集合 $C(X)$ における距離関数であることを示せ．

10. 任意のコンパクト，ハウスドルフ空間はベールの性質をもつことを示せ．

11. 任意の空でない完備距離空間には，交わらない2つの稠密 G_δ 集合は存在しないことを示せ．

12. 距離空間 X 上の任意の実数値関数 f に対して，f が連続であるような点 $x\in X$ 全体の集合を $C(f)$ で表す．任意の $x\in X$ に対して，
$$\omega(x) = \inf\{\mathrm{diam}(f(U(x,1/n))) : n\in\mathbb{N}\}$$
と定めるとき，次の (1)–(5) が成立することを示せ．

(1) f が x で連続であるためには，$\omega(x)=0$ であることが必要十分である．

(2) 任意の実数 r に対し，$\{x\in X : \omega(x) < r\}$ は X の開集合である．

(3) $C(f)$ は X の G_δ 集合である．

(4) $C(f) = \mathbb{Q}$ である関数 $f:\mathbb{E}^1 \longrightarrow \mathbb{E}^1$ は存在しない．

(5) $C(f) = \mathbb{E}^1 - \mathbb{Q}$ である関数 $f:\mathbb{E}^1 \longrightarrow \mathbb{E}^1$ が存在する．

第15章

位相の生成と直積空間，商空間

　位相構造の基底と部分基底について説明する．位相空間の直積空間を定義し，連結空間の直積空間は連結であること，コンパクト空間の直積空間はコンパクトであることを証明する．また，商空間について考察する．

15.1　基底と部分基底

　本節では，X は任意の集合を表す．X の部分集合族 $\mathcal{S}$ が与えられたとき，$\mathcal{S}$ を含む X の最小の位相構造 $\mathcal{T}$ を作る方法を考えたい．

　☞　定義 4.7 では，X の部分集合族 $\mathcal{A}$ の和集合 $\bigcup \mathcal{A}$ と共通部分 $\bigcap \mathcal{A}$ の定義を与えた．特に，$\mathcal{A}$ が 1 つの集合からなる場合には，

$$\mathcal{A} = \{A\} \text{ のとき,} \quad \bigcup \mathcal{A} = \bigcap \mathcal{A} = A \tag{15.1}$$

が成り立つ．また，$\mathcal{A} = \varnothing$ のとき，

$$\bigcup \mathcal{A} = \varnothing, \quad \bigcap \mathcal{A} = X \tag{15.2}$$

であると考えられる．(15.2) の後者の理由を説明しておこう．集合 X の部分集合族 $\mathcal{A}$ の共通部分の定義を正確に書くと，

$$\bigcap \mathcal{A} = \{x \in X : (\forall A)(A \in \mathcal{A} \text{ ならば } x \in A)\}$$

であるが，$\mathcal{A} = \varnothing$ のとき，任意の $x \in X$ と A に対して「$A \in \varnothing$ ならば $x \in A$」は常に真だからである (註 2.19 を見よ)．

問 1 $\mathcal{A} = \{\varnothing\}$ のとき，$\bigcup \mathcal{A}$ と $\bigcap \mathcal{A}$ を求めよ．

部分集合族 $\mathcal{A}$ が有限個の部分集合からなるとき，$\mathcal{A}$ は**有限**である，または，$\mathcal{A}$ は**有限部分集合族**であるという．特に，0 個の部分集合からなる場合として $\mathcal{A} = \varnothing$ も有限であることに注意しよう．

定義 15.1 X の任意の部分集合族 $\mathcal{A}$ に対して，
$$\mathcal{A}^\wedge = \{\bigcap \mathcal{B} : \mathcal{B} \subseteq \mathcal{A},\ \mathcal{B} \text{ は有限}\},$$
$$\mathcal{A}^\vee = \{\bigcup \mathcal{B} : \mathcal{B} \subseteq \mathcal{A}\}$$
と定める．

☞ X の任意の部分集合族 $\mathcal{A}$ に対し，(15.1), (15.2) より，次が成立する．
$$\mathcal{A} \subseteq \mathcal{A}^\wedge, \quad \mathcal{A} \subseteq \mathcal{A}^\vee, \quad X \in \mathcal{A}^\wedge, \quad \varnothing \in \mathcal{A}^\vee. \tag{15.3}$$

☞ X の任意の部分集合族 $\mathcal{A}, \mathcal{B}$ に対し，定義より，次が成立する．
$$\mathcal{A} \subseteq \mathcal{B} \text{ ならば}, \quad \mathcal{A}^\wedge \subseteq \mathcal{B}^\wedge \text{ かつ } \mathcal{A}^\vee \subseteq \mathcal{B}^\vee. \tag{15.4}$$

例 15.2 $X = \{a, b, c\}, \mathcal{A} = \{\{a\}, \{b\}\}$ のとき，
$$\mathcal{A}^\wedge = \{\varnothing, \{a\}, \{b\}, X\}, \quad \mathcal{A}^\vee = \{\varnothing, \{a\}, \{b\}, \{a, b\}\}.$$
さらに，$(\mathcal{A}^\wedge)^\vee = \{\varnothing, \{a\}, \{b\}, \{a, b\}, X\}$ である．ここで，$(\mathcal{A}^\wedge)^\vee$ が X の位相構造であることは偶然ではない (後の定理 15.6 を見よ)．

註 15.3 位相構造の定義 11.1 において，条件 (O2), (O3) は，それぞれ，

(O2): $\mathcal{T}^\wedge = \mathcal{T}$,

(O3): $\mathcal{T}^\vee = \mathcal{T}$

と表される．したがって，上の (15.3) より論理的には，条件 (O1): $X, \varnothing \in \mathcal{T}$ は (O2) と (O3) から導かれる．一般に，部分集合族 $\mathcal{A}$ に対して，$\mathcal{A}^\wedge = \mathcal{A}$ が成り立つとき，$\mathcal{A}$ は**有限共通部分に関して閉じている**といい，$\mathcal{A}^\vee = \mathcal{A}$ が成り立つとき，$\mathcal{A}$ は**和集合に関して閉じている**という．

補題 15.4 $\mathcal{A}$ を X の任意の部分集合族とし，U を X の任意の部分集合とする．このとき，$U \in \mathcal{A}^\vee$ であるためには，任意の $x \in U$ に対して，
$$x \in A \subseteq U$$
を満たす $A \in \mathcal{A}$ が存在することが必要十分である．

証明 $U\in\mathcal{A}^\vee$ とすると，ある $\mathcal{B}\subseteq\mathcal{A}$ が存在して，$U=\bigcup\mathcal{B}$. したがって，任意の $x\in U$ に対し，$x\in A\subseteq U$ を満たす $A\in\mathcal{B}$ が存在する．このとき，$\mathcal{B}\subseteq\mathcal{A}$ だから，$A\in\mathcal{A}$ である．逆に，任意の $x\in U$ に対して，$x\in A_x\subseteq U$ を満たす $A_x\in\mathcal{A}$ が存在したとする．このとき，$\mathcal{C}=\{A_x:x\in U\}$ とおくと，$\mathcal{C}\subseteq\mathcal{A}$ かつ $U=\bigcup\mathcal{C}$ だから，$U\in\mathcal{A}^\vee$. □

補題 15.5 X の任意の部分集合族 $\mathcal{A}$ に対し，次の (1), (2) が成立する．

(1) $(\mathcal{A}^\vee)^\vee=\mathcal{A}^\vee$,

(2) $((\mathcal{A}^\wedge)^\vee)^\wedge=(\mathcal{A}^\wedge)^\vee$.

証明 (1) (15.3) の第 2 式より $\mathcal{A}^\vee\subseteq(\mathcal{A}^\vee)^\vee$. 逆に $(\mathcal{A}^\vee)^\vee\subseteq\mathcal{A}^\vee$ が成立することを示すために，任意の $U\in(\mathcal{A}^\vee)^\vee$ と任意の $x\in U$ をとる．このとき，補題 15.4 より，$x\in B\subseteq U$ を満たす $B\in\mathcal{A}^\vee$ が存在する．この B に対して，再び補題 15.4 より，$x\in A\subseteq B$ を満たす $A\in\mathcal{A}$ が存在する．このとき，

$$x\in A\subseteq U$$

だから，補題 15.4 より $U\in\mathcal{A}^\vee$. ゆえに，$(\mathcal{A}^\vee)^\vee\subseteq\mathcal{A}^\vee$ が成立する．

(2) (15.3) の第 1 式より $(\mathcal{A}^\wedge)^\vee\subseteq((\mathcal{A}^\wedge)^\vee)^\wedge$. 逆の包含関係が成立することを示すために，任意の $U\in((\mathcal{A}^\wedge)^\vee)^\wedge$ と任意の $x\in U$ をとる．補題 15.4 より，

$$x\in C\subseteq U \tag{15.5}$$

を満たす $C\in\mathcal{A}^\wedge$ が存在することを示せばよい．最初に，$U\in((\mathcal{A}^\wedge)^\vee)^\wedge$ だから，ある有限部分集合族 $\{B_1,B_2,\cdots,B_n\}\subseteq(\mathcal{A}^\wedge)^\vee$ が存在して，

$$U=B_1\cap B_2\cap\cdots\cap B_n.$$

各 $i=1,2,\cdots,n$ に対して，$x\in B_i$ かつ $B_i\in(\mathcal{A}^\wedge)^\vee$ だから，補題 15.4 より $x\in A_i\subseteq B_i$ を満たす $A_i\in\mathcal{A}^\wedge$ が存在する．このとき，

$$x\in A_1\cap A_2\cap\cdots\cap A_n\subseteq B_1\cap B_2\cap\cdots\cap B_n=U. \tag{15.6}$$

次に，各 $i=1,2,\cdots,n$ に対して，$A_i\in\mathcal{A}^\wedge$ だから，有限部分集合族 $\mathcal{C}_i\subseteq\mathcal{A}$ が存在して，$A_i=\bigcap\mathcal{C}_i$ と表される．結果として，

$$A_1\cap A_2\cap\cdots\cap A_n=(\bigcap\mathcal{C}_1)\cap(\bigcap\mathcal{C}_2)\cap\cdots\cap(\bigcap\mathcal{C}_n)$$

$$=\bigcap(\mathcal{C}_1\cup\mathcal{C}_2\cup\cdots\cup\mathcal{C}_n)\in\mathcal{A}^\wedge.$$

したがって，$C=A_1\cap A_2\cap\cdots\cap A_n$ とおくと，(15.6) より (15.5) が成り立つから，$U\in(\mathcal{A}^\wedge)^\vee$. ゆえに，$((\mathcal{A}^\wedge)^\vee)^\wedge\subseteq(\mathcal{A}^\wedge)^\vee$ が成立する． □

定理 15.6 X の任意の部分集合族 $\mathcal{S}$ に対して，$\mathcal{T} = (\mathcal{S}^\wedge)^\vee$ とおく．このとき，$\mathcal{T}$ は $\mathcal{S} \subseteq \mathcal{T}$ を満たす X の最小の位相構造である．

証明 註 15.3 で述べたように，$\mathcal{T}$ が X の位相構造であるためには，$\mathcal{T}$ が (O2) と (O3) を満たすことを示せばよい．補題 15.5 (2) より，
$$\mathcal{T}^\wedge = ((\mathcal{S}^\wedge)^\vee)^\wedge = (\mathcal{S}^\wedge)^\vee = \mathcal{T}.$$
ゆえに，$\mathcal{T}$ は (O2) を満たす．また，補題 15.5 (1) より，
$$\mathcal{T}^\vee = ((\mathcal{S}^\wedge)^\vee)^\vee = (\mathcal{S}^\wedge)^\vee = \mathcal{T}.$$
ゆえに，$\mathcal{T}$ は (O3) を満たす．以上により，$\mathcal{T}$ は X の位相構造である．さらに，定義 15.1 の後の (15.3) より
$$\mathcal{S} \subseteq \mathcal{S}^\wedge \subseteq (\mathcal{S}^\wedge)^\vee = \mathcal{T}.$$
最後に，$\mathcal{T}$ が $\mathcal{S} \subseteq \mathcal{T}$ を満たす X の最小の位相構造であることを示すために，$\mathcal{S} \subseteq \mathcal{V}$ を満たす X の任意の位相構造 $\mathcal{V}$ をとる．このとき，$\mathcal{T} \subseteq \mathcal{V}$ が成り立つことを示せばよい．定義 15.1 の後の (15.4) と $\mathcal{V}$ が (O2) を満たすことから，$\mathcal{S}^\wedge \subseteq \mathcal{V}^\wedge = \mathcal{V}$．したがって，(15.4) と $\mathcal{V}$ が (O3) を満たすことから，$\mathcal{T} = (\mathcal{S}^\wedge)^\vee \subseteq \mathcal{V}^\vee = \mathcal{V}$ が成立する． □

定理 15.6 は，X の任意の部分集合族 $\mathcal{S}$ に対して，2 段階の手順
$$\mathcal{S} \longrightarrow \mathcal{S}^\wedge \longrightarrow (\mathcal{S}^\wedge)^\vee$$
によって，$\mathcal{S}$ から $\mathcal{S}$ を含む最小の位相構造が機械的に生成できることを示している．この位相構造 $\mathcal{T} = (\mathcal{S}^\wedge)^\vee$ を $\mathcal{S}$ から**生成される位相構造**という（例 15.2 はその例である）．

定義 15.7 位相空間 $(X, \mathcal{T})$ に対して，X の部分集合族 $\mathcal{B}$ が
$$\mathcal{B} \subseteq \mathcal{T} \quad \text{かつ} \quad \mathcal{T} = \mathcal{B}^\vee$$
を満たすとき，$\mathcal{B}$ を $\mathcal{T}$ の**基底**または**開基**とよぶ．また，X の部分集合族 $\mathcal{S}$ が
$$\mathcal{S} \subseteq \mathcal{T} \quad \text{かつ} \quad \mathcal{T} = (\mathcal{S}^\wedge)^\vee$$
を満たすとき，$\mathcal{S}$ を $\mathcal{T}$ の**部分基底**または**準基底**とよぶ．すなわち，$\mathcal{S}$ が $\mathcal{T}$ の部分基底であるとは，$\mathcal{S}^\wedge$ が $\mathcal{T}$ の基底であることを意味する．位相空間 X の位相構造の基底 (部分基底) のことを，略して，X の基底 (部分基底) という．

問 2 位相構造 $\mathcal{T}$ の任意の基底は部分基底であることを示せ．

補題 15.8 位相空間 X の部分集合族 $\mathcal{B}$ が X の基底であるためには，次の (1) と (2) が成り立つことが必要十分である．

(1) 任意の $B \in \mathcal{B}$ は X の開集合である．

(2) X の任意の開集合 U と任意の点 $x \in U$ に対して，$x \in B \subseteq U$ を満たす $B \in \mathcal{B}$ が存在する．

証明 $X = (X, \mathcal{T})$ とする．いま，(1) と (2) が成立したとする．このとき，(1) より $\mathcal{B} \subseteq \mathcal{T}$．さらに，$\mathcal{T}$ は和集合に関して閉じているから，$\mathcal{B}^\vee \subseteq \mathcal{T}^\vee = \mathcal{T}$．一方，(2) と補題 15.4 から，$\mathcal{T} \subseteq \mathcal{B}^\vee$ が導かれる．ゆえに，$\mathcal{B}^\vee = \mathcal{T}$ が成立するから，$\mathcal{B}$ は X の基底である．逆に $\mathcal{B}$ が X の基底ならば，定義より，$\mathcal{B} \subseteq \mathcal{T}$ かつ $\mathcal{B}^\vee = \mathcal{T}$ だから，(1) と (2) が成立する． □

例 15.9 距離空間 (X, d) における ε-近傍全体の集合を $\mathcal{B}$ とする．すなわち，
$$\mathcal{B} = \{U(x, \varepsilon) : x \in X, \varepsilon > 0\}.$$
このとき，補題 10.5, 10.6 より，補題 15.8 の 2 条件 (1), (2) が満たされる．ゆえに，$\mathcal{B}$ は距離位相 $\mathcal{T}(d)$ の基底である．

☞ 一般に，1 つの位相構造 $\mathcal{T}$ には，多くの基底や部分基底のとり方があることに注意しよう (後の問 4 を見よ)．

例 15.10 直積距離空間 $(X, \rho) = (X_1, \rho_1) \times (X_2, \rho_2) \times \cdots \times (X_n, \rho_n)$ の位相構造 $\mathcal{T}(\rho)$ について考えよう．いま，
$$\mathcal{B} = \{G_1 \times G_2 \times \cdots \times G_n : G_i \in \mathcal{T}(\rho_i), i = 1, 2, \cdots, n\} \tag{15.7}$$
とおくと，$\mathcal{B}$ は $\mathcal{T}(\rho)$ の基底である．なぜなら，$\mathcal{B}$ の任意の要素は (X, ρ) の開集合 (第 10 章，演習問題 15) だから，補題 15.8 の条件 (1) が満たされる．さらに，(X, ρ) の任意の開集合 U と任意の点 $x = (x_1, x_2, \cdots, x_n) \in U$ に対して，$U(X, x, \varepsilon) \subseteq U$ を満たす x の ε-近傍をとる．このとき，各 $i = 1, 2, \cdots, n$ に対して，$G_i = U(X_i, x_i, \varepsilon/\sqrt{n})$ とおくと，
$$x \in G_1 \times G_2 \times \cdots \times G_n \subseteq U(X, x, \varepsilon) \subseteq U$$
が成り立つ (第 10 章，演習問題 14) ので，補題 15.8 の条件 (2) も満たされるからである．基底 $\mathcal{B}$ の要素を直積距離空間 (X, ρ) の**基本開集合**とよぶ．また，(X, ρ) から (X_i, ρ_i) への射影 pr_i を用いて，

$$\mathcal{S} = \{\mathrm{pr}_i^{-1}(G) : G \in \mathcal{T}(\rho_i), i = 1, 2, \cdots, n\}$$

とおくと，$\mathcal{S}$ は $\mathcal{T}(\rho)$ の部分基底である．なぜなら，射影の連続性と定理 10.12 から $\mathcal{S} \subseteq \mathcal{T}(\rho)$．さらに，任意の基本開集合について，

$$G_1 \times G_2 \times \cdots \times G_n = \bigcap_{i=1}^n \mathrm{pr}_i^{-1}(G_i) \in \mathcal{S}^\wedge$$

が成り立つから，$\mathcal{B} \subseteq \mathcal{S}^\wedge$（下の問 3 を見よ）．このとき，

$$\mathcal{T}(\rho) = \mathcal{B}^\vee \subseteq (\mathcal{S}^\wedge)^\vee \subseteq (\mathcal{T}(\rho)^\wedge)^\vee = \mathcal{T}(\rho)$$

だから，$\mathcal{T}(\rho) = (\mathcal{S}^\wedge)^\vee$ が成り立つからである．

射影 $\mathrm{pr}_i : X \longrightarrow (X_i, \rho_i)$ $(i = 1, 2, \cdots, n)$ がすべて連続になるためには，定理 10.12 より，$\mathcal{S}$ の要素がすべて X の開集合であることが必要十分である．いま，$\mathcal{T}(\rho)$ は $\mathcal{S}$ を含む X の最小の位相構造だから，$\mathcal{T}(\rho)$ は射影をすべて連続にするような X の最小の位相構造であるといえる．

問 3 例 15.10 で，実際には，等式 $\mathcal{B} = \mathcal{S}^\wedge$ が成立することを示せ．

問 4 集合 X の位相構造 $\mathcal{T}$ の基底 $\mathcal{B}$ に対して，$\mathcal{B} \subseteq \mathcal{A} \subseteq \mathcal{T}$ を満たす任意の部分集合族 $\mathcal{A}$ はまた $\mathcal{T}$ の基底であることを示せ．また，$\mathcal{T}$ の部分基底 $\mathcal{S}$ に対して，$\mathcal{S} \subseteq \mathcal{A} \subseteq \mathcal{T}$ を満たす任意の部分集合族 $\mathcal{A}$ はまた $\mathcal{T}$ の部分基底であることを示せ．

問 5 $\mathbb{R}$ の部分集合族 $\mathcal{S} = \{(a, +\infty) : a \in \mathbb{R}\} \cup \{(-\infty, b) : b \in \mathbb{R}\}$ は，$\mathbb{E}^1$ のユークリッドの位相の部分基底であることを示せ．

問 6 任意の集合 X に対し，X の部分集合族 $\mathcal{B} = \{\{x\} : x \in X\}$ は X の離散位相 $\mathcal{T}$ の基底であることを示せ．

15.2 直積集合と直積位相空間

第 3 章では，有限個の集合の直積集合の定義 3.1, 3.4 を与えた．一般に，有限集合とは限らない添え字の集合 Λ をもつ集合族 $\{X_\lambda : \lambda \in \Lambda\}$ の直積集合は，次のように定義される．

定義 15.11 任意の集合 A, B に対して，A から B への写像全体の集合を B^A で表す．任意の集合族 $\{X_\lambda : \lambda \in \Lambda\}$ に対し，その**直積集合**を

$$\prod_{\lambda \in \Lambda} X_\lambda = \left\{ x \in \left(\bigcup_{\lambda \in \Lambda} X_\lambda \right)^\Lambda : (\forall \lambda \in \Lambda)(x(\lambda) \in X_\lambda) \right\} \quad (15.8)$$

として定義する．すなわち，直積集合 (15.8) は，Λ を定義域として，各 $\lambda \in \Lambda$ に X_λ の要素 $x(\lambda)$ を対応させる写像 x 全体の集合である．この写像 x を，$x_\lambda = x(\lambda)$ $(\lambda \in \Lambda)$ とおくことにより，

$$x = (x_\lambda : \lambda \in \Lambda) \in \prod_{\lambda \in \Lambda} X_\lambda$$

と表し，各 x_λ を x の**第 λ 座標**という．また，各 $\mu \in \Lambda$ に対し，写像

$$\mathrm{pr}_\mu : \prod_{\lambda \in \Lambda} X_\lambda \longrightarrow X_\mu \, ; \, x \longmapsto x_\mu$$

を，X_μ への (または，第 μ 座標への) **射影** (projection) という．特に，ある集合 X が存在して，すべての $\lambda \in \Lambda$ に対して $X_\lambda = X$ のとき，直積集合 (15.8) は集合 X^Λ に一致する．

註 15.12 直積集合 $X_1 \times X_2$ の要素 (x_1, x_2) を定めることは，第 1 座標である $x_1 \in X_1$ と第 2 座標である $x_2 \in X_2$ を定めることに他ならない．これは，

$$x(1) = x_1 \in X_1, \quad x(2) = x_2 \in X_2$$

を満たす写像 $x \in (X_1 \cup X_2)^{\{1,2\}}$ を定めることと同じである．したがって，直積集合 $X_1 \times X_2$ は，そのような写像 x 全体の集合であると考えられる．すなわち，定義 15.11 は，第 3 章で与えた直積集合の定義 3.1 の一般化である．

註 15.13 集合族 $\{X_\lambda : \lambda \in \Lambda\}$ が与えられたとき，少なくとも 1 つの $\lambda \in \Lambda$ に対して $X_\lambda = \varnothing$ ならば，$\prod_{\lambda \in \Lambda} X_\lambda = \varnothing$ である．逆に，すべての $\lambda \in \Lambda$ に対して $X_\lambda \neq \varnothing$ のとき，各 λ に対して $x_\lambda \in X_\lambda$ を選ぶことにより，

$$(x_\lambda : \lambda \in \Lambda) \in \prod_{\lambda \in \Lambda} X_\lambda \neq \varnothing$$

であることが導かれる．後の事実では，選択公理を使っていることに注意しよう (註 6.29 を見よ)．

直積位相空間の位相構造は，直積距離空間の位相構造の一般化として定義される (例 15.10 を見よ)．

定義 15.14 位相空間の族 $\{(X_\lambda, \mathcal{T}_\lambda) : \lambda \in \Lambda\}$ に対して，直積集合 $X = \prod_{\lambda \in \Lambda} X_\lambda$ を考える．このとき，X の部分集合族

$$\mathcal{S} = \{\mathrm{pr}_\lambda^{-1}(G) : G \in \mathcal{T}_\lambda, \lambda \in \Lambda\}$$

から生成される X の位相構造 $\mathcal{T}$ を X の**直積位相**という．また，位相空間 $(X, \mathcal{T})$ を最初に与えた位相空間の族の**直積位相空間**または**直積空間**といい，

$$(X, \mathcal{T}) = \prod_{\lambda \in \Lambda} (X_\lambda, \mathcal{T}_\lambda) \tag{15.9}$$

で表す．

☞ 直積距離空間の位相構造は直積位相の例である (例 15.10)．

☞ 直積位相は，射影をすべて連続にするような最小の位相構造である．

直積空間 (15.9) において，$\mathcal{S}$ は $\mathcal{T}$ の部分基底，$\mathcal{S}^\wedge$ は $\mathcal{T}$ の基底である．したがって，補題 15.8 より，$U \subseteq X$ のとき，U が直積空間 $(X, \mathcal{T})$ の開集合であるためには，任意の $x \in U$ に対して，

$$x \in B \subseteq U$$

を満たす $B \in \mathcal{S}^\wedge$ が存在することが必要十分である．基底 $\mathcal{S}^\wedge$ の要素は直積空間 $(X, \mathcal{T})$ の**基本開集合**とよばれる．任意の基本開集合 B は有限個の $\lambda_1, \lambda_2, \cdots, \lambda_n \in \Lambda$ と $G_{\lambda_i} \in \mathcal{T}_{\lambda_i}$ $(i = 1, 2, \cdots, n)$ を使って，

$$B = \bigcap_{i=1}^n \mathrm{pr}_{\lambda_i}^{-1}(G_{\lambda_i})$$
$$= \{(x_\lambda : \lambda \in \Lambda) \in X : (\forall i = 1, 2, \cdots, n)(x_{\lambda_i} \in G_{\lambda_i})\} \tag{15.10}$$

と表される (図 15.1 を見よ)．特に，Λ が有限集合 $\{1, 2, \cdots, n\}$ のとき，任意の基本開集合 B は，$G_i \in \mathcal{T}_i$ $(i = 1, 2, \cdots, n)$ を使って，

$$B = \bigcap_{i=1}^n \mathrm{pr}_i^{-1}(G_i) = G_1 \times G_2 \times \cdots \times G_n$$

と表される (例 15.10 を参照)．

註 15.15 (15.10) において，$i \neq j$ のとき $\lambda_i \neq \lambda_j$ であると仮定してよいことに注意しておこう．なぜなら，もし $\lambda_i = \lambda_j$ ならば，$G_{\lambda_i} \cap G_{\lambda_j} = G$ とおくことにより，$\mathrm{pr}_{\lambda_i}^{-1}(G_{\lambda_i}) \cap \mathrm{pr}_{\lambda_j}^{-1}(G_{\lambda_j})$ を $\mathrm{pr}_{\lambda_i}^{-1}(G)$ と書き直すことができるからである．

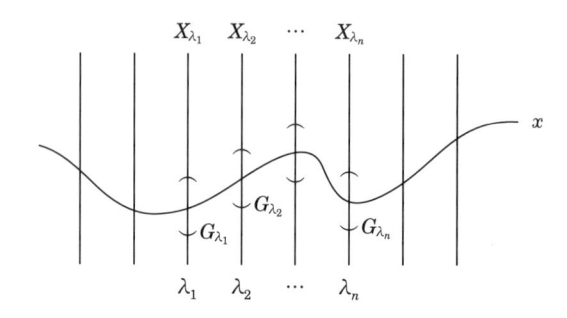

図 15.1　直積空間 X の基本開集合 $B = \bigcap_{i=1}^{n} \mathrm{pr}_{\lambda_i}^{-1}(G_{\lambda_i})$ と点 $x \in B$. 直積空間の点 (= 写像)x をそのグラフを用いて表現している.

定義 15.16　位相空間 X, Y と写像 $f: X \longrightarrow Y$ に対し, X の任意の開集合 U の像 $f(U)$ が Y の開集合であるとき, f は **開写像** であるという.

命題 15.17　任意の直積空間 $X = \prod_{\lambda \in \Lambda} X_\lambda$ において, 各射影 $\mathrm{pr}_\lambda : X \longrightarrow X_\lambda$ は連続開写像である.

証明　各 $\lambda \in \Lambda$ に対して, 直積位相の定義より pr_λ は連続である. 次に, X の任意の空でない基本開集合 $B = \bigcap_{i=1}^{n} \mathrm{pr}_{\lambda_i}^{-1}(G_{\lambda_i})$ に対し,

$$\mathrm{pr}_\lambda(B) = \begin{cases} G_{\lambda_i} & (\lambda = \lambda_i \in \{\lambda_1, \lambda_2, \cdots, \lambda_n\} \text{ のとき}), \\ X_\lambda & (\lambda \in \Lambda - \{\lambda_1, \lambda_2, \cdots, \lambda_n\} \text{ のとき}) \end{cases}$$

が成り立つから, $\mathrm{pr}_\lambda(B)$ は X_λ の開集合である. いま X の任意の開集合 U をとると, 基本開集合の族 $\mathcal{A}$ が存在して, $U = \bigcup\{B : B \in \mathcal{A}\}$ と表される. このとき,

$$\mathrm{pr}_\lambda(U) = \mathrm{pr}_\lambda(\bigcup\{B : B \in \mathcal{A}\}) = \bigcup\{\mathrm{pr}_\lambda(B) : B \in \mathcal{A}\}$$

(第 5 章, 問 4 (1) (54 ページ) を見よ). 上で調べたように, 各 $\mathrm{pr}_\lambda(B)$ は X_λ の開集合だから, 開集合の基本性質 (O3) (定義 11.1) より $\mathrm{pr}_\lambda(U)$ は X_λ の開集合である. ゆえに, pr_λ は開写像である. □

問 7　各 $\lambda \in \Lambda$ に対して, A_λ は位相空間 X_λ の閉集合であるとする. このとき, 集合 $A = \prod_{\lambda \in \Lambda} A_\lambda$ は直積空間 $X = \prod_{\lambda \in \Lambda} X_\lambda$ の閉集合であることを示せ.

問 8 上の問 7 の主張は，閉集合を開集合に変えると成立するとは限らない．そのことを例を与えて示せ．

15.3 直積空間の連結性とコンパクト性

本節では，直積空間の位相的性質について考える．

定理 15.18 直積空間 $X = \prod_{\lambda \in \Lambda} X_\lambda$ が連結であるためには，各 $\lambda \in \Lambda$ に対して X_λ が連結空間であることが必要十分である．

証明 各 $\lambda \in \Lambda$ に対して射影 $\mathrm{pr}_\lambda : X \longrightarrow X_\lambda$ は連続だから，直積空間 X が連結ならば，定理 13.6 より X_λ は連結である．逆を示すために，各 $\lambda \in \Lambda$ に対して，X_λ は連結であると仮定して，$X_\lambda = (X_\lambda, \mathcal{T}_\lambda)$ とおく．このとき，

$$\mathcal{S} = \{\mathrm{pr}_\lambda^{-1}(G) : G \in \mathcal{T}_\lambda, \lambda \in \Lambda\}$$

とおくと，$\mathcal{S}^\wedge$ は X の基底である．任意の 1 点 $z = (z_\lambda : \lambda \in \Lambda) \in X$ を固定して，直積空間 X の部分空間

$$Y = \{(y_\lambda : \lambda \in \Lambda) \in X : \{\lambda \in \Lambda : y_\lambda \neq z_\lambda\} \text{ は有限集合}\}$$

について考える．3 つの主張に分けて証明を進めよう．

主張 1 部分空間 Y は X で稠密である．

証明 補題 14.11 より，X の任意の空でない開集合 G が Y と交わることを示せばよい．任意の $x = (x_\lambda : \lambda \in \Lambda) \in G$ をとると，$\mathcal{S}^\wedge$ は X の基底だから，

$$x \in \bigcap_{i=1}^{n} \mathrm{pr}_{\lambda_i}^{-1}(G_{\lambda_i}) \subseteq G \tag{15.11}$$

を満たす $\lambda_i \in \Lambda$ と $G_{\lambda_i} \in \mathcal{T}_{\lambda_i}$ $(i = 1, 2, \cdots, n)$ が存在する．このとき，X の点 $y = (y_\lambda : \lambda \in \Lambda)$ を，

$$y_\lambda = \begin{cases} x_{\lambda_i} & (\lambda = \lambda_i \in \{\lambda_1, \lambda_2, \cdots, \lambda_n\} \text{ のとき}), \\ z_\lambda & (\lambda \in \Lambda - \{\lambda_1, \lambda_2, \cdots, \lambda_n\} \text{ のとき}) \end{cases}$$

として定めると $y \in Y$．また，任意の $i = 1, 2, \cdots, n$ に対して，$y_{\lambda_i} = x_{\lambda_i} \in G_{\lambda_i}$ だから，$y \in \mathrm{pr}_{\lambda_i}^{-1}(G_{\lambda_i})$．ゆえに，(15.11) より $y \in G \cap Y$． □

次に，任意の点 $y=(y_\lambda:\lambda\in\Lambda)\in X$ と $\mu\in\Lambda$ に対して，
$$X_\mu(y)=\{(x_\lambda:\lambda\in\Lambda)\in X:(\forall\lambda\in\Lambda-\{\mu\})(x_\lambda=y_\lambda)\}$$
とおいて，$X_\mu(y)$ を X の部分空間と考える．

主張 2 任意の $y\in X$ と $\mu\in\Lambda$ に対して，$X_\mu\approx X_\mu(y)$．

証明 任意の点 $t\in X_\mu$ に対して，点 $\hat{t}=(t_\lambda:\lambda\in\Lambda)\in X$ を，$\lambda=\mu$ のとき $t_\lambda=t$，$\lambda\neq\mu$ のとき $t_\lambda=y_\lambda$ とおくことによって定めると，
$$X_\mu(y)=\{\hat{t}:t\in X_\mu\}.$$
このとき，写像 $h:X_\mu\longrightarrow X_\mu(y);t\longmapsto\hat{t}$ は位相同型写像(下の問 9 を見よ)だから，$X_\mu\approx X_\mu(y)$． □

問 9 上で定義した写像 h が位相同型写像であることを証明せよ．

主張 1 と補題 13.10 より，Y が連結であることを示せば，X の連結性が導かれる．各 X_μ は連結だから，主張 2 より，任意の $y\in X$ と $\mu\in\Lambda$ に対して，$X_\mu(y)$ は X の連結集合である．特に，$y\in Y$ ならば $X_\mu(y)\subseteq Y$ が成り立つことに注意しよう．

主張 3 任意の点 $y\in Y$ に対して，$y,z\in C(y)$ を満たす Y の連結集合 $C(y)$ が存在する．

証明 任意の点 $y=(y_\lambda:\lambda\in\Lambda)\in Y$ をとると，集合 $I=\{\lambda\in\Lambda:y_\lambda\neq z_\lambda\}$ は有限集合．したがって，$I=\{\lambda_1,\lambda_2,\cdots,\lambda_n\}$ とおき，各 $j=1,2,\cdots,n$ に対して，点 $a_j=(a_j(\lambda):\lambda\in\Lambda)\in X$ を
$$a_j(\lambda)=\begin{cases}y_{\lambda_i} & (\lambda=\lambda_i\in\{\lambda_1,\cdots,\lambda_j\}\text{ のとき}),\\ z_\lambda & (\lambda\in\Lambda-\{\lambda_1,\cdots,\lambda_j\}\text{ のとき})\end{cases}$$
として定める．このとき，$a_1,a_2,\cdots,a_n\in Y$ かつ $a_n=y$．さらに，
$$z,a_1\in X_{\lambda_1}(z)$$
$$a_1,a_2\in X_{\lambda_2}(a_1)$$
$$\cdots$$
$$a_{n-1},a_n=y\in X_{\lambda_n}(a_{n-1})$$

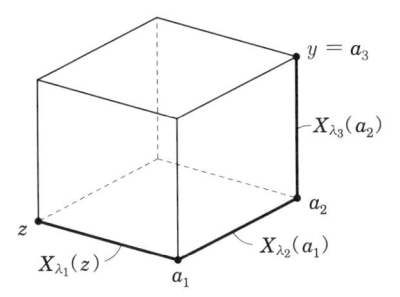

図 15.2 連結集合 $C(y) = X_{\lambda_1}(z) \cup X_{\lambda_2}(a_1) \cup X_{\lambda_3}(a_2)$ のイメージ.

が成り立つ (図 15.2 を見よ). したがって,
$$C(y) = X_{\lambda_1}(z) \cup X_{\lambda_2}(a_1) \cup \cdots \cup X_{\lambda_n}(a_{n-1})$$
とおくと, $C(y)$ は 2 点 z と y をともに含む Y の連結集合である (第 13 章, 問 5 (173 ページ) を参照). □

最後に, Y が連結であることを示す. 任意の 2 点 $y_1, y_2 \in Y$ とると, 主張 3 より, 各 $i = 1, 2$ に対して, $y_i, z \in C(y_i)$ を満たす Y の連結集合 $C(y_i)$ が存在する. このとき, 補題 13.9 より, $C(y_1) \cup C(y_2)$ は y_1 と y_2 をともに含む Y の連結集合である. ゆえに, 補題 13.16 より Y は連結である. 以上で, 定理 15.18 の証明が完成した. □

定理 15.19 (Tychonoff) 直積空間 $X = \prod_{\lambda \in \Lambda} X_\lambda$ がコンパクトであるためには, 各 $\lambda \in \Lambda$ に対して X_λ がコンパクト空間であることが必要十分である.

各 $\lambda \in \Lambda$ に対して射影 $\mathrm{pr}_\lambda : X \longrightarrow X_\lambda$ は連続だから, 直積空間 X がコンパクトならば, 定理 12.6 より X_λ はコンパクトである. 逆が成立することを, 次の定理を用いて示そう.

定理 15.20 (Alexander) 位相空間 X の部分基底の 1 つを $\mathcal{S}$ とする. このとき, $\mathcal{U} \subseteq \mathcal{S}$ である X の任意の開被覆 $\mathcal{U}$ が有限部分被覆をもつならば, X はコンパクトである.

証明 もし X がコンパクトでないと仮定する. このとき, 有限部分被覆をもたないような X の開被覆全体の集合を Φ とすると, Φ は空でない. 順序集合

($\Phi, \subseteq$) に Zorn の補題 (定理 7.20) を適用するために, ($\Phi, \subseteq$) の任意の鎖 Ψ が上界をもつことを示そう. いま $\Psi = \{\mathcal{U}_\lambda : \lambda \in \Lambda\}$ とおくと,

$$(\forall \lambda, \mu \in \Lambda)(\mathcal{U}_\lambda \subseteq \mathcal{U}_\mu \text{ または } \mathcal{U}_\mu \subseteq \mathcal{U}_\lambda). \tag{15.12}$$

このとき, $\mathcal{U} = \bigcup_{\lambda \in \Lambda} \mathcal{U}_\lambda$ とおくと, $\mathcal{U} \in \Phi$ である. なぜなら, 明らかに $\mathcal{U}$ は X の開被覆. さらに, もし $\mathcal{U}$ が有限部分被覆 $\{U_1, U_2, \cdots, U_n\}$ をもつと仮定すると, 各 $i = 1, 2, \cdots, n$ に対して, $U_i \in \mathcal{U}$ だから, $U_i \in \mathcal{U}_{\lambda_i}$ を満たす $\lambda_i \in \Lambda$ が存在する. (15.12) より 有限集合 $\{\mathcal{U}_{\lambda_1}, \mathcal{U}_{\lambda_2}, \cdots, \mathcal{U}_{\lambda_n}\}$ は順序 $\subseteq$ に関する最大元をもつから, それを $\mathcal{U}_{\lambda_j}$ とする. このとき, 各 i に対して $U_i \in \mathcal{U}_{\lambda_i} \subseteq \mathcal{U}_{\lambda_j}$ だから, $\mathcal{U}_{\lambda_j}$ は有限部分被覆 $\{U_1, U_2, \cdots, U_n\}$ を含む. これは, $\mathcal{U}_{\lambda_j} \in \Phi$ であることに矛盾する. ゆえに, $\mathcal{U}$ は有限部分被覆をもたないから, $\mathcal{U} \in \Phi$. すべての $\lambda \in \Lambda$ に対して, $\mathcal{U}_\lambda \subseteq \mathcal{U}$ だから, $\mathcal{U}$ は Ψ の上界である.

結果として, 定理 7.20 より, 順序集合 ($\Phi, \subseteq$) の極大元 $\mathcal{V}$ が存在する. このとき, $\mathcal{V}$ は次の条件 (1), (2), (3) を満たしている.

(1) $\mathcal{V}$ は X の開被覆である.

(2) $\mathcal{V}$ は有限部分被覆をもたない.

(3) $U \notin \mathcal{V}$ である X の任意の開集合 U に対して, $\mathcal{V} \cup \{U\} \notin \Phi$, すなわち, $\mathcal{V} \cup \{U\}$ は有限部分被覆をもつ.

実際, (1), (2) は $\mathcal{V} \in \Phi$ であることから, (3) は $\mathcal{V}$ の極大性から導かれる.

次に, $\mathcal{W} = \mathcal{V} \cap \mathcal{S}$ とおくと, $\mathcal{W}$ は X の有限被覆を含まない. このとき, $\mathcal{W} \subseteq \mathcal{S}$ だから, 定理の仮定より $\mathcal{W}$ は X の被覆でない. すなわち, 点 $x \in X - \bigcup \mathcal{W}$ が存在する. 一方, (1) より, $x \in V$ を満たす $V \in \mathcal{V}$ が存在する. いま $\mathcal{S}$ は X の部分基底だから, 有限個の $S_1, S_2, \cdots, S_n \in \mathcal{S}$ が存在して,

$$x \in \bigcap_{i=1}^n S_i \subseteq V. \tag{15.13}$$

このとき, $x \notin \bigcup \mathcal{W}$ だから, 各 $i = 1, 2, \cdots, n$ に対して, $S_i \notin \mathcal{W}$. ゆえに, $\mathcal{W}$ の定義より $S_i \notin \mathcal{V}$ である. 各 i に対して, (3) より $\mathcal{V} \cup \{S_i\}$ は有限部分被覆をもつから, 有限部分集合族 $\mathcal{V}_i \subseteq \mathcal{V}$ が存在して,

$$\left(\bigcup \mathcal{V}_i\right) \cup S_i = X.$$

このとき, $X - \bigcup \mathcal{V}_i \subseteq S_i$ だから, ド・モルガンの公式 (命題 5.4) より

$$X - \bigcup_{i=1}^{n} \bigcup \mathcal{V}_i = \bigcap_{i=1}^{n}(X - \bigcup \mathcal{V}_i) \subseteq \bigcap_{i=1}^{n} S_i. \tag{15.14}$$

最後に, $\mathcal{V}_0 = \bigcup_{i=1}^{n} \mathcal{V}_i$ とおくと, (15.13), (15.14) より $X = \bigcup \mathcal{V}_0 \cup V$. すなわち, $\mathcal{V}_0 \cup \{V\}$ は $\mathcal{V}$ の有限部分被覆である. これは (2) に矛盾する. ゆえに, X はコンパクトである. □

定理 15.19 の証明 十分性を示せばよい. 各 $\lambda \in \Lambda$ に対して, $X_\lambda = (X_\lambda, \mathcal{T}_\lambda)$ とおき, X_λ はコンパクトであるとする. このとき,
$$\mathcal{S} = \{\mathrm{pr}_\lambda^{-1}(G) : G \in \mathcal{T}_\lambda, \lambda \in \Lambda\}$$
は直積空間 X の部分基底だから, 定理 15.20 より, X の任意の開被覆 $\mathcal{U} \subseteq \mathcal{S}$ が有限部分被覆をもつことを示せばよい. 各 $\lambda \in \Lambda$ に対して,
$$\mathcal{G}_\lambda = \{G \in \mathcal{T}_\lambda : \mathrm{pr}_\lambda^{-1}(G) \in \mathcal{U}\}$$
とおくと, ある $\mu \in \Lambda$ に対して $\mathcal{G}_\mu$ は X_μ の被覆になる. なぜなら, もしすべての $\lambda \in \Lambda$ に対して $X_\lambda \neq \bigcup \mathcal{G}_\lambda$ ならば, 各 λ に対して点 $x_\lambda \in X_\lambda - \bigcup \mathcal{G}_\lambda$ をとることができる. このとき, $(x_\lambda : \lambda \in \Lambda) \in X - \bigcup \mathcal{U}$ だから, $\mathcal{U}$ が X の被覆であることに矛盾するからである. いま, $\mathcal{G}_\mu$ はコンパクト空間 X_μ の開被覆だから, $\mathcal{G}_\mu$ は X_μ の有限被覆 $\mathcal{H}$ を含む. このとき, $\{\mathrm{pr}_\mu^{-1}(G) : G \in \mathcal{H}\}$ は $\mathcal{U}$ の有限部分被覆だから, X はコンパクトである. □

系 15.21 (Tychonoff) 任意の閉区間 $I \subseteq \mathbb{E}^1$ と任意の集合 Λ に対して, 直積空間 I^Λ はコンパクトである.

系 15.21 は, 定理 12.15 を一般化する. 直積空間 I^Λ は**チコノフ立方体**とよばれる. 任意のコンパクト, ハウスドルフ空間は, ある I^Λ の部分空間と位相同型であることが知られている (参考書 [7], [15], [17] を見よ).

註 15.22 本書では, 定理 15.19 を, 部分基底に関する定理 15.20 を使って証明したが, 部分基底の代わりに, 有限交叉性をもつ極大閉集合族を使う別証明がある (参考書 [5], [7], [15], [16] を見よ). どちらの証明も Zorn の補題を使うので, 間接的に選択公理を使用する (註 7.32). 逆に, 定理 15.19 が成立することを仮定すると, 選択公理が導かれることが知られている (参考書 [12], [16] を見よ).

15.4 商空間

位相空間 X から集合 Y への全射 h が与えられたとき，Y の部分集合族
$$\mathcal{T}(h) = \{V \subseteq Y : h^{-1}(V) \text{ は } X \text{ の開集合}\} \tag{15.15}$$
を定める．このとき，次の補題が成立する．

補題 15.23 上の (15.15) で定めた集合族 $\mathcal{T}(h)$ は，写像 h を連続にするような Y の最大の位相構造である．

証明 第 5 章，問 4 (54 ページ) の結果を使うと，$\mathcal{T}(h)$ は Y の位相構造であることが示される（下の問 10 を見よ）．このとき，$\mathcal{T}(h)$ の定義と定理 11.25 より，写像 $h: X \longrightarrow (Y, \mathcal{T}(h))$ は連続である．次に，h を連続にするような Y の任意の位相構造 $\mathcal{V}$ をとると，任意の $V \in \mathcal{V}$ に対して，定理 11.25 より $h^{-1}(V)$ は X の開集合だから，$V \in \mathcal{T}(h)$．ゆえに，$\mathcal{V} \subseteq \mathcal{T}(h)$ が成立する．以上により，$\mathcal{T}(h)$ は h を連続にするような Y の最大の位相構造である． □

問 10 上の証明で，$\mathcal{T}(h)$ が Y の位相構造であることを示せ．

定義 15.24 位相空間 X から集合 Y への全射 h が与えられたとき，Y の位相構造 $\mathcal{T}(h)$ を h による**商位相**といい，位相空間 $(Y, \mathcal{T}(h))$ を h による X の**商空間**という．

定義 15.25 位相空間 X から位相空間 Y への写像 f が全射で，さらに，
$$(\forall V \subseteq Y)(V \text{ は } Y \text{ の開集合} \iff f^{-1}(V) \text{ は } X \text{ の開集合})$$
が成り立つとき，f を**商写像**とよぶ．

- ☞ 定義 15.24 において，$h: X \longrightarrow (Y, \mathcal{T}(h))$ は商写像である．
- ☞ 任意の全射，連続開写像は商写像である．
- ☞ 任意の商写像は連続写像である．

位相空間 X から位相空間 Y への商写像 h が存在するとき，Y の位相構造は $\mathcal{T}(h)$ に一致するから，Y は h による X の商空間である．命題 15.17 より，任意の直積空間 $X = \prod_{\lambda \in \Lambda} X_\lambda$ において，各空間 X_λ は射影 pr_λ による X の商空間である．

問 11 商写像 $f\colon X \longrightarrow Y$ が全単射のとき，f は位相同型写像であることを示せ．

定理 15.26 位相空間 X, Y, Z，商写像 $f\colon X \longrightarrow Y$，および写像 $g\colon Y \longrightarrow Z$ が与えられたとき，$g \circ f\colon X \longrightarrow Z$ が連続ならば g も連続である．

証明 いま $g \circ f$ が連続であるとする．このとき，定理 11.25 より，Z の任意の開集合 V に対して，$(g \circ f)^{-1}(V) = f^{-1}(g^{-1}(V))$ は X の開集合である．いま f は商写像だから，これは $g^{-1}(V)$ が Y の開集合であることを導く．ゆえに，再び定理 11.25 より g は連続である． □

定義 15.27 位相空間 X と X における同値関係 R に対し，自然な写像

$$h_R\colon X \longrightarrow X/R$$

による X の商空間 $(X/R, \mathcal{T}(h_R))$ を**同値関係 R による X の商空間**という．

☞ 商空間 X/R を**等化空間**とよぶことがある．

例 15.28 $\mathbb{E}^1$ における同値関係 R を「$xRy \iff x - y \in \mathbb{Z}$」によって定める（第 4 章，問 2（43 ページ）を見よ）．このとき，R による $\mathbb{E}^1$ の商空間 $\mathbb{E}^1/R$ は，1 次元球面 $S^1 = \{(x, y) : x^2 + y^2 = 1\} \subseteq \mathbb{E}^2$ と位相同型であることを示そう．第 4 章，問 7（50 ページ）で調べたように，連続写像

$$f\colon \mathbb{E}^1 \longrightarrow S^1 ; x \longmapsto (\cos 2\pi x, \sin 2\pi x)$$

によって引き起こされる全単射

$$g\colon \mathbb{E}^1/R \longrightarrow S^1$$

が存在する．このとき，自然な写像 $h_R\colon \mathbb{E}^1 \longrightarrow \mathbb{E}^1/R$ は商写像で，等式

$$f = g \circ h_R$$

が成り立つから，定理 15.26 より g は連続である．さらに，同値関係 R の定義より $h_R([0, 1]) = \mathbb{E}^1/R$ だから，系 12.7 より $\mathbb{E}^1/R$ はコンパクトである．ゆえに，定理 12.13 より g は位相同型写像だから，$\mathbb{E}^1/R \approx S^1$． □

例 15.29 位相空間 X の部分集合 A に対して，X の分割

$$\mathcal{D} = \{A\} \cup \{\{x\} : x \in X - A\}$$

を考える．このとき，分割 $\mathcal{D}$ から導かれる同値関係 $R_\mathcal{D}$ による X の商集合

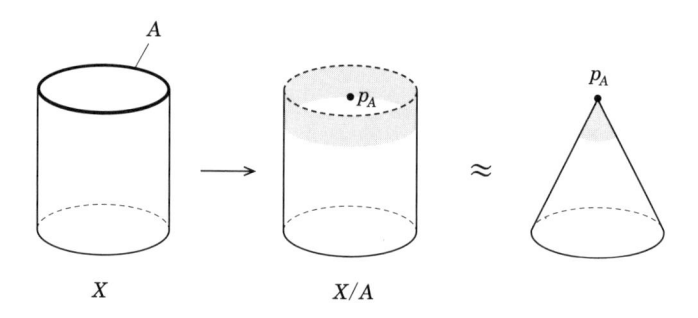

図 15.3 左の図形 (長方形の左右の辺を貼り合わせてできる上面と底面のない円筒形の図形) は**アニュラス**とよばれる．図のカゲの部分は点 p_A の近傍を表す．

は，$X/R_\mathcal{D} = \mathcal{D}$ である (例 4.9, 4.14 を見よ)．ここで，$X/R_\mathcal{D}$ の要素 A を p_A とおき，各 $x \in X - A$ に対して $\{x\}$ と x を同一視すると，

$$X/R_\mathcal{D} = \{p_A\} \cup (X - A)$$

と表される．すなわち，X の $R_\mathcal{D}$ による商空間 $X/R_\mathcal{D}$ は，X において部分集合 A を 1 点 p_A につぶしてできる空間であると考えられる．商空間 $X/R_\mathcal{D}$ を A を 1 点に縮めて得られる X の**商空間**といい，X/A で表す．一例として，図 15.3 のように，アニュラス X から，X の上端の円周 A を 1 点 p_A に縮めて得られる商空間 X/A は (底面のない) 円錐形と位相同型になる．結果として，X/A は 2 次元閉球体 B^2 と位相同型である．

問 12 $\mathbb{E}^2$ において，「$(x,y)R(x',y') \iff x-x' \in \mathbb{Z}$ かつ $y-y' \in \mathbb{Z}$」によって同値関係 R を定義する．このとき，商空間 $\mathbb{E}^2/R$ はどのような図形と位相同型になるか考えよ．

演習問題

1. 有理数を端点とする開区間全体の集合 $\mathcal{B} = \{(a,b) : a < b, a,b \in \mathbb{Q}\}$ は，$\mathbb{E}^1$ のユークリッドの位相の基底であることを示せ．

2. 距離空間 X の任意の稠密集合を D とする．このとき，X の部分集合族 $\mathcal{B} = \{U(x, 1/n) : x \in D, n \in \mathbb{N}\}$ は X の基底であることを示せ．

3. 集合 X の部分集合族 $\mathcal{B}$ に対して, $\mathcal{B}^\vee$ が X の位相構造になるためには, 次の条件 (*) が満たされることが必要十分であることを示せ.

(*) 任意の $B_1, B_2 \in \mathcal{B}$ と任意の点 $x \in B_1 \cap B_2$ に対し, $x \in B \subseteq B_1 \cap B_2$ を満たす $B \in \mathcal{B}$ が存在する.

4. X, Y を位相空間とし, Y の部分基底の 1 つを $\mathcal{S}$ とする. このとき, 写像 $f: X \longrightarrow Y$ が連続であるためには, 任意の $S \in \mathcal{S}$ に対して, $f^{-1}(S)$ が X の開集合であることが必要十分である. このことを示せ.

5. 位相空間 X がハウスドルフ空間であるためには, 直積空間 X^2 において対角線集合 $\Delta = \{(x, x) : x \in X\}$ が閉集合であることが必要十分である. このことを示せ.

6. 位相空間 X から直積空間 $Y = \prod_{\lambda \in \Lambda} Y_\lambda$ への写像 $f: X \longrightarrow Y$ が連続であるためには, すべての $\lambda \in \Lambda$ に対して, $\mathrm{pr}_\lambda \circ f: X \longrightarrow Y_\lambda$ が連続であることが必要十分である (これは, 定理 9.27 の一般化である). このことを示せ.

7. 直積空間 $X = \prod_{\lambda \in \Lambda} X_\lambda$ が弧状連結であるためには, 各 X_λ が弧状連結空間であることが必要十分であることを示せ (ヒント, 前問 6 を使う).

8. 直積空間 $X = \prod_{\lambda \in \Lambda} X_\lambda$ がハウスドルフ空間であるためには, 各 X_λ がハウスドルフ空間であることが必要十分であることを示せ.

9. 可算個の距離空間の族 $\{(X_n, \rho_n) : n \in \mathbb{N}\}$ に対して, それらの直積位相を $\mathcal{T}$ とする. このとき, 直積集合 $\prod_{n \in \mathbb{N}} X_n$ 上の距離関数 ρ が存在して, $\mathcal{T}(\rho) = \mathcal{T}$ が成り立つことを示せ.

10. 離散空間 $D = \{0, 1\}$ の直積空間 $D^\mathbb{N}$ はカントル集合 $\mathbb{K}$ と位相同型であることを示せ.

11. コンパクト空間 X からハウスドルフ空間 Y への任意の全射連続写像は商写像であることを示せ.

12. 位相空間 X, Y, Z と 2 つの連続写像 $f: X \longrightarrow Y$ と $g: Y \longrightarrow Z$ に対して, $g \circ f$ が商写像ならば g も商写像であることを示せ.

A

問の解答例と補足

A.1　第1章の問の解答例

問 1　(1) $A = \{2, 3, 5, 7, 11, 13, 17, 19, 23, 29\} = \{x : x \text{ は } 30 \text{ 以下の素数}\}$.

(2) $B = \{-2, -1, 3\} = \{x : x \text{ は } x^3 - 7x - 6 = 0 \text{ の実数解}\} = \{x \in \mathbb{R} : x^3 - 7x - 6 = 0\}$.

(3) $C = \{\cdots, -12, -7, -2, 3, 8, 13, \cdots\} = \{n \in \mathbb{Z} : n + 2 \text{ は } 5 \text{ の倍数}\} = \{5n - 2 : n \in \mathbb{Z}\}$.

問 2　(1) $A = (-3, 1)$.　(2) $B = [-2, +\infty)$.　(3) $C = (1/10, 100]$.

問 3　$\mathcal{P}(A) = \{\varnothing, \{a\}, \{b\}, \{c\}, \{a, b\}, \{b, c\}, \{c, a\}, A\}$.

問 4　(1) は正しくない．$\varnothing$ は要素をもたない集合であるが，(1) は $\varnothing$ が $\varnothing$ を要素としてもつことを主張しているからである (註 1.13 も見よ)．(2) と (4) は正しい．$\varnothing$ はすべての集合の部分集合だからである．(3) は正しい．$\{\varnothing\}$ は $\varnothing$ を要素としてもつ集合だからである．

問 5　(1) $A \cup B = [-2, 4]$.　(2) $A \cap B = [1, 3]$.

問 6　(1) $A = A \cup B \iff B \subseteq A$,　$B = A \cup B \iff A \subseteq B$.

(2) $A \cap B = A \iff A \subseteq B$,　$A \cap B = B \iff B \subseteq A$.

問 7　分配法則 (5) だけを確かめる．解答図 A.1 を見よ．

問 8　$A - B = [-2, 1)$, $B - A = (3, 4]$.

問 9　解答図 A.2．境界に注意を払うことが特に大切．

問 10　$A^c = (-\infty, -2) \cup (3, +\infty)$, $A^c \cup B = (-\infty, -2) \cup [1, +\infty)$,

$A^c \cup B^c = (-\infty, 1) \cup (3, +\infty)$, $A \cap B^c = [-2, 1)$, $A - B^c = [1, 3]$.

問 11　(1) の両辺が，どちらも解答図 A.3 (左) が示す部分であることを確かめよう．(2) に

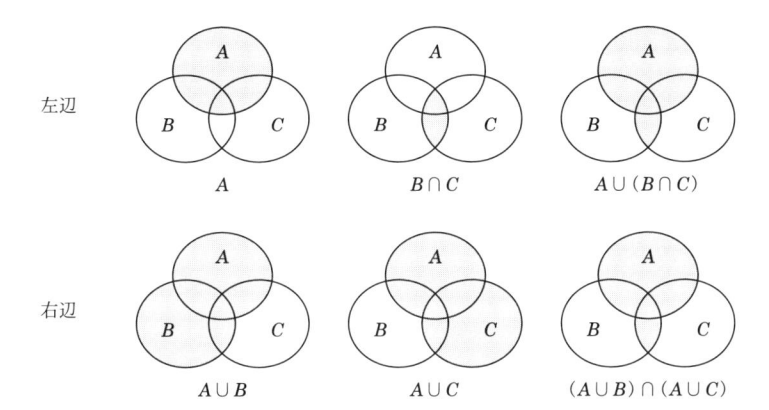

解答図 A.1 分配法則 (5) の左辺と右辺は等しい．

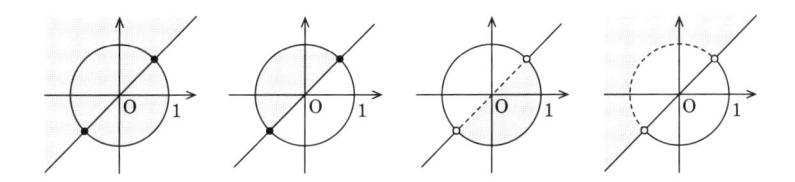

解答図 A.2 左から，$A \cup B$, $A \cap B$, $A - B$, $B - A$. 含まれる境界を実線と●で，含まれない境界を破線と○で表す．

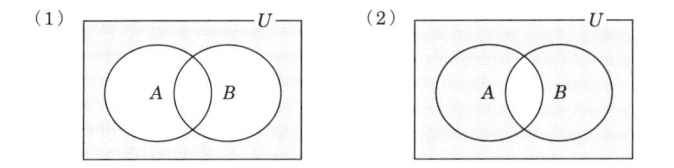

解答図 A.3 ド・モルガンの法則 (1) は左図の，(2) は右図の部分を示す．

ついても，両辺が解答図 A.3 (右) が示す部分であることを確かめよう．

問 12 $(A \cup B) - (A^c \cap B) \stackrel{\text{補題 1.21}}{=} (A \cup B) \cap (A^c \cap B)^c \stackrel{\text{命題 1.20 (2)}}{=} (A \cup B) \cap ((A^c)^c \cup B^c)$
$\stackrel{\text{命題 1.19 (1)}}{=} (A \cup B) \cap (A \cup B^c) \stackrel{\text{命題 1.16 (5)}}{=} A \cup (B \cap B^c) \stackrel{\text{命題 1.19 (3)}}{=} A \cup \emptyset \stackrel{\text{命題 1.19 (5)}}{=} A$.

注意 問 12 の答えは Venn の図式を書いてみればすぐに求められるが，集合演算の基本性質の働きを知ることが大切である．

A.2 第2章の問の解答例

問 1 $x = -4, -3, -2, 2, 3, 4$.

問 2 (1) $p \wedge q$, (2) $p \vee q$, (3) $p \wedge \neg q$, (4) $\neg p \wedge \neg q$, (5) $(p \wedge \neg q) \vee (\neg p \wedge q)$, (6) $p \to q$.

問 3 命題「$a+b$ は偶数である」を p,「a は偶数である」を q,「b は偶数である」を r とすると, $p \leftrightarrow ((q \wedge r) \vee (\neg q \wedge \neg r))$.

問 4 下表のように真理値を計算する. (1) 真, (2) 偽, (3) 偽, (4) 真.

p	q	$p \vee q$	$p \wedge q$	$p \vee (p \wedge q)$	$\neg(p \vee (p \wedge q))$	$\neg q$	$p \wedge \neg q$	$(p \wedge q) \vee (p \wedge \neg q)$
1	0	1	0	1	0	1	1	1

問 5 (1) だけを示す. 真理値表 (表 A.1) より, $\neg(p \vee q) \equiv \neg p \wedge \neg q$ が成立する.

表 A.1 $\neg(p \vee q)$ と $\neg p \wedge \neg q$ の真理値表.

p	q	$p \vee q$	$\neg(p \vee q)$	$\neg p$	$\neg q$	$\neg p \wedge \neg q$
1	1	1	0	0	0	0
1	0	1	0	0	1	0
0	1	1	0	1	0	0
0	0	0	1	1	1	1

問 6 (1) の否定は「a は 3 で割り切れない, または 4 で割り切れる」. (2) の否定は「a は 3 でも 4 でも割り切れない, または a は奇数である」.

考え方 命題「a は 3 で割り切れる」を p,「a は 4 で割り切れる」を q,「a は偶数である」を r とする. (1) $= p \wedge \neg q$ だから, $\neg(1) = \neg(p \wedge \neg q) \equiv \neg p \vee \neg\neg q \equiv \neg p \vee q$. (2) $= (p \vee q) \wedge r$ だから, $\neg(2) = \neg((p \vee q) \wedge r) \equiv \neg(p \vee q) \vee \neg r \equiv (\neg p \wedge \neg q) \vee \neg r$.

問 7 (1) だけを示す. 任意の $x \in U$ に対し, $x \in (A \cup B)^c \iff x \notin A \cup B \iff \neg(x \in A \cup B) \iff \neg(x \in A \vee x \in B) \overset{\text{命題 2.16 (1)}}{\iff} \neg(x \in A) \wedge \neg(x \in B) \iff x \notin A \wedge x \notin B \iff x \in A^c \wedge x \in B^c \iff x \in A^c \cap B^c$. ゆえに, $(A \cup B)^c = A^c \cap B^c$ が成立する.

問 8 下表のように真理値を計算する. (1) 真, (2) 偽, (3) 真, (4) 偽.

p	q	$p \to q$	$q \to p$	$p \vee q$	$p \to (p \vee q)$	$\neg p$	$\neg p \wedge q$	$(\neg p \wedge q) \to p$
0	1	1	0	1	1	1	1	0

問 9 論理演算の基本性質と補題 2.20 を使って変形する．

(1) $(p \to q) \to q \stackrel{\text{補題 2.20}}{\equiv} \neg(\neg p \vee q) \vee q \stackrel{\text{命題 2.16 (1)}}{\equiv} (\neg\neg p \wedge \neg q) \vee q$
$\stackrel{\text{命題 2.15 (1)}}{\equiv} (p \wedge \neg q) \vee q \stackrel{\text{命題 2.12 (2)}}{\equiv} q \vee (p \wedge \neg q) \stackrel{\text{命題 2.12 (5)}}{\equiv} (q \vee p) \wedge (q \vee \neg q)$
$\stackrel{\text{命題 2.15 (2)}}{\equiv} (q \vee p) \wedge \mathbf{1} \stackrel{\text{命題 2.15 (6)}}{\equiv} q \vee p \stackrel{\text{命題 2.12 (2)}}{\equiv} p \vee q.$

(2) $(p \to q) \wedge \neg(p \wedge q) \stackrel{\text{補題 2.20}}{\equiv} (\neg p \vee q) \wedge \neg(p \wedge q) \stackrel{\text{命題 2.16 (2)}}{\equiv} (\neg p \vee q) \wedge (\neg p \vee \neg q)$
$\stackrel{\text{命題 2.12 (5)}}{\equiv} \neg p \vee (q \wedge \neg q) \stackrel{\text{命題 2.15 (3)}}{\equiv} \neg p \vee \mathbf{0} \stackrel{\text{命題 2.15 (5)}}{\equiv} \neg p.$

問 10 対偶「m または n が偶数ならば，mn は偶数である」を示す．もし m が偶数ならば，$m = 2k$ を満たす $k \in \mathbb{Z}$ が存在する．このとき，$mn = 2kn$ だから，mn は偶数である．同様に n が偶数のときも mn が偶数であることが導かれるから，対偶が示された．

A.3　第 3 章の問の解答例

問 1　$B \times A = \{(a, 1), (a, 2), (b, 1), (b, 2), (c, 1), (c, 2)\}$.

$B^2 = \{(a, a), (a, b), (a, c), (b, a), (b, b), (b, c), (c, a)(c, b), (c, c)\}$.

問 2　I^2, J^2 は略．他は解答図 A.4．境界に注意を払おう．

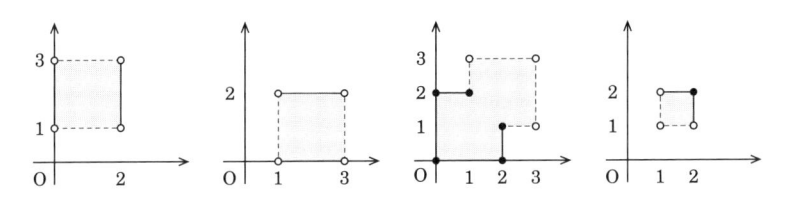

解答図 **A.4**　左から，$I \times J, J \times I, I^2 \cup J^2, I^2 \cap J^2$.

問 3　論理演算の基本性質と (3.1) を使って証明する．任意の x, y に対して，

$(x, y) \in A \times (B \cap C) \stackrel{\text{(i)}}{\iff} x \in A$ かつ $y \in B \cap C$

$\stackrel{\text{(ii)}}{\iff} x \in A$ かつ $(y \in B$ かつ $y \in C)$

$\stackrel{\text{(iii)}}{\iff} (x \in A$ かつ $x \in A)$ かつ $(y \in B$ かつ $y \in C)$

$\stackrel{\text{(iv)}}{\iff} ((x \in A$ かつ $x \in A)$ かつ $y \in B)$ かつ $y \in C$

$\stackrel{\text{(v)}}{\iff} (x \in A$ かつ $(x \in A$ かつ $y \in B))$ かつ $y \in C$

$\overset{\text{(vi)}}{\Longleftrightarrow} ((x\in A$ かつ $y\in B)$ かつ $x\in A)$ かつ $y\in C$

$\overset{\text{(vii)}}{\Longleftrightarrow} (x\in A$ かつ $y\in B)$ かつ $(x\in A$ かつ $y\in C)$

$\overset{\text{(viii)}}{\Longleftrightarrow} (x,y)\in A\times B$ かつ $(x,y)\in A\times C$

$\overset{\text{(ix)}}{\Longleftrightarrow} (x,y)\in (A\times B)\cap (A\times C).$

ここで，(i), (viii) は (3.1) から，(ii), (ix) は共通部分の定義から，(iii) は命題 2.12 (1) から，(iv), (v), (vii) は命題 2.12 (4) から，(vi) は命題 2.12 (2) から導かれる．

問 4 6 個の面は，$I\times I\times \{i\}$, $I\times \{i\}\times I$, $\{i\}\times I\times I$ ($i\in \{0,1\}$).

12 個の辺は，$I\times \{i\}\times \{j\}$, $\{i\}\times I\times \{j\}$, $\{i\}\times \{j\}\times I$ ($i,j\in \{0,1\}$).

8 個の頂点は，$(0,0,0)$, $(1,0,0)$, $(0,1,0)$, $(0,0,1)$, $(1,1,0)$, $(1,0,1)$, $(0,1,1)$, $(1,1,1)$.

問 5 集合 X の要素の個数を $|X|$ で表す．$|A^n|=p^n$, $|B^n|=q^n$, $|A^n\cap B^n|=|(A\cap B)^n|=r^n$, $|A^n\cup B^n|=|A^n|+|B^n|-|A^n\cap B^n|=p^n+q^n-r^n$. 一般に，$A^n\cap B^n=(A\cap B)^n$ が成立することに注意しよう．

問 6 (1) $x=(2n+1)\pi/2$ ($n\in \mathbb{Z}$) のとき，$f(x)$ が定義されない．(2) $x<0$ のとき，$f(x)$ が定義されない．$x>0$ のとき，$f(x)$ が一意的に定まらない．(3) $m\le n$ のとき $m-n\notin \mathbb{N}$ だから，$f(m,n)$ が定義されない．(4) は写像の定義を満たしている．

考え方 チェック・ポイントは 2 つある．第 1 はどの $x\in X$ もその像 $f(x)\in Y$ をもつこと．第 2 はどの $x\in X$ に対しても，$f(x)$ は一意的に定まることである．

問 7 定義 3.9 を思い出そう．合成写像 $h\circ (g\circ f)$ と $(h\circ g)\circ f$ の定義域はどちらも W, 終域はどちらも Z. また，任意の $x\in W$ に対し，$(h\circ (g\circ f))(x)=h((g\circ f)(x))=h(g(f(x)))$, $((h\circ g)\circ f)(x)=(h\circ g)(f(x))=h(g(f(x)))$ だから，$(h\circ (g\circ f))(x)=((h\circ g)\circ f)(x)$. ゆえに，$h\circ (g\circ f)=(h\circ g)\circ f$.

問 8 $g\circ f:\mathbb{R}\longrightarrow \mathbb{R}; x\longmapsto |2^{x+1}-4|$, $f\circ g:\mathbb{R}\longrightarrow \mathbb{R}; x\longmapsto 4^{|x-2|}$. グラフは解答図 A.5.

考え方 任意の $x\in \mathbb{R}$ に対し，$(g\circ f)(x)=g(f(x))=g(2^x)=|2\cdot 2^x-4|=|2^{x+1}-4|$. また，$(f\circ g)(x)=f(g(x))=f(|2x-4|)=2^{|2x-4|}=4^{|x-2|}$.

問 9 $f(\{1\})=\{a\}$, $f(\{2,3\})=f(\{2,3,4\})=f(X)=\{a,b\}$, $f^{-1}(\{a\})=\{1,3\}$, $f^{-1}(\{a,b\})=X$, $f^{-1}(\{a,c\})=\{1,3\}$, $f^{-1}(\{c\})=\varnothing$.

問 10 関数 f のグラフを描いて考えよう．

(1) $f([0,1])=[-2,-1]$, $f([-1,2])=[-2,2]$, $f([0,+\infty))=f(\mathbb{R})=[-2,+\infty)$.

(2) $f^{-1}([-1,1])=[1-\sqrt{3},0]\cup [2,1+\sqrt{3}]$, $f^{-1}([-2,1])=[1-\sqrt{3},1+\sqrt{3}]$,

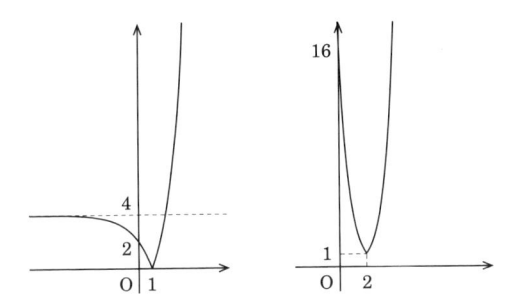

解答図 A.5 合成関数 $g \circ f$ (左) と $f \circ g$ (右) のグラフ.

$f^{-1}([0,+\infty)) = (-\infty, 1-\sqrt{2}] \cup [1+\sqrt{2}, +\infty)$.

(3) $0 < a \leq 1$ のとき,$f([-a,a]) = [a^2 - 2a - 1, a^2 + 2a - 1]$,

$a > 1$ のとき,$f([-a,a]) = [-2, a^2 + 2a - 1]$.

$0 < b < 2$ のとき,$f^{-1}([-b,b]) = [1-\sqrt{2+b}, 1-\sqrt{2-b}] \cup [1+\sqrt{2-b}, 1+\sqrt{2+b}]$,

$b \geq 2$ のとき,$f^{-1}([-b,b]) = [1-\sqrt{2+b}, 1+\sqrt{2+b}]$.

問 11 (3.7) の逆は成立するとは限らない.例 3.17 の写像 $f: X \longrightarrow Y$ を使って反例を与えよう.$A_1 = \{1\}$, $A_2 = \{2,3\}$ とおく.このとき,$f(A_1) = \{a\}$, $f(A_2) = \{a,b\}$ だから,$f(A_1) \subseteq f(A_2)$. ところが,$A_1 \subseteq A_2$ でない.

問 12 (1) $A_1 \cap A_2 \subseteq A_1$ だから,補題 3.21 より $f(A_1 \cap A_2) \subseteq f(A_1)$. 同様に,$A_1 \cap A_2 \subseteq A_2$ だから,$f(A_1 \cap A_2) \subseteq f(A_2)$. ゆえに,$f(A_1 \cap A_2) \subseteq f(A_1) \cap f(A_2)$. (2) 任意の $y \in f(A_1) - f(A_2)$ をとると,$y \in f(A_1)$ かつ $y \notin f(A_2)$. 前者より,$y = f(x)$ を満たす $x \in A_1$ が存在する.このとき,$y \notin f(A_2)$ だから $x \notin A_2$. したがって,$x \in A_1 - A_2$ だから $y = f(x) \in f(A_1 - A_2)$. ゆえに,$f(A_1) - f(A_2) \subseteq f(A_1 - A_2)$.

問 13 $A_1 = \{1\}$, $A_2 = \{-1\}$ とする.このとき,$f(A_1 \cap A_2) = f(\emptyset) = \emptyset$. 他方,$f(A_1) = \{1\} = f(A_2)$ だから,$f(A_1) \cap f(A_2) = \{1\}$. ゆえに,$f(A_1 \cap A_2) \neq f(A_1) \cap f(A_2)$. また,このとき $f(A_1 - A_2) = f(A_1) = \{1\}$. 他方,$f(A_1) = f(A_2)$ だから,$f(A_1) - f(A_2) = \emptyset$. ゆえに,$f(A_1 - A_2) \neq f(A_1) - f(A_2)$. 章末の演習問題 14 を参照.

問 14 定義 3.16 の後の (3.6) を使って示す.

(1) $B_1 \subseteq B_2$ とする.任意の $x \in f^{-1}(B_1)$ に対して,(3.6) より $f(x) \in B_1 \subseteq B_2$. 再び (3.6) より,$x \in f^{-1}(B_2)$. ゆえに,$f^{-1}(B_1) \subseteq f^{-1}(B_2)$.

(2) 任意の $x \in X$ に対して,次が成り立つから,等式 (2) が成立する.

$$x \in f^{-1}(B_1 \cup B_2) \overset{(3.6)}{\Longleftrightarrow} f(x) \in B_1 \cup B_2 \Longleftrightarrow f(x) \in B_1 \text{ または } f(x) \in B_2$$
$$\overset{(3.6)}{\Longleftrightarrow} x \in f^{-1}(B_1) \text{ または } x \in f^{-1}(B_2) \Longleftrightarrow x \in f^{-1}(B_1) \cup f^{-1}(B_2).$$

(3) 任意の $x \in X$ に対して，次が成り立つから，等式 (3) が成立する．
$$x \in f^{-1}(B_1 \cap B_2) \overset{(3.6)}{\Longleftrightarrow} f(x) \in B_1 \cap B_2 \Longleftrightarrow f(x) \in B_1 \text{ かつ } f(x) \in B_2$$
$$\overset{(3.6)}{\Longleftrightarrow} x \in f^{-1}(B_1) \text{ かつ } x \in f^{-1}(B_2) \Longleftrightarrow x \in f^{-1}(B_1) \cap f^{-1}(B_2).$$

(4) 任意の $x \in X$ に対して，次が成り立つから，等式 (4) が成立する．
$$x \in f^{-1}(B_1 - B_2) \overset{(3.6)}{\Longleftrightarrow} f(x) \in B_1 - B_2 \Longleftrightarrow f(x) \in B_1 \text{ かつ } f(x) \notin B_2$$
$$\overset{(3.6)}{\Longleftrightarrow} x \in f^{-1}(B_1) \text{ かつ } x \notin f^{-1}(B_2) \Longleftrightarrow x \in f^{-1}(B_1) - f^{-1}(B_2).$$

問 15 (1) 単射であるが全射でない．(2) 全射であるが単射でない．(3) 全単射である．(4) 全射でも単射でもない．

考え方 グラフの概形を描いて考えよう．(1) 単調増加だから単射，$f(\mathbb{R}) = (0, +\infty)$ だから全射でない．(2) $f(0) = f(2)$ だから単射でない．(3) 微分係数が 0 になる点が存在しないから単調増加である．(4) $f(x) = \sqrt{2} \sin(x + \pi/4)$ だから，$f(\mathbb{R}) = [-\sqrt{2}, \sqrt{2}]$．

問 16 (1) 任意の $x \in A$ に対して，$f(x) \in f(A)$ だから $x \in f^{-1}(f(A))$．ゆえに，$A \subseteq f^{-1}(f(A))$．

(2) 写像 f が単射のとき，$f^{-1}(f(A)) \subseteq A$ が成り立つことを示せばよい．任意の $x \in f^{-1}(f(A))$ をとると，$f(x) \in f(A)$ だから，$f(x) = f(x_1)$ を満たす $x_1 \in A$ が存在する．このとき，f は単射だから，$x = x_1 \in A$(定義 3.23 (3.10) より)．ゆえに，$f^{-1}(f(A)) \subseteq A$．

(3) 任意の $y \in f(f^{-1}(B))$ に対して，$y = f(x)$ を満たす $x \in f^{-1}(B)$ が存在する．このとき，$y = f(x) \in B$．ゆえに，$f(f^{-1}(B)) \subseteq B$．

(4) 写像 f が全射のとき，$B \subseteq f(f^{-1}(B))$ が成り立つことを示せばよい．任意の $y \in B$ をとると，f は全射だから，$y = f(x)$ を満たす $x \in X$ が存在する．このとき，$f(x) \in B$ だから，$x \in f^{-1}(B)$．したがって，$y = f(x) \in f(f^{-1}(B))$．ゆえに，$B \subseteq f(f^{-1}(B))$．

例 3.17 の写像 $f \colon X \longrightarrow Y$ を使って，(1)，(3) で等号が成立しない例を与えよう．
$A = \{1\}$ とおくと，$f^{-1}(f(A)) = \{1, 3\}$ だから，$f^{-1}(f(A)) \neq A$．
$B = \{b, c\}$ とおくと，$f(f^{-1}(B)) = \{b\}$ だから，$f(f^{-1}(B)) \neq B$．

問 17 (1) $f^{-1} \colon (1, +\infty) \longrightarrow \mathbb{R}\,;\, x \longmapsto \log_2(x-1) + 3$．

(2) $f^{-1} \colon [0, +\infty) \longrightarrow [0, +\infty)\,;\, x \longmapsto \sqrt{x+1} - 1$．

考え方 関数 $y = f(x)$ の逆関数の求め方は，(i) $y = f(x)$ を x について解いて，(ii) x と y

を入れかえる．(1) の場合，$y=2^{x-3}+1$ を x について解くと，$x=\log_2(y-1)+3$．次に，x と y を入れかえると，$y=\log_2(x-1)+3$．与えられた定義域と終域に関して f が全単射であることに注意しよう (関数 f のグラフを描いてみよ)．

A.4　第4章の問の解答例

問1　集合 $\mathbb{L}$ において，$/\!/$ は同値関係であるが，$\perp$ は同値関係でない．

考え方　任意の直線 $\ell, m, n \in \mathbb{L}$ に対して，反射律「$\ell /\!/ \ell$」，対称律「$\ell /\!/ m$ ならば $m /\!/ \ell$」，推移律「$\ell /\!/ m, m /\!/ n$ ならば $\ell /\!/ n$」が成立するから，$/\!/$ は同値関係である．一方，$\perp$ は対称律を満たすが，反射律と推移律を満たさないから同値関係でない．

問2　関係 R が，反射律，対称律，推移律を満たすことを示す．任意の $x, y, z \in \mathbb{R}$ をとる．

反射律: $x - x = 0 \in \mathbb{Z}$．ゆえに，xRx．

対称律: $x - y \in \mathbb{Z}$ ならば $y - x = -(x - y) \in \mathbb{Z}$．ゆえに，$xRy$ ならば yRx．

推移律: $x - y \in \mathbb{Z}$ かつ $y - z \in \mathbb{Z}$ ならば，$x - z = (x - y) + (y - z) \in \mathbb{Z}$．ゆえに，$xRy$ かつ yRz ならば xRz．以上により，R は $\mathbb{R}$ における同値関係である．

問3　集合 X の要素の相等関係 $=$ である．

注意　きわめて形式的なことであるが，集合 X における二項関係とは X^2 の部分集合のことであったから，$\emptyset$ も X における二項関係である．特に，$X = \emptyset$ のときは，$\emptyset$ は X における同値関係である．問3において，$X = \emptyset$ のときは，$\mathcal{D} = R_{\mathcal{D}} = \emptyset$ である．

問4　$\mathcal{D}$ が定義 4.8 の条件 (1)–(3) を満たすことを示す．(1) 任意の $x \in X$ に対して，$x \in f^{-1}(\{f(x)\})$．ゆえに，$\bigcup \mathcal{D} = X$．(2) 任意の $y \in Y$ に対して，f は全射だから，$f(x) = y$ を満たす $x \in X$ が存在する．ゆえに，$f^{-1}(\{y\}) \neq \emptyset$．(3) 任意の $y, y' \in Y$ に対して，「$f^{-1}(\{y\}) \cap f^{-1}(\{y'\}) \neq \emptyset$ ならば $f^{-1}(\{y\}) = f^{-1}(\{y'\})$」が成り立つことを示せばよい．いま $f^{-1}(\{y\}) \cap f^{-1}(\{y'\}) \neq \emptyset$ とすると，この共通部分の要素 x が存在する．このとき，$x \in f^{-1}(\{y\})$ だから $f(x) \in \{y\}$，すなわち，$f(x) = y$．同様に，$x \in f^{-1}(\{y'\})$ だから $f(x) = y'$．ゆえに，$y = y'$ だから，$f^{-1}(\{y\}) = f^{-1}(\{y'\})$．以上により，$\mathcal{D}$ は X の分割である．最後に，同値関係 $R_{\mathcal{D}}$ は，「$xR_{\mathcal{D}}y \iff f(x) = f(y)$」によって定義される同値関係である．

問5　表 4.2 を使う．それぞれ (1), (2), (3) を満たす x を $\mathbb{Z}_5 = \{0, 1, 2, 3, 4\}$ の要素の中から選ぶ．(1) $x \equiv 4 \pmod{5}$, (2) $x \equiv 2 \pmod{5}$, (3) $x \equiv 1, 3 \pmod{5}$．

問6　$Z_2 = \{0, 1\}$．表 A.2．

表 **A.2** $\mathbb{Z}_2$ における加法と乗法.

+	0	1
0	0	1
1	1	0

×	0	1
0	0	0
1	0	1

問 7 補題 4.18 を使おう．任意の $x, y \in \mathbb{R}$ に対して，

$$xRy \iff x - y \in \mathbb{Z} \iff (\exists n \in \mathbb{Z})(x - y = n) \iff (\exists n \in \mathbb{Z})(2\pi x = 2\pi y + 2n\pi)$$

$$\iff \lceil \cos 2\pi x = \cos 2\pi y \ \text{かつ}\ \sin 2\pi x = \sin 2\pi y \rfloor \iff f(x) = f(y).$$

さらに f は全射だから，補題 4.18 より，f によって引き起こされる全単射 $g: \mathbb{R}/R \longrightarrow S^1$ が存在する (例 15.28 を参照)．

参考 この同値関係 R について xRy であることは，x と y の小数部分が等しいことを意味する．幾何学的には，数直線 $\mathbb{R}$ を 2π 倍に引き延ばして半径 1 の円周 S^1 に巻き付けたとき，x と y が重なることを意味している．R による各同値類は，そのときに互いに重なり合う実数全体の集合である．結果として，R による同値類と S^1 の点は 1 対 1 に対応する．写像 f によって引き起こされる全単射 $g: \mathbb{R}/R \longrightarrow S^1$ はその対応を与えている．

A.5 第 5 章の問の解答例

問 1 (1) 任意の $x \in X$ に対して，

$$x \in X - \bigcup_{\lambda \in \Lambda} A_\lambda \iff x \notin \bigcup_{\lambda \in \Lambda} A_\lambda \iff \neg\left(x \in \bigcup_{\lambda \in \Lambda} A_\lambda\right) \iff \neg(\exists \lambda \in \Lambda)(x \in A_\lambda)$$

$$\stackrel{(5.5)}{\iff} (\forall \lambda \in \Lambda)\neg(x \in A_\lambda) \iff (\forall \lambda \in \Lambda)(x \notin A_\lambda)$$

$$\iff (\forall \lambda \in \Lambda)(x \in X - A_\lambda) \iff x \in \bigcap_{\lambda \in \Lambda}(X - A_\lambda).$$

ゆえに，(1) が成立する．(2) は (5.4) を用いることによって同様に導かれる．

問 2 $\bigcup_{a \in \mathbb{R}} L_a = \mathbb{R}^2 - \{(0, y) : y \in \mathbb{R} - \{0\}\}$, $\bigcap_{a \in \mathbb{R}} L_a = \{(0, 0)\}$.

問 3 解答図 A.6.

問 4 (1) $A = \bigcup_{\lambda \in \Lambda} A_\lambda$, $B = \bigcup_{\lambda \in \Lambda} f(A_\lambda)$ とおいて，$f(A) = B$ が成り立つことを示せばよい．任意の $y \in f(A)$ をとると，$y = f(x)$ を満たす $x \in A$ が存在する．このとき，ある $\lambda \in \Lambda$ が存在して $x \in A_\lambda$ が成り立つから，$y = f(x) \in f(A_\lambda) \subseteq B$. ゆえに，$f(A) \subseteq B$. 逆に，任意の

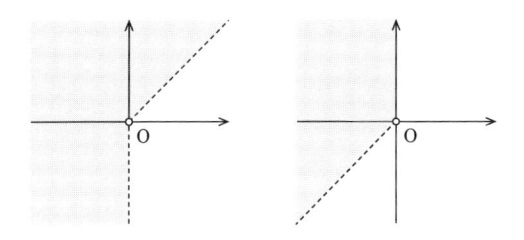

解答図 **A.6** 問 3. $\bigcup_{n\in\mathbb{N}} A_n$(左) と $\bigcap_{n\in\mathbb{N}} A_n$(右).

$\lambda\in\Lambda$ に対して，$A_\lambda\subseteq A$ だから，補題 3.21 より $f(A_\lambda)\subseteq f(A)$ が成り立つ．ゆえに，$B\subseteq f(A)$．以上により，等式 (1) が成立する．

(2) $A=\bigcap_{\lambda\in\Lambda} A_\lambda$，$B=\bigcap_{\lambda\in\Lambda} f(A_\lambda)$ とおいて，$f(A)\subseteq B$ が成り立つことを示せばよい．任意の $\lambda\in\Lambda$ に対して $A\subseteq A_\lambda$ だから，補題 3.21 より，すべての λ に対して $f(A)\subseteq f(A_\lambda)$．ゆえに，$f(A)\subseteq B$．

(3) 任意の $x\in X$ に対して，次が成り立つから，等式 (3) が成立する．

$$x\in f^{-1}(\bigcup_{\lambda\in\Lambda} B_\lambda) \iff f(x)\in \bigcup_{\lambda\in\Lambda} B_\lambda \iff (\exists\lambda\in\Lambda)(f(x)\in B_\lambda)$$
$$\iff (\exists\lambda\in\Lambda)(x\in f^{-1}(B_\lambda)) \iff x\in \bigcup_{\lambda\in\Lambda} f^{-1}(B_\lambda).$$

(4) 任意の $x\in X$ に対して，次が成り立つから，等式 (4) が成立する．

$$x\in f^{-1}(\bigcap_{\lambda\in\Lambda} B_\lambda) \iff f(x)\in \bigcap_{\lambda\in\Lambda} B_\lambda \iff (\forall\lambda\in\Lambda)(f(x)\in B_\lambda)$$
$$\iff (\forall\lambda\in\Lambda)(x\in f^{-1}(B_\lambda)) \iff x\in \bigcap_{\lambda\in\Lambda} f^{-1}(B_\lambda).$$

問 5 対偶を証明する．もし実数 x が，無限小数として 2 通りの異なる表現

$$x=a_0.a_1 a_2\cdots a_n\cdots = b_0.b_1 b_2\cdots b_n\cdots$$

をもったとする．このとき，ある n に対して $a_n\ne b_n$ だから，そのような最小の n をとり，$a_n<b_n$ であると仮定する．このとき，$x\leq a_0.a_1 a_2\cdots a_{n-1}(a_n+1)\leq b_0.b_1 b_2\cdots b_n\leq x$ だから，$x=a_0.a_1 a_2\cdots a_{n-1}(a_n+1)=b_0.b_1 b_2\cdots b_n$．ゆえに，$x$ は整数または有限小数として表される数である ($n=0$ のとき整数，$n\geq 1$ のとき有限小数)．$b_n<a_n$ の場合も同様．

問 6 $0.0\dot{5}0\dot{1}=167/3330$，$-2.00\dot{1}=-1801/900$．

問 7 $1/9=0.\dot{1}$，$1/11=0.\dot{0}\dot{9}$，$1/17=0.\dot{0}58823529411764\dot{7}$，$1/41=0.\dot{0}243\dot{9}$，$47/125=0.376$．

参考 循環小数の循環節の長さに興味をもつ読者は，参考書 [10] を見よ．

問 8 順序体 F の数列 $\{x_n\}$ に対して，ある $b\in F$ が存在して，$(\forall n\in\mathbb{N})(x_n\geq b)$ が成り立つとき，$\{x_n\}$ は**下に有界**であるという．また，すべての $n\in\mathbb{N}$ に対して $x_{n+1}\leq x_n$ のとき，$\{x_n\}$ は**単調減少**であるという．単調減少数列 $\{x_n\}$ が $x\in F$ に**収束する**とは，次の条件 (1), (2) が満たされることをいう．(1) $(\forall n\in\mathbb{N})(x_n\geq x)$，(2) $(\forall y>x)(\exists n\in\mathbb{N})(x_n<y)$．

問 9 以下，等号の上の数字 (1)–(9) は，それぞれ体の定義の条件 (1)–(9) (57, 58 ページ) を表す．

(1) $a\times 0 \stackrel{(3)}{=} a\times 0 + 0 \stackrel{(4)}{=} a\times 0 + (a\times 0 + (-(a\times 0))) \stackrel{(2)}{=} (a\times 0 + a\times 0) + (-(a\times 0))$
$\stackrel{(9)}{=} a\times(0+0) + (-(a\times 0)) \stackrel{(3)}{=} a\times 0 + (-(a\times 0)) \stackrel{(4)}{=} 0.$

(2) $(-a)\times(-b) + (-a)\times b \stackrel{(9)}{=} (-a)\times((-b)+b) \stackrel{(1)}{=} (-a)\times(b+(-b)) \stackrel{(4)}{=} (-a)\times 0$
$\stackrel{前問 (1)}{=} 0 \stackrel{前問 (1)}{=} b\times 0 \stackrel{(4)}{=} b\times(a+(-a)) \stackrel{(9)}{=} b\times a + b\times(-a) \stackrel{(5)}{=} a\times b + (-a)\times b.$

ゆえに，$(-a)\times(-b)+(-a)\times b=a\times b+(-a)\times b$．両辺に右から $-((-a)\times b)$ を加えると，$(-a)\times(-b)=a\times b$．

問 10 アルキメデスの公理より，数列 $\{n\}$ は上に有界でない．各 $n\in\mathbb{N}$ に対し $n<p^n$ が成り立つから，数列 $\{p^n\}$ もまた上に有界でない．ゆえに，$\{p^n\}$ は ∞ に発散するから，$\{1/p^n\}$ は 0 に収束する．

問 11 すべての $n\in\mathbb{N}$ に対して，$a_n=b-((b-a)/2^n)$ とおき，$J_n=(a_n,a_{n+1})$ と定める．このとき，開区間 J_n ($n\in\mathbb{N}$) は J の部分集合で互いに交わらない．有理数と無理数の稠密性 (命題 5.14, 5.15) より，各 J_n は有理数 x_n と無理数 y_n を少なくとも 1 つずつ含む．結果として，J は無限個の有理数 x_n ($n\in\mathbb{N}$) と無限個の無理数 y_n ($n\in\mathbb{N}$) を含む．

問 12 たとえば，$t=1.0001+(\sqrt{2}/20000)$．

問 13 $\dfrac{1}{4}=\dfrac{0}{3}+\dfrac{2}{3^2}+\dfrac{0}{3^3}+\dfrac{2}{3^4}+\cdots+\dfrac{0}{3^{2n-1}}+\dfrac{2}{3^{2n}}+\cdots\ (=0.\dot{0}\dot{2})$．

問 14 単調増加数列の収束の定義 5.10 の条件 (1) より，任意の $n\in\mathbb{N}$ に対して $a_n\leq x$．もしある $m\in\mathbb{N}$ に対して $b_m<x$ ならば，条件 (2) より，$b_m<a_n$ を満たす $n\in\mathbb{N}$ が存在する．これは (5.13) に矛盾する．ゆえに，任意の $n\in\mathbb{N}$ に対して $a_n\leq x\leq b_n$．

問 15 命題 5.17 より，任意の実数 $x\in I$ は，3 進展開として，

$$x=\frac{a_1}{3}+\frac{a_2}{3^2}+\cdots+\frac{a_n}{3^n}+\cdots$$
$$=0.a_1a_2\cdots a_n\cdots \qquad (a_n\in\{0,1,2\},\ n\in\mathbb{N}) \qquad (A.1)$$

と表される ($1=0.222\cdots$)．註 5.9 と同様に，$x\neq 0$ が 3 進法の有限小数として表されると

きには，2通りの3進展開がある．たとえば，$1/3 = 0.1000\cdots = 0.0222\cdots$. このような場合，常に後者の表現を採用することにすると，$x \in [0, 1/3]$ であるためには，$a_1 = 0$ であることが必要十分．すなわち，$x \in [0, 1/3] \Longleftrightarrow a_1 = 0$. また，$x \in [2/3, 1] \Longleftrightarrow a_1 = 2$.

ゆえに，$x \in K_1 \Longleftrightarrow a_1 \in \{0, 2\}$.

同様に，任意の $x \in [0, 1/3]$ に対し，$x \in [0, 1/9] \Longleftrightarrow a_2 = 0$, $x \in [2/9, 1/3] \Longleftrightarrow a_2 = 2$. また，任意の $x \in [2/3, 1]$ に対し，$x \in [2/3, 7/9] \Longleftrightarrow a_2 = 0$, $x \in [8/9, 1] \Longleftrightarrow a_2 = 2$.

ゆえに，$x \in K_2 \Longleftrightarrow a_1, a_2 \in \{0, 2\}$.

さらに同様に，すべての $n \geq 3$ に対して，$x \in K_n \Longleftrightarrow a_1, a_2, \cdots, a_n \in \{0, 2\}$.

以上により，$\mathbb{K}$ は，すべての $n \in \mathbb{N}$ に対して $a_n \in \{0, 2\}$ である3進展開 (A.1) として表される実数全体の集合に一致する．

A.6　第6章の問の解答例

問1　写像 $f: \mathbb{N} \longrightarrow \mathbb{Z}$ を例6.4で定めた全単射とする．写像 $g: \mathbb{Z} \longrightarrow A; n \longmapsto 5n-2$ は全単射だから，系3.26より，$g \circ f: \mathbb{N} \longrightarrow A$ は全単射．ゆえに，$\mathbb{N} \sim A$.

問2　関数 $f: H \longrightarrow H'; x \longmapsto \dfrac{c-d}{b-a}x + \dfrac{bd-ac}{b-a}$ は全単射だから，$H \sim H'$.

問3　関数 $f: \mathbb{R} \longrightarrow J; x \longmapsto 2^x$ は全単射だから，$\mathbb{R} \sim J$.

問4　$f(1) = 1.000\cdots$ で，すべての $n \in \mathbb{N}$ に対して $a_{nn} \neq 9$ である場合を考える．このとき，各 $n \in \mathbb{N}$ について，a_{nn} を $b_n = 9$ に変えて無限小数 $b = 0.b_1 b_2 b_3 \cdots b_n \cdots$ を作ると，$b = 0.999\cdots = 1.000\cdots = f(1) \in f(\mathbb{N})$ となり，矛盾が導かれない．

問5　$J_0 = (-1, 1)$ とおくと，例6.12より $|J_0| = 2^{\aleph_0}$. 任意の開区間 $J = (a, b)$ に対し，全単射 $f: J_0 \longrightarrow J; x \longmapsto ((b-a)x + (b+a))/2$ が存在するから，$J_0 \sim J$. ゆえに，$|J| = |J_0| = 2^{\aleph_0}$.

問6　解答図 A.7 のように，$\mathbb{N}^2$ の要素にもれなく番号をつけて，$\mathbb{N}^2 = \{a_1, a_2, \cdots, a_n, \cdots\}$ と表すことができる．ゆえに，$\mathbb{N}^2$ は可算集合である (別解を後の問9の解答で与える)．

参考　解答図 A.7 (右) の番号付けは，関数
$$f: \mathbb{N}^2 \longrightarrow \mathbb{N}; (m, n) \longmapsto \frac{(m+n-1)(m+n-2)}{2} + m$$
によって与えられる (この関数 f は **Cantor** の対関数とよばれる)．

問7　$f(A_0) = \{0\}$. $Y - f(A_0) = g(Y - f(A_0)) = (0, 1)$. ゆえに，$A_0^* = \{0, 1\}$. $f(A_n) = \{1/2^i : i = 1, 2, \cdots, n\}$. $Y - f(A_n) = g(Y - f(A_n)) = [0, 1] - \{1/2^i : i = 1, 2, \cdots, n\}$. ゆえ

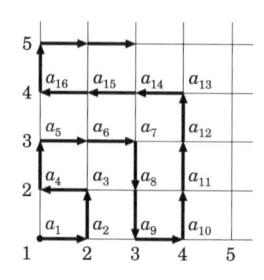

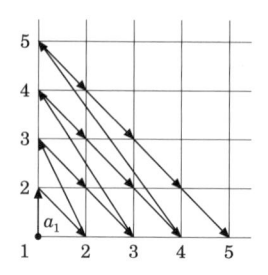

解答図 A.7 問 6. $a_1 = (1,1)$ とおき,矢印の順に $\mathbb{N}^2$ の要素に番号をつける.その 2 例を与える.

に,$A_n^* = \{1/2^i : i = 0, 1, \cdots, n\}$. ここで,$A_0 \subseteq A_0^*$, $A_n \subseteq A_n^*$ が成立することに注意.

参考 問 7 で,$D = \{0\} \cup \{1/2^i : i \in \mathbb{N} \cup \{0\}\}$ とおくと,D は定理 6.23 の証明の中の集合 $D = \bigcup \mathcal{D}$ に一致する.結果として,全単射 $h: X \longrightarrow Y$ が,$x \in X - D$ のとき $h(x) = x$,$x \in D$ のとき $h(x) = x/2$ と定めることによって定義される.

問 8 集合 A が開区間 J を含むとすると,$J \subseteq A \subseteq \mathbb{R}$.このとき,問 5 (73 ページ) の結果と補題 6.19 から,$2^{\aleph_0} = |J| \leq |A| \leq |\mathbb{R}| = 2^{\aleph_0}$.ゆえに,定理 6.24 (2) より $|A| = 2^{\aleph_0}$.

問 9 n 個の異なる素数 $p_1, p_2, \cdots, p_n$ をとると,素因数分解の一意性から,写像

$$f: \mathbb{N}^n \longrightarrow \mathbb{N}; (\alpha_1, \alpha_2, \cdots, \alpha_n) \longmapsto p_1^{\alpha_1} p_2^{\alpha_2} \cdots p_n^{\alpha_n}$$

は単射である.したがって,$|\mathbb{N}^n| \leq |\mathbb{N}| = \aleph_0$.一方,$\mathbb{N}^n$ は無限集合だから,定理 6.28 より $|\mathbb{N}^n| \geq \aleph_0$.ゆえに,$|\mathbb{N}^n| = \aleph_0$.

問 10 $A = \{\varnothing\} \cup \bigcup_{n \in \mathbb{N}} \mathbb{N}^n$ とおくと,問 9 (80 ページ) の結果と例題 6.31 より,A は可算集合である.すなわち,$|A| = \aleph_0$.いま,写像

$$f: A \longrightarrow \mathcal{F}(\mathbb{N}); x \longmapsto \begin{cases} \{\alpha_1, \alpha_2, \cdots, \alpha_n\} & (x = (\alpha_1, \alpha_2, \cdots, \alpha_n) \in \mathbb{N}^n \text{ のとき}), \\ \varnothing & (x = \varnothing \text{ のとき}) \end{cases} \quad (A.2)$$

は全射である (ただし,(A.2) で $\{\alpha_1, \alpha_2, \cdots, \alpha_n\}$ の同じ要素は同一視する).このとき,命題 6.30 より単射 $g: \mathcal{F}(\mathbb{N}) \longrightarrow A$ が存在するから,$|\mathcal{F}(\mathbb{N})| \leq |A| = \aleph_0$.一方,$\mathcal{F}(\mathbb{N})$ は無限集合だから,定理 6.28 より $|\mathcal{F}(\mathbb{N})| \geq \aleph_0$.ゆえに,$|\mathcal{F}(\mathbb{N})| = \aleph_0$.

問 11 各 $n \in \mathbb{N}$ に対して $|A_n| = \boldsymbol{a}_n$ である集合 A_n を選び,$A = \bigcup_{n \in \mathbb{N}} A_n$ とおき,$|\mathcal{P}(A)| = \boldsymbol{b}$ とおく.このとき,各 $n \in \mathbb{N}$ に対して,$A_n \subseteq A$ だから,補題 6.19 より $\boldsymbol{a}_n = |A_n| \leq |A|$.

また，定理 6.32 より $|A|<\boldsymbol{b}$. ゆえに，すべての $n\in\mathbb{N}$ に対して $\boldsymbol{a}_n<\boldsymbol{b}$.

参考 結果として，$2^{\aleph_0}=|\mathbb{R}|<|\mathcal{P}(\mathbb{R})|<|\mathcal{P}(\mathcal{P}(\mathbb{R}))|<|\mathcal{P}(\mathcal{P}(\mathcal{P}(\mathbb{R})))|<\cdots<\boldsymbol{b}$ を満たす濃度 $\boldsymbol{b}$ が存在する．同様にして，より一般的に，任意の濃度の集合 $\{\boldsymbol{a}_\lambda:\lambda\in\varLambda\}$ に対して，すべての λ に対して $\boldsymbol{a}_\lambda<\boldsymbol{b}$ を満たす濃度 $\boldsymbol{b}$ が存在することが証明できる．

A.7 第 7 章の問の解答例

問 1 $a=12, b=1260$.

問 2 もし $(\mathbb{N},\leq)\simeq(\mathbb{Z},\leq)$ ならば，順序同型写像 $f:\mathbb{N}\longrightarrow\mathbb{Z}$ が存在する．$f(1)=k$ とおくと，f は全射だから，$f(n)=k-1$ を満たす $n\in\mathbb{N}$ が存在する．このとき，n は 1 と異なる自然数だから $n>1$. ところが，$f(n)=k-1<k=f(1)$. これは，f が順序保存写像であることに矛盾する．ゆえに，$(\mathbb{N},\leq)\not\simeq(\mathbb{Z},\leq)$.

問 3 一例として，$A=\{1,2,3,5,6,10,15,30\}$.

問 4 A の極大元は $7,8,9,10,11,12$. A の極小元は $3,4,5,7,11$.

問 5 任意の集合 A に対し，次の (1), (2) が同値であることを示せばよい．(1) A は $\mathbb{N}$ の素な部分集合である．(2) A の任意の有限部分集合は $\mathbb{N}$ の素な部分集合である．素な集合の部分集合はまた素だから，(1) $\Longrightarrow$ (2) は成立する（空集合や 1 つの自然数だけからなる集合も $\mathbb{N}$ の素な部分集合であることに注意しよう）．逆を示すために，(2) が成り立つとする．このとき，任意の $x\in A$ に対して，(2) より $\{x\}$ は $\mathbb{N}$ の素な部分集合だから $x\in\mathbb{N}$. ゆえに，$A\subseteq\mathbb{N}$. 次に，任意の異なる $x,y\in A$ に対して，(2) より $\{x,y\}$ は $\mathbb{N}$ の素な部分集合だから，x と y の最大公約数は 1 である．ゆえに，A は $\mathbb{N}$ の素な部分集合である．以上により，(2) $\Longrightarrow$ (1) が成立する．

問 6 $\mathcal{A}$ の帰納的部分族全体からなる集合を $\varPhi$ とおくと，$\mathcal{B}_0=\bigcap\{\mathcal{B}:\mathcal{B}\in\varPhi\}$ と表される．$\mathcal{B}_0$ が帰納的であることを示す．(1) 任意の $\mathcal{B}\in\varPhi$ に対して $\emptyset\in\mathcal{B}$. ゆえに，$\emptyset\in\mathcal{B}_0$. (2) 任意の $B\in\mathcal{B}_0$ をとる．このとき，任意の $\mathcal{B}\in\varPhi$ に対して，$B\in\mathcal{B}$ だから $f(B)\in\mathcal{B}$. ゆえに，$f(B)\in\mathcal{B}_0$. (3) $\mathcal{A}$ の任意の鎖 $\mathcal{C}$ をとり，$\mathcal{C}\subseteq\mathcal{B}_0$ とする．このとき，任意の $\mathcal{B}\in\varPhi$ に対して，$\mathcal{C}\subseteq\mathcal{B}$ だから $\bigcup\mathcal{C}\in\mathcal{B}$. ゆえに，$\bigcup\mathcal{C}\in\mathcal{B}_0$. 以上により，$\mathcal{B}_0$ は帰納的である．

問 7 任意の空でない有限全順序集合 $(X,\leq)$ が最小元をもつことを示せばよい．X の要素の個数 n に関する数学的帰納法で示す．$n=1$ のとき，たとえば $X=\{x\}$ とすると，明らかに x は X の最小元である．$n=k$ のとき成立すると仮定して，X が $k+1$ 個の要素をもつ

場合を考える．X の任意の要素 a をとると，帰納法仮定より，$b = \min(X - \{a\})$ が存在する．X は全順序集合だから，$a \leq b$ または $b \leq a$．このとき，$a \leq b$ ならば $a = \min X$，$b \leq a$ ならば $b = \min X$ である．ゆえに，X は最小元をもつ．以上で，数学的帰納法は完成した．

注意 形式的なことであるが，空集合は整列集合である．なぜなら，$X = \varnothing$ のとき，二項関係 $\varnothing \subseteq X^2$ は X における順序関係である．このとき，任意の A に対して，「A が X の空でない部分集合ならば，A は最小元をもつ」は真だからである（註 2.19 を見よ）．

問 8 $(\mathbb{N}^2, \trianglelefteq)$ の任意の空でない部分集合 A が最小元をもつことを示せばよい．$\mathbb{N}^2$ から第 1 座標への射影を $\mathrm{pr}_1 : \mathbb{N}^2 \longrightarrow \mathbb{N}$ とすると，整列集合 $(\mathbb{N}, \leq)$ において，$m_0 = \min(\mathrm{pr}_1(A))$ と $n_0 = \min\{n \in \mathbb{N} : (m_0, n) \in A\}$ が存在する．このとき，$(m_0, n_0) \in \mathbb{N}^2$ が $(\mathbb{N}^2, \trianglelefteq)$ における A の最小元である．

問 9 (a) 任意の $x \in D_*$ と任意の $\lambda, \mu \in \Lambda$ に対して，次が成立することを示せばよい．

$$x \in \mathrm{dom}(f_\lambda) \text{ かつ } x \in \mathrm{dom}(f_\mu) \text{ ならば，} f_\lambda(x) = f_\mu(x).$$

いま C は鎖だから，$f_\lambda \preccurlyeq f_\mu$ または $f_\mu \preccurlyeq f_\lambda$．もし $f_\lambda \preccurlyeq f_\mu$ ならば，$f_\lambda = f_\mu \upharpoonright_{\mathrm{dom}(f_\lambda)}$ だから $f_\lambda(x) = f_\mu(x)$．また，$f_\mu \preccurlyeq f_\lambda$ の場合も，同様に $f_\lambda(x) = f_\mu(x)$ が成立する．

(b) $A = (A, \leq_A)$，$B = (B, \leq_B)$ とおく．写像 f_* が順序単射であることと，$\mathrm{rng}(f_*) = R_*$ であることを示せばよい．任意の $x_1, x_2 \in D_*$ をとり，$x_1 \leq_A x_2$ とすると，C は鎖だから，$x_1, x_2 \in \mathrm{dom}(f_\lambda)$ を満たす $\lambda \in \Lambda$ が存在する．このとき，f_* の定義より，$f_*(x_1) = f_\lambda(x_1)$ かつ $f_*(x_2) = f_\lambda(x_2)$．いま f_λ は順序単射だから，$f_\lambda(x_1) \leq_B f_\lambda(x_2)$．結果として，$f_*(x_1) \leq_B f_*(x_2)$．ゆえに，$f_*$ は順序保存写像である．さらに，上の証明で "$\leq_A$" と "$\leq_B$" を "$\neq$" に変えることにより，f_* が単射であることが示されるから，f_* は順序単射である．

次に，$\mathrm{rng}(f_*) = R_*$ であることを示す．任意の $x \in D_*$ に対し，$x \in \mathrm{dom}(f_\lambda)$ である $\lambda \in \Lambda$ をとると，$f_*(x) = f_\lambda(x) \in \mathrm{rng}(f_\lambda) \subseteq R_*$．ゆえに，$\mathrm{rng}(f_*) \subseteq R_*$．逆に，任意の $y \in R_*$ をとると，ある $\mu \in \Lambda$ が存在して $y \in \mathrm{rng}(f_\mu)$．したがって，$y = f_\mu(x)$ を満たす $x \in \mathrm{dom}(f_\mu)$ が存在する．このとき f_* の定義より $f_*(x) = f_\mu(x)$ だから，$y = f_*(x) \in \mathrm{rng}(f_*)$．ゆえに，$R_* \subseteq \mathrm{rng}(f_*)$．以上により，$\mathrm{rng}(f_*) = R_*$ が示された．

(c) 任意の λ に対し，$\mathrm{dom}(f_\lambda) \subseteq D_* = \mathrm{dom}(f_*)$．さらに f_* の定義より $f_\lambda = f_* \upharpoonright_{\mathrm{dom}(f_\lambda)}$ が成り立つから，$f_\lambda \preccurlyeq f_*$．

参考 写像とそのグラフを同一視する（註 3.15 を見よ）と，各 $\lambda \in \Lambda$ に対して，

$$f_\lambda \subseteq \mathrm{dom}(f_\lambda) \times B \subseteq A \times B.$$

このとき，写像 f_* のもっとも明確な定義は，$f_* = \bigcup_{\lambda \in \Lambda} f_\lambda \subseteq D_* \times B$ と定めることである．

問 10 (a) 任意の $x, y \in W_*$ に対して，次が成立すること示せばよい．

$$x, y \in W_\lambda \text{ かつ } x, y \in W_\mu \text{ のとき}, \quad x \leq_\lambda y \Longleftrightarrow x \leq_\mu y. \tag{A.3}$$

いま $x, y \in W_\lambda$ かつ $x, y \in W_\mu$ とすると，$\mathcal{C}$ は鎖だから，$W_\lambda \preccurlyeq W_\mu$ または $W_\mu \preccurlyeq W_\lambda$. そこで，$W_\lambda \preccurlyeq W_\mu$ であると仮定する (後者の場合も同様に示される)．このとき，順序 $\preccurlyeq$ の定義より，$W_\lambda \equiv W_\mu$ または $(\exists z \in W_\mu)(W_\lambda \equiv W_\mu(z))$. どちらの場合も，$W_\lambda$ において順序 $\leq_\lambda$ と $\leq_\mu$ は一致するから，$x \leq_\lambda y \Longleftrightarrow x \leq_\mu y$. ゆえに，(A.3) が成り立つ．

(b) $(W_*, \leq_*)$ の任意の空でない部分集合 A をとる．順序 $\leq_*$ に関して A の最小元が存在することを示せばよい．W_* の定義より，ある $\lambda \in \Lambda$ が存在して，$A \cap W_\lambda \neq \emptyset$. $(W_\lambda, \leq_\lambda)$ は整列集合だから，$\leq_\lambda$ に関して $A \cap W_\lambda$ の最小元 a_0 が存在する．すなわち，

$$a_0 \in A \cap W_\lambda \quad \text{かつ} \quad (\forall x \in A \cap W_\lambda)(a_0 \leq_\lambda x). \tag{A.4}$$

いま，a_0 が求める A の最小元であること，すなわち，任意の $x \in A$ に対して $a_0 \leq_* x$ が成立することを示そう．そのために，任意の $x \in A$ をとると，ある $\mu \in \Lambda$ が存在して $x \in W_\mu$. このとき，$\mathcal{C}$ は鎖だから，$W_\lambda \preccurlyeq W_\mu$ または $W_\mu \preccurlyeq W_\lambda$. 場合に分けて考えよう．

(i) $W_\lambda \preccurlyeq W_\mu$ のとき，順序 $\preccurlyeq$ の定義より，$W_\lambda \equiv W_\mu$ または $(\exists y \in W_\mu)(W_\lambda \equiv W_\mu(y))$.

(i-a) $W_\lambda \equiv W_\mu$ のとき，$x \in A \cap W_\lambda$ だから，(A.4) より $a_0 \leq_\lambda x$. ゆえに，$a_0 \leq_* x$.

(i-b) $(\exists y \in W_\mu)(W_\lambda \equiv W_\mu(y))$ のとき，もし $x \in W_\mu(y)$ ならば $x \in A \cap W_\lambda$ だから，(A.4) より $a_0 \leq_\lambda x$. ゆえに，$a_0 \leq_* x$. もし $x \notin W_\mu(y)$ ならば $y \leq_\mu x$. 一方，$a_0 \in W_\lambda = W_\mu(y)$ だから，$a_0 \leq_\mu y$. ゆえに，$a_0 \leq_\mu x$ だから $a_0 \leq_* x$.

(ii) $W_\mu \preccurlyeq W_\lambda$ のとき，順序 $\preccurlyeq$ の定義より $W_\mu \subseteq W_\lambda$ だから，$x \in A \cap W_\lambda$. このとき，(A.4) より $a_0 \leq_\lambda x$ だから，$a_0 \leq_* x$. 以上により，順序 $\leq_*$ に関して $a_0 = \min A$.

(c) 任意の $\lambda \in \Lambda$ に対して，次が成り立つことを示そう．

$$(\forall x \in W_*)(x \in W_\lambda \text{ ならば } W_*(x) \subseteq W_\lambda). \tag{A.5}$$

もし (A.5) が示されたとすると，$W_\lambda \neq W_*$ のとき，$x_0 = \min(W_* - W_\lambda)$ とおくと $W_\lambda = W_*(x_0)$ が成り立つ．さらに，W_λ において順序 $\leq_*$ と $\leq_\lambda$ は一致するから，$W_\lambda \preccurlyeq W_*$ が成立する．(A.5) を示すために，$x \in W_\lambda$ とする．次に $W_*(x) \subseteq W_\lambda$ を示すために，任意の $y \in W_*(x)$ をとると，ある $\mu \in \Lambda$ が存在して $y \in W_\mu$. このとき，$\mathcal{C}$ は鎖だから，$W_\lambda \preccurlyeq W_\mu$ または $W_\mu \preccurlyeq W_\lambda$.

(i) $W_\lambda \preccurlyeq W_\mu$ のとき，順序 $\preccurlyeq$ の定義より，$W_\lambda \equiv W_\mu$ または $(\exists z \in W_\mu)(W_\lambda \equiv W_\mu(z))$.

(i-a) $W_\lambda \equiv W_\mu$ のとき，$y \in W_\mu = W_\lambda$.

(i-b) $(\exists z \in W_\mu)(W_\lambda \equiv W_\mu(z))$ のとき，もし $y \in W_\mu(z)$ ならば $y \in W_\lambda$. もし $y \notin$

$W_\mu(z)$ ならば，$x \in W_\lambda \equiv W_\mu(z)$ だから，$x \leq_\mu y$. ゆえに，$x \leq_* y$. これは $y \in W_*(x)$ であることに矛盾する．したがって，後の場合は起こらない．

(ii) $W_\mu \preccurlyeq W_\lambda$ のとき，$W_\mu \subseteq W_\lambda$ だから，$y \in W_\lambda$. 以上によって，(A.5) が示された．

参考 各 $\lambda \in \Lambda$ に対し，順序 $\leq_\lambda$ は二項関係として直積集合 W_λ^2 の部分集合

$$R(\leq_\lambda) = \{(x, y) : x \leq_\lambda y\} \subseteq W_\lambda^2$$

であると考えられる (定義 4.1 を見よ). このとき，順序 $\leq_*$ のもっとも明確な定義は，$\leq_*$ を直積集合 W_*^2 の部分集合 $\bigcup_{\lambda \in \Lambda} R(\leq_\lambda)$ と定めることである．

A.7.1 数学的帰納法と超限帰納法

7.3 節の補足として，帰納法の原理について説明しておこう．数学的帰納法は，自然数 k に関する命題 $p(k)$ が与えられたとき，すべての $k \in \mathbb{N}$ に対して $p(k)$ が成立することを証明するための方法である．次の定理が示すように，その根拠は，通常の大小関係 $\leq$ に関して $(\mathbb{N}, \leq)$ が整列集合であるという事実 (例 7.22) に基づいている．

定理 A.1 (数学的帰納法) 自然数 k に関する命題 $p(k)$ が与えられたとき，次の (1) と (2) が成立するならば，すべての $k \in \mathbb{N}$ に対して $p(k)$ が成立する．

(1) $p(1)$ は成立する．

(2) 任意の $k \in \mathbb{N}$ に対し，もし $p(k)$ が成立するならば $p(k+1)$ も成立する．

証明 (1) と (2) が成立するとき，ある k に対して $p(k)$ が成立しないと仮定して，矛盾を導こう．このとき，$p(k)$ が成立しないような k 全体からなる集合を M とすると，$M \neq \emptyset$. $(\mathbb{N}, \leq)$ は整列集合だから，$m = \min M$ が存在する．$m = 1$ のとき (1) に矛盾する．$m > 1$ ならば，$m - 1 \notin M$ だから $p(m-1)$ は成立する．ところが，$p(m)$ は成立しないから (2) に矛盾する．ゆえに，すべての k に対して，$p(k)$ は成立する． □

定理 A.1 は，次のように一般化される．

定理 A.2 (超限帰納法) 整列集合 $(W, \leq)$ の要素 x に関する命題 $p(x)$ が与えられたとき，次の (1) と (2) が成立するならば，すべての $x \in W$ に対して $p(x)$ が成立する．

(1) $p(x_0)$ は成立する．ただし，$x_0 = \min W$.

(2) 任意の $x \in W$ に対し，もしすべての $y < x$ に対して $p(y)$ が成立するならば $p(x)$ も成立する．

証明 (1) と (2) が成立するとき，ある x に対して $p(x)$ が成立しないと仮定して，矛盾を導こう．このとき，$p(x)$ が成立しないような $x \in W$ 全体の集合を M とすると，$M \neq \emptyset$．いま $(W, \leq)$ は整列集合だから，$x_1 = \min M$ が存在する．$x_1 = x_0$ のとき (1) に矛盾する．$x_1 > x_0$ のとき，任意の $y < x_1$ に対して，$y \notin M$ だから $p(y)$ は成立する．ところが，$p(x_1)$ は成立しないから (2) に矛盾する．ゆえに，すべての x に対して，$p(x)$ は成立する． □

ある集合 X の要素 x に関する命題 $p(x)$ が与えられ，すべての $x \in X$ に対して $p(x)$ が成立することを証明したいとき，整列可能定理 7.30 によって X を整列集合 $(X, \leq)$ として，超限帰納法を用いるのが一般的な方法である．なお，定理 A.2 において，形式的には (1) はなくてもよい．なぜなら，$x_0 = \min W$ のとき，$y < x_0$ を満たす $y \in W$ は存在しないから，すべての y に対して「$y < x_0$ ならば $p(y)$ は成立する」は常に真である (註 2.19 を見よ)．したがって，(2) から $p(x_0)$ が成立することが導かれるからである．

A.8　第 8 章の問の解答例

問 1 $d(p, q) = 4\sqrt{2}$．

問 2 $B^1 = [-1, 1]$, $S^0 = \{-1, 1\}$．B^2 は $\mathbb{E}^2$ における原点を中心とする半径 1 の円とその内部，S^1 はその円周．B^3 は $\mathbb{E}^3$ における原点を中心とする半径 1 の球とその内部，S^2 はその球面．

問 3 任意の $x, y \in X$ に対して (M1), (M2) が成立することは，定義から直ちに導かれる．任意の $x, y, z \in X$ に対して，三角不等式 (M3) が成立することを示す．もし $x = z$ ならば，$d_0(x, z) = 0 \leq d_0(x, y) + d_0(y, z)$．もし $x \neq z$ ならば，$x \neq y$, $y \neq z$ の少なくとも一方が成り立つから，$d_0(x, z) = 1 \leq d_0(x, y) + d_0(y, z)$．ゆえに，$d_0$ は X 上の距離関数である．

問 4 $d_2(p, q) = \sqrt{14}$, $d_1(p, q) = 6$, $d_\infty(p, q) = 3$．

問 5 原点を中心とする回転角 $45°$ の回転を f とし，$p = (0, 0)$, $q = (1, 0)$ とおく．このとき，$f(p) = p$, $f(q) = (1/\sqrt{2}, 1/\sqrt{2})$ だから，$d_1(p, q) = 1$, $d_1(f(p), f(q)) = \sqrt{2}$．また，$d_\infty(p, q) = 1$, $d_\infty(f(p), f(q)) = 1/\sqrt{2}$．ゆえに，距離 $d_1(p, q)$, $d_\infty(p, q)$ は f によって保存されない．

問 6 解答図 A.8．

問 7 $d(E, -3E) = 4\sqrt{n}$．

問 8 直積距離空間 $(\mathbb{R}^2, d_1) \times (\mathbb{R}^2, d_\infty)$ における距離関数 (すなわち，d_1, d_∞ から導かれる

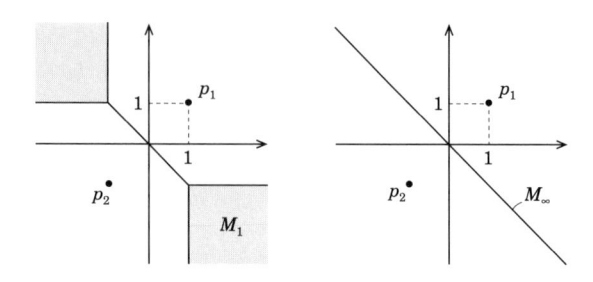

解答図 A.8 問 6. M_1(左) と M_∞(右).

直積距離関数) を d とすると, $d(p,q) = \sqrt{d_1(p_1,q_1)^2 + d_\infty(p_2,q_2)^2} = \sqrt{5}$.

問 9 $x = \lim_{n\to\infty} x_n$, $y = \lim_{n\to\infty} y_n$ とおく. このとき, $d(x_n, y_n) \longrightarrow d(x,y)$ を示す問題である. 任意の $n \in \mathbb{N}$ に対して, 三角不等式より $d(x,y) \leq d(x,x_n) + d(x_n, y_n) + d(y_n, y)$ が成り立つから, $d(x,y) - d(x_n, y_n) \leq d(x,x_n) + d(y,y_n)$. 同様に, $d(x_n,y_n) \leq d(x_n,x) + d(x,y) + d(y,y_n)$ が成り立つから, $d(x_n,y_n) - d(x,y) \leq d(x,x_n) + d(y,y_n)$. 結果として,

$$|d(x,y) - d(x_n,y_n)| \leq d(x,x_n) + d(y,y_n) \tag{A.6}$$

が成り立つ. いま, $x_n \longrightarrow x$ かつ $y_n \longrightarrow y$ だから, 補題 8.20 より $d(x,x_n) \longrightarrow 0$ かつ $d(y,y_n) \longrightarrow 0$. 結果として, (A.6) より $|d(x,y) - d(x_n,y_n)| \longrightarrow 0$ が成り立つから, 再び補題 8.20 より, $d(x_n,y_n) \longrightarrow d(x,y)$ が成立する.

注意 上の証明の最後の部分では, 一般に実数列 $\{a_n\}$, $\{b_n\}$ に対して,「$a_n \longrightarrow 0$ かつ $b_n \longrightarrow 0$ ならば, $a_n + b_n \longrightarrow 0$」が成立することを使った. これは直観的には自明だが, 証明を必要とする事柄である (章末の演習問題 12 を見よ).

問 10 $\{x_n\}$ が異なる 2 つの極限点 $x, x' \in X$ をもったと仮定して矛盾を導く. 最初に, $d(x,x') = \varepsilon$ とおくと, $x \neq x'$ だから $\varepsilon > 0$ (距離関数の定義 8.6 (M1)). 次に, $x_n \longrightarrow x$ だから, $\varepsilon/2$ に対して, $n_1 \in \mathbb{N}$ が存在して, $(\forall n \in \mathbb{N})(n > n_1$ ならば $d(x,x_n) < \varepsilon/2)$. また, $x_n \longrightarrow x'$ だから, $n_2 \in \mathbb{N}$ が存在して, $(\forall n \in \mathbb{N})(n > n_2$ ならば $d(x',x_n) < \varepsilon/2)$. このとき, $n > \max\{n_1, n_2\}$ を満たす n をとると, $d(x,x_n) < \varepsilon/2$ かつ $d(x',x_n) < \varepsilon/2$ だから,

$$d(x,x') \stackrel{(M3)}{\leq} d(x,x_n) + d(x_n,x') \stackrel{(M2)}{=} d(x,x_n) + d(x',x_n) < \varepsilon/2 + \varepsilon/2 = \varepsilon.$$

これは, $d(x,x') = \varepsilon$ であることに矛盾する.

A.9　第9章の問の解答例

問1　条件 (C) は $(\forall \varepsilon)(\exists \delta)(\forall y)(p \to q)$ の形の命題である．ただし，p は "$d_X(x,y)<\delta$", q は "$d_Y(f(x),f(y))<\varepsilon$". このとき，(5.4), (5.5) を前から順に適用すると，

$$\neg(\forall \varepsilon)(\exists \delta)(\forall y)(p \to q) \stackrel{(5.4)}{\iff} (\exists \varepsilon)\neg(\exists \delta)(\forall y)(p \to q) \stackrel{(5.5)}{\iff} (\exists \varepsilon)(\forall \delta)\neg(\forall y)(p \to q)$$

$$\stackrel{(5.4)}{\iff} (\exists \varepsilon)(\forall \delta)(\exists y)\neg(p \to q) \stackrel{\text{補題 2.20}}{\iff} (\exists \varepsilon)(\forall \delta)(\exists y)(p \wedge \neg q).$$

参考　最後の命題は，通常の言語ではどのように書けばよいだろうか．最も簡単な方法は，'∀ = for any', '∃ = there exists' と機械的に置き換えて，英語で表現することである．There exists $\varepsilon > 0$ (such that) for any $\delta > 0$, there exists $y \in X$ (such that) $d_X(x,y) < \delta$ and $d_Y(f(x), f(y)) \geq \varepsilon$.

問2　任意の点 $p = (x_1, x_2) \in \mathbb{E}^2$ における f の連続性を示すために，任意の $\varepsilon > 0$ をとる．このとき，$\varepsilon < 1$ であると仮定してよい．$\delta = \varepsilon/(1 + |x_1| + |x_2|)$ とおくと $\delta < 1$. 任意の点 $q = (y_1, y_2) \in \mathbb{E}^2$ に対し，もし $d_2(p,q) < \delta$ ならば，$|y_1 - x_1| < \delta$ かつ $|y_2 - x_2| < \delta$ だから，

$$|f(p) - f(q)| = |x_1 x_2 - y_1 y_2| = |(y_1 - x_1)(y_2 - x_2) + x_1(y_2 - x_2) + x_2(y_1 - x_1)|$$

$$\leq |y_1 - x_1| \cdot |y_2 - x_2| + |x_1| \cdot |y_2 - x_2| + |x_2| \cdot |y_1 - x_1|$$

$$< \delta^2 + |x_1|\delta + |x_2|\delta = \frac{\varepsilon(\delta + |x_1| + |x_2|)}{1 + |x_1| + |x_2|} < \varepsilon.$$

ゆえに，f は p で連続である．点 $p \in \mathbb{E}^2$ の選び方は任意だから，f は連続関数である．

次に，写像 f はリプシッツ写像でないことを示す．もし f がリプシッツ定数 r のリプシッツ写像ならば，任意の異なる2点 $p, q \in \mathbb{E}^2$ に対して，

$$|f(p) - f(q)|/d_2(p,q) \leq r \tag{A.7}$$

が成り立つ．ところが，各 $n \in \mathbb{N}$ に対して $p_n = (n, n)$ とおくと，

$$\lim_{n \to \infty} \frac{|f(p_n) - f(p_{n+1})|}{d_2(p_n, p_{n+1})} = \lim_{n \to \infty} \frac{|n^2 - (n+1)^2|}{d_2(p_n, p_{n+1})} = \lim_{n \to \infty} \frac{2n+1}{\sqrt{2}} = +\infty.$$

これは (A.7) に矛盾する．ゆえに，f はリプシッツ写像でない．

連続性の別証明　連続性の条件 (A) を使って示す．任意の点 $p = (x(1), x(2)) \in \mathbb{E}^2$ と $\mathbb{E}^2$ の任意の点列 $\{p_n\}$ をとり，$p_n \longrightarrow p$ であると仮定する．各 n に対して $p_n = (x_n(1), x_n(2))$ とおくと，射影の連続性より，$x_n(1) \longrightarrow x(1)$ かつ $x_n(2) \longrightarrow x(2)$. このとき，第8章, 演習問題 12 より，$x_n(1)x_n(2) \longrightarrow x(1)x(2)$, すなわち，$f(p_n) \longrightarrow f(p)$. ゆえに，$f$ は p で連続である．

参考 例題 9.12 と問 2 より, 実数の加法と乗法は $\mathbb{E}^2$ 上の関数として連続である.

問 3 関数 $f:\mathbb{Q}\longrightarrow\mathbb{E}^1$ が連続であることを示す. 任意の $x\in\mathbb{Q}$ と任意の $\varepsilon>0$ をとる. いま $x\neq\pm\sqrt{2}$ だから, $\delta=||x|-\sqrt{2}|$ とおくと $\delta>0$. このとき, 任意の $y\in\mathbb{Q}$ に対して, もし $|x-y|<\delta$ ならば, $x^2>2$ かつ $y^2>2$, または, $x^2<2$ かつ $y^2<2$. したがって, f の定義より, $|f(x)-f(y)|=0<\varepsilon$. ゆえに, f は x で連続である. 点 $x\in\mathbb{Q}$ の選び方は任意だから, f は連続関数である.

問 4 任意の $x\in X$ をとる. 任意の $\varepsilon>0$ に対して, $\delta=1$ とおく. このとき, 任意の $y\in X$ に対して, $d_0(x,y)<\delta$ ならば, $x=y$ だから, $f(x)=f(y)$. したがって, $d(f(x),f(y))=0<\varepsilon$. ゆえに, f は x で連続である. 点 $x\in X$ の選び方は任意だから, f は連続写像である.

問 5 任意の正数 $a\neq 1$ に対し, 関数 $f:\mathbb{E}^1\longrightarrow J;x\longmapsto a^x$ は位相同型写像だから, $\mathbb{E}^1\approx J$.

参考 一般に, $X\approx Y$ のとき, 位相同型写像 $f:X\longrightarrow Y$ は一意的に決まるとは限らない. 本問の場合, $\mathbb{E}^1$ から J への位相同型写像は無限に多く存在する.

問 6 もし $\mathbb{Q}\approx\mathbb{Z}$ であると仮定すると, 位相同型写像 $f:\mathbb{Q}\longrightarrow\mathbb{Z}$ が存在する. 任意の $x\in\mathbb{Q}$ をとる. このとき, f は x で連続だから, $\varepsilon=1$ に対して, ある $\delta>0$ が存在して,

$$(\forall y\in\mathbb{Q})(|x-y|<\delta \text{ ならば } |f(x)-f(y)|<\varepsilon). \tag{A.8}$$

このとき, $x<y<x+\delta$ を満たす $y\in\mathbb{Q}$ をとると, $|x-y|<\delta$. ところが, f は単射だから $f(x)\neq f(y)$. さらに, $f(x),f(y)\in\mathbb{Z}$ だから, $|f(x)-f(y)|\geq 1=\varepsilon$. これは, (A.8) に矛盾する. ゆえに, $\mathbb{Q}\not\approx\mathbb{Z}$.

問 7 参考書 [22, 例題 5.8] を見よ.

問 8 $\varepsilon=f(x)-a$ とおくと $\varepsilon>0$. 関数 $f:X\longrightarrow\mathbb{E}^1$ の連続性より, ある $\delta>0$ が存在して, $(\forall y\in X)(d(x,y)<\delta$ ならば $|f(x)-f(y)|<\varepsilon)$. このとき, 任意の $y\in U(x,\delta)$ に対して, $f(x)-f(y)\leq|f(x)-f(y)|<\varepsilon=f(x)-a$ だから, $f(y)>a$ が成り立つ.

問 9 $d_1(f,g)=2\sqrt{2}/\pi$, $d_\infty(f,g)=\sqrt{2}$.

問 10 写像 m がリプシッツ写像であることを示す. 任意の $f,g\in C(I)$ をとる. いま f は $x_0\in I$ で最大値をとり, g は $y_0\in I$ で最大値をとるとする. このとき, $m(f)=f(x_0)$, $m(g)=g(y_0)$. 2 つの場合に分けて考える. (i) $m(g)\leq m(f)$ ならば, $g(x_0)\leq g(y_0)\leq f(x_0)$ だから, $|m(f)-m(g)|=|f(x_0)-g(y_0)|\leq|f(x_0)-g(x_0)|\leq d_\infty(f,g)$. (ii) $m(f)\leq m(g)$ ならば, $f(y_0)\leq f(x_0)\leq g(y_0)$ だから, $|m(f)-m(g)|=|f(x_0)-g(y_0)|\leq|f(y_0)-g(y_0)|\leq d_\infty(f,g)$. ゆえに, m はリプシッツ写像だから連続である (補題 9.8).

問 11 図 9.6 (右) を参考にせよ. いま, $d_\infty(f,f_n)=\max\{|x/n|:x\in I\}=1/n\longrightarrow 0$. ゆえに, 補題 8.20 より, $(C(I),d_\infty)$ において $f_n\longrightarrow f$.

A.10　第10章の問の解答例

問 1　$\text{Int}_{\mathbb{E}^1} A = (0,1) \cup (2,3)$, $\text{Ext}_{\mathbb{E}^1} A = (-\infty, 0) \cup (1,2) \cup (3, +\infty)$, $\text{Bd}_{\mathbb{E}^1} A = \{0, 1, 2, 3\}$, A は $\mathbb{E}^1$ の開集合でも閉集合でもない．$\text{Int}_{\mathbb{E}^1} \mathbb{Z} = \varnothing$, $\text{Ext}_{\mathbb{E}^1} \mathbb{Z} = \mathbb{E}^1 - \mathbb{Z}$, $\text{Bd}_{\mathbb{E}^1} \mathbb{Z} = \mathbb{Z}$, $\mathbb{Z}$ は $\mathbb{E}^1$ の閉集合であるが開集合でない．$\text{Int}_{\mathbb{E}^1} \mathbb{Q} = \text{Ext}_{\mathbb{E}^1} \mathbb{Q} = \varnothing$, $\text{Bd}_{\mathbb{E}^1} \mathbb{Q} = \mathbb{E}^1$, $\mathbb{Q}$ は $\mathbb{E}^1$ の開集合でも閉集合でもない．

考え方　なぜ $\text{Bd}_{\mathbb{E}^1} \mathbb{Q} = \mathbb{E}^1$ か．任意の点 $x \in \mathbb{E}^1$ に対して，任意の ε-近傍 $U(x, \varepsilon)$ は有理数と無理数を含む (命題 5.14, 5.15)．すなわち，$U(x, \varepsilon) \cap \mathbb{Q} \neq \varnothing$ かつ $U(x, \varepsilon) \cap (\mathbb{E}^1 - \mathbb{Q}) \neq \varnothing$．ゆえに，$\mathbb{E}^1$ の点はすべて $\mathbb{Q}$ の境界点である．

注意　一般に，開集合でないからといって，閉集合であるとはいえないことに注意しよう．距離空間の任意の部分集合 A に対しては，次の4つの可能性がある．(i) A は開集合であると同時に閉集合でもある．(ii) A は開集合であるが閉集合でない．(iii) A は閉集合であるが開集合でない．(iv) A は開集合でも閉集合でもない．

問 2　補題 10.5 より，任意の点 $y \in X - F$ に対して，$U(y, \delta) \cap F = \varnothing$ を満たす y の δ-近傍の存在を示せばよい．いま $d(x, y) > \varepsilon$ だから，$\delta = d(x, y) - \varepsilon$ とおくと $\delta > 0$．このとき，$U(y, \delta) \cap F = \varnothing$ が成り立つことを示すために，任意の点 $z \in U(y, \delta)$ をとると，$d(z, y) = d(y, z) < \delta$．また，$d(x, y) = \varepsilon + \delta$．三角不等式より $d(x, y) \leq d(x, z) + d(z, y)$ だから，$d(x, z) \geq d(x, y) - d(z, y) > (\varepsilon + \delta) - \delta = \varepsilon$．したがって，$z \notin F$ だから，$U(y, \delta) \cap F = \varnothing$ が成立する．

問 3　補題 10.5 を使って，$\text{Int}_X A$ が開集合であることを示す．任意の点 $x \in \text{Int}_X A$ をとると，ある $\varepsilon > 0$ が存在して $U(x, \varepsilon) \subseteq A$．このとき，$U(x, \varepsilon) \subseteq \text{Int}_X A$ であることを示せばよい．そのために，任意の点 $y \in U(x, \varepsilon)$ をとると，補題 10.6 より $U(x, \varepsilon)$ は X の開集合だから，$U(y, \delta) \subseteq U(x, \varepsilon)$ を満たす y の δ-近傍が存在する．このとき，$U(y, \delta) \subseteq U(x, \varepsilon) \subseteq A$ だから，$y \in \text{Int}_X A$．以上により，$U(x, \varepsilon) \subseteq \text{Int}_X A$ が成立する．次に，$\text{Ext}_X A = \text{Int}_X (X - A)$ だから，$\text{Ext}_X A$ も X の開集合である．最後に，開集合の基本性質 (O3) (定理 10.8) より，$\text{Int}_X A \cup \text{Ext}_X A$ は X の開集合．補題 10.4 より，$\text{Bd}_X A = X - (\text{Int}_X A \cup \text{Ext}_X A)$ は X の閉集合である．

問 4　離散距離空間 (X, d_0) の任意の点 x に対して，$U(X, d_0, x, 1) = \{x\}$ であることに注意しよう．任意の $A \subseteq X$ をとる．任意の $x \in A$ に対して，$U(X, d_0, x, 1) = \{x\} \subseteq A$ が成り立つから，補題 10.5 (1) より A は (X, d_0) の開集合である．また，任意の $x \in X - A$ に対して，$U(X, d_0, x, 1) \cap A = \{x\} \cap A = \varnothing$ が成り立つから，補題 10.5 (2) より A は (X, d_0) の閉集合である．

問 5 任意の点 $x \in X$ に対して,$x \in f^{-1}(Y-F) \Longleftrightarrow f(x) \in Y-F \Longleftrightarrow f(x) \notin F \Longleftrightarrow x \notin f^{-1}(F) \Longleftrightarrow x \in X - f^{-1}(F)$.ゆえに,$f^{-1}(Y-F) = X - f^{-1}(F)$ が成立する.

問 6 $\mathbb{E}^1$ の開集合 $V = (-1, +\infty)$ に対して,$f^{-1}(V) = (-\infty, -1) \cup [0, +\infty)$ は $\mathbb{E}^1$ の開集合でない.$\mathbb{E}^1$ の閉集合 $F = [1, +\infty)$ に対して,$f^{-1}(F) = (0, 1]$ は $\mathbb{E}^1$ の閉集合でない.

問 7 問 4 で示した事実より,$\mathcal{P}(X) \subseteq \mathcal{T}(X, d_0)$.逆の包含関係 $\mathcal{T}(X, d_0) \subseteq \mathcal{P}(X)$ は常に成立するから,$\mathcal{T}(X, d_0) = \mathcal{P}(X)$.

A.11 第 11 章の問の解答例

問 1 (C2): X の有限個の閉集合 $F_1, F_2, \cdots, F_n$ に対して,ド・モルガンの公式 (命題 5.4) から $X - (F_1 \cup F_2 \cup \cdots \cup F_n) = (X - F_1) \cap (X - F_2) \cap \cdots \cap (X - F_n)$.ここで,各 $X - F_i$ は X の開集合だから,開集合の基本性質 (O2) (定義 11.1) より右辺は X の開集合である.ゆえに,$F_1 \cup F_2 \cup \cdots \cup F_n$ は X の閉集合である.(C3): X の任意個の閉集合 F_λ,$\lambda \in \Lambda$,に対して,ド・モルガンの公式から $X - \bigcap_{\lambda \in \Lambda} F_\lambda = \bigcup_{\lambda \in \Lambda}(X - F_\lambda)$.ここで,各 $X - F_\lambda$ は X の開集合だから,開集合の基本性質 (O3) (定義 11.1) より右辺は X の開集合である.ゆえに,$\bigcap_{\lambda \in \Lambda} F_\lambda$ は X の閉集合である.

問 2 $I_n = [1/n, 2]$ ($n \in \mathbb{N}$) は $\mathbb{E}^1$ の閉集合であるが,$\bigcup_{n \in \mathbb{N}} I_n = (0, 2]$ は $\mathbb{E}^1$ の閉集合でない.

問 3 カントル集合の定義より,$\mathbb{K} = \bigcap K_n$,ただし,各 K_n は 2^n 個の閉区間の和集合 (例 5.20).閉集合の基本性質 (C2) (定理 11.9) より,各 K_n は $\mathbb{E}^1$ の閉集合.次に,閉集合の基本性質 (C3) (定理 11.9) より,$\mathbb{K}$ は $\mathbb{E}^1$ の閉集合である.

問 4 註 11.13 (11.1),(11.2) より,$\mathrm{Bd}_X A = (X - \mathrm{Int}_X A) \cap (X - \mathrm{Ext}_X A) \subseteq X - \mathrm{Ext}_X A = \mathrm{Cl}_X A$.他方,$A \subseteq \mathrm{Cl}_X A$ だから,$A \cup \mathrm{Bd}_X A \subseteq \mathrm{Cl}_X A$.逆に,$\mathrm{Cl}_X A = X - \mathrm{Ext}_X A = \mathrm{Int}_X A \cup \mathrm{Bd}_X A \subseteq A \cup \mathrm{Bd}_X A$.以上により,$\mathrm{Cl}_X A = A \cup \mathrm{Bd}_X A$.

別証明 任意の $x \in \mathrm{Cl}_X A$ をとる.このとき,x の任意の近傍は A と交わる.さらに,もし x の任意の近傍が $X - A$ と交わるならば,$x \in \mathrm{Bd}_X A$.また,もし $X - A$ と交わらない x の近傍が存在するならば,$x \in A$.したがって,$x \in A \cup \mathrm{Bd}_X A$.ゆえに,$\mathrm{Cl}_X A \subseteq A \cup \mathrm{Bd}_X A$.逆に,任意の A の点と A の境界点は A の触点だから,$A \cup \mathrm{Bd}_X A \subseteq \mathrm{Cl}_X A$.ゆえに,$\mathrm{Cl}_X A = A \cup \mathrm{Bd}_X A$ が成立する.

問 5 点 a の近傍は,$\{a\}, \{a, b\}, \{a, b, c\}, \{a, b, d\}, \{a, b, c, d\}, S$.

点 b の近傍は,$\{a, b\}, \{a, b, c\}, \{a, b, d\}, \{a, b, c, d\}, S$.

点 c の近傍は，$\{a,b,c\},\{a,b,c,d\},S$．

点 d の近傍は，$\{a,b,d\},\{a,b,c,d\},S$．

点 e の近傍は，S．

$\text{Int}_S A = \{a\}$, $\text{Cl}_S A = S$, A の集積点は b,c,d,e, A の孤立点は a. $\text{Int}_S B = \varnothing$, $\text{Cl}_S B = \{c,d,e\}$, B の集積点は e, B の孤立点は c,d．

考え方 内部，閉包，集積点，孤立点の定義に戻って考えよう．

なぜ点 b は A の集積点か．点 b の近傍は上に列記した 5 つの集合．これらの中のどれを U としても，$U\cap (A-\{b\})=U\cap A\ne\varnothing$ が成り立つからである．

なぜ点 c は B の孤立点か．まず最初に $c\in B$．次に，c の近傍 $U=\{a,b,c\}$ に対して，$U\cap(B-\{c\})=\varnothing$ が成り立つからである．

問 6 $\text{Int}_{\mathbb{E}^1} A = \varnothing$, $\text{Cl}_{\mathbb{E}^1} A = A\cup\{0\}$. A の集積点は 0, A の孤立点は $1/n$ $(n\in\mathbb{N})$.

考え方 なぜ 0 は A の集積点か．点 0 の任意の近傍 U をとると，U は $\mathbb{E}^1$ の開集合だから，$(-\varepsilon,\varepsilon)\subseteq U$ を満たす $\varepsilon>0$ が存在する．十分大きな $n\in\mathbb{N}$ をとると，$1/n<\varepsilon$．このとき，$1/n\in U\cap A=U\cap(A-\{0\})$ が成り立つからである．

なぜ $x=1/n$ は A の孤立点か．まず最初に $x\in A$．次に，$\varepsilon=|(1/n)-(1/(n+1))|$ とおくと，x の近傍 $U=(x-\varepsilon,x+\varepsilon)$ に対して，$U\cap(A-\{x\})=\varnothing$ が成り立つからである．

問 7 (O1) $\varnothing\in\mathcal{T}$ だから，$\varnothing=\varnothing\cap X\in\mathcal{T}\restriction_X$. $Y\in\mathcal{T}$ だから，$X=Y\cap X\in\mathcal{T}\restriction_X$．

(O2) $U_1,U_2,\cdots,U_n\in\mathcal{T}\restriction_X$ をとると，各 i に対し，$U_i=G_i\cap X$ を満たす $G_i\in\mathcal{T}$ が存在する．このとき，$G=G_1\cap G_2\cap\cdots\cap G_n$ とおくと，$G\in\mathcal{T}$ だから，

$$U_1\cap U_2\cap\cdots\cap U_n = (G_1\cap X)\cap(G_2\cap X)\cap\cdots\cap(G_n\cap X)$$
$$= (G_1\cap G_2\cap\cdots\cap G_n)\cap X = G\cap X\in\mathcal{T}\restriction_X.$$

(O3) $U_\lambda\in\mathcal{T}\restriction_X$ $(\lambda\in\Lambda)$ をとると，各 λ に対し，$U_\lambda=G_\lambda\cap X$ を満たす $G_\lambda\in\mathcal{T}$ が存在する．このとき，$G=\bigcup_{\lambda\in\Lambda}G_\lambda$ とおくと，$G\in\mathcal{T}$ だから，

$$\bigcup_{\lambda\in\Lambda}U_\lambda = \bigcup_{\lambda\in\Lambda}(G_\lambda\cap X) = \left(\bigcup_{\lambda\in\Lambda}G_\lambda\right)\cap X = G\cap X\in\mathcal{T}\restriction_X.$$

以上により，$\mathcal{T}\restriction_X$ は X の位相構造である．

参考 $\mathcal{T}\restriction_X$ を部分空間 X の位相構造，または，X における $\mathcal{T}$ の相対位相という．

問 8 $\mathcal{T}\restriction_X=\{\varnothing,\{c\},\{d\},\{c,d\},X\}$．

問 9 系 11.21 を使う．$A=(-\sqrt{2},\sqrt{2})\cap\mathbb{Q}$ と書けるから，A は $\mathbb{Q}$ の開集合である．また，$A=[-\sqrt{2},\sqrt{2}]\cap\mathbb{Q}$ と書けるから，A は $\mathbb{Q}$ の閉集合である．

問 10 $\mathrm{Int}_X A = A$, $\mathrm{Cl}_X A = [0,1]$, $\mathrm{Int}_X B = (1,2)$, $\mathrm{Cl}_X B = B$. $\mathrm{Bd}_X A = \mathrm{Bd}_X B = \{1\}$.

参考 $\mathbb{E}^1$ における A, B の内部，閉包，境界を求めると，$\mathrm{Int}_{\mathbb{E}^1} A = (0,1)$, $\mathrm{Cl}_{\mathbb{E}^1} A = [0,1]$, $\mathrm{Bd}_{\mathbb{E}^1} A = \{0,1\}$. $\mathrm{Int}_{\mathbb{E}^1} B = (1,2)$, $\mathrm{Cl}_{\mathbb{E}^1} B = [1,2]$, $\mathrm{Bd}_{\mathbb{E}^1} B = \{1,2\}$.

一般に，$A \subseteq X \subseteq Y$ のとき，X における内部，閉包，境界，外部は，Y におけるそれらと一致するとは限らないことに注意しよう．

考え方 部分空間 X における内部，閉包，境界，外部 を求める際に大切なことが 2 つある．
 (1) X における近傍 を使って考えること．
 (2) X における内部，閉包，境界，外部は X の部分集合 であること．
これら 2 点に留意して，上の問 10 をもう一度考えてみよう．

なぜ $0 \in \mathrm{Int}_X A$ か．いま $x = 0$ とおくと，$U(X, x, 1) = U(\mathbb{E}^1, x, 1) \cap X = [0, 1)$ だから，$U(X, x, 1) \subseteq A$ が成立する．ゆえに，$x = 0$ は X における A の内点である．

なぜ $2 \notin \mathrm{Cl}_X B$ か．$2 \notin X$ だから，2 は X における B の触点でない．

問 11 $X = (X, \mathcal{T}_X), Y = (Y, \mathcal{T}_Y), Z = (Z, \mathcal{T}_Z)$ とおく．いま Y は Z の部分空間だから，

$$\mathcal{T}_Y = \{G \cap Y : G \in \mathcal{T}_Z\}. \tag{A.9}$$

もし X が Y の部分空間ならば，$\mathcal{T}_X = \{U \cap X : U \in \mathcal{T}_Y\} \overset{(A.9)}{=} \{(G \cap Y) \cap X : G \in \mathcal{T}_Z\} = \{G \cap X : G \in \mathcal{T}_Z\}$. ゆえに，$X$ は Z の部分空間である．逆に，X が Z の部分空間ならば，$\mathcal{T}_X = \{G \cap X : G \in \mathcal{T}_Z\} = \{(G \cap Y) \cap X : G \in \mathcal{T}_Z\} \overset{(A.9)}{=} \{U \cap X : U \in \mathcal{T}_Y\}$. ゆえに，$X$ は Y の部分空間である．

問 12 写像 f は連続である．なぜなら，$(S, \mathcal{T}_2)$ の 5 つの開集合の f による逆像を求めると，$f^{-1}(\emptyset) = \emptyset$, $f^{-1}(\{a\}) = \{a, b\}$, $f^{-1}(\{a, b\}) = S$, $f^{-1}(\{a, c\}) = \{a, b\}$, $f^{-1}(S) = S$. これらはすべて $(S, \mathcal{T}_1)$ の開集合だから，定理 11.25 より f は連続写像である．

A.12 第 12 章の問の解答例

問 1 X の任意の開被覆 $\mathcal{U}$ をとる．各 $i = 1, 2, \cdots, n$ に対し，$x_i \in U_i$ である $U_i \in \mathcal{U}$ をとると，$\{U_1, U_2, \cdots, U_n\}$ は $\mathcal{U}$ の有限部分被覆である（ただし，$U_i = U_j$ の場合は，それらを 1 つのものと考える）．ゆえに，X はコンパクト．

問 2 (12.2): $X \overset{(\mathrm{i})}{\subseteq} f^{-1}(f(X)) \overset{(\mathrm{ii})}{\subseteq} f^{-1}(\bigcup\{G : G \in \mathcal{G}\}) \overset{(\mathrm{iii})}{=} \bigcup\{f^{-1}(G) : G \in \mathcal{G}\}$ が成立する理由を示す．(i) は第 3 章，問 16 (1) (36 ページ)，(ii) は $\mathcal{G}$ が $f(X)$ の被覆であることと第 3 章，問 14 (34 ページ)，(iii) は第 5 章，問 4 (3) (54 ページ) より導かれる．次に，

$(12.4): f(X) \stackrel{\text{(i)}}{=} f(f^{-1}(G_1) \cup f^{-1}(G_2) \cup \cdots \cup f^{-1}(G_n))$
$\stackrel{\text{(ii)}}{=} f(f^{-1}(G_1)) \cup f(f^{-1}(G_2)) \cup \cdots \cup f(f^{-1}(G_n)) \stackrel{\text{(iii)}}{\subseteq} G_1 \cup G_2 \cup \cdots \cup G_n$

が成立する理由を示す．(i) は (12.3) と補題 3.21，(ii) は例題 3.22，(iii) は第 3 章，問 16 (3) (36 ページ) より導かれる．

問 3 もし点 $z \in U(x, \varepsilon/2) \cap U(y, \varepsilon/2)$ が存在したならば，$d(x,z) < \varepsilon/2$ かつ $d(z,y) = d(y,z) < \varepsilon/2$．このとき，三角不等式より，$\varepsilon = d(x,y) \le d(x,z) + d(z,y) < \varepsilon/2 + \varepsilon/2 = \varepsilon$ となり，矛盾が生じる．ゆえに，(12.5) が成立する．

問 4 第 11 章，問 3 (145 ページ) より，カントル集合 $\mathbb{K}$ は $\mathbb{E}^1$ の閉集合である．したがって，$\mathbb{K}$ は $\mathbb{E}^1$ の有界閉集合だから，定理 12.17 よりコンパクトである．

問 5 $A \subseteq \mathbb{R}, s \in \mathbb{R}$ とする．任意の $x \in A$ に対して $s \le x$ のとき，s は A の**下界**であるといい，A のすべての下界の集合を A_* で表す．A の下界が存在するとき，A は**下に有界**であるという．特に，$s = \max A_*$ のとき，s を A の**下限** (infimum) とよび，$s = \inf A$ で表す．

問 6 $\sup A = \sqrt{2}, \inf A = -\sqrt{2}, \sup B = \sqrt{2}, \inf B = -\sqrt{2}$．

問 7 (1) $x = 1$ のとき最大値 $1/2$，$x = -1$ のとき最小値 $-1/2$ をとる．(2) $x = \pi/2$ のとき最大値 $\pi/2$，$x = 3\pi/2$ のとき最小値 $-3\pi/2$ をとる．

A.13　第 13 章の問の解答例

問 1 対偶を示すことによって，(1) $\Longrightarrow$ (2) $\Longrightarrow$ (3) $\Longrightarrow$ (1) の順に証明する．

(1) $\Longrightarrow$ (2): (13.1) を満たす X の閉集合 U, V が存在したならば，$U = X - V, V = X - U$ だから，U と V は (13.1) を満たす X の開集合である．ゆえに，X は連結でない．

(2) $\Longrightarrow$ (3): X の開かつ閉集合 W で $\emptyset \neq W \subsetneq X$ を満たすものが存在したとする．このとき，$U = W, V = X - W$ とおくと，U と V は (13.1) を満たす X の閉集合である．

(3) $\Longrightarrow$ (1): X が連結でないならば，(13.1) を満たす X の開集合 U, V が存在する．このとき，$U = X - V$ だから，U は X の閉集合でもある．さらに，(13.1) より $\emptyset \neq U \subsetneq X$．

問 2 (i) $X = U \cup V$ を示す．任意の $x \in X$ に対して，(13.3) より $f(x) \in G \cup H$ だから，$x \in f^{-1}(G \cup H) = f^{-1}(G) \cup f^{-1}(H) = U \cup V$．ゆえに，$X \subseteq U \cup V$．逆の包含関係は常に成立するから，$X = U \cup V$．

(ii) $U \cap V = \emptyset$ を示す．もし $x \in U \cap V$ が存在したならば，$f(x) \in G$ かつ $f(x) \in H$．したがって，$f(x) \in f(X) \cap G \cap H$．これは (13.3) の第 2 式に矛盾する．ゆえに，$U \cap V = \emptyset$．

問 3 R が反射律,対称律,推移律を満たすことを示せばよい.反射律: 任意の $x \in X$ に対して,x は連結集合 $\{x\}$ に含まれるから xRx.対称律を満たすことは,R の定義から直ちに導かれる.推移律: 任意の $x,y,z \in R$ に対して,xRy かつ yRz であるとすると,$\{x,y\} \subseteq A$,$\{y,z\} \subseteq B$ を満たす X の連結集合 A,B が存在する.このとき,$\{x,z\} \subseteq A \cup B$.補題 13.9 より,$A \cup B$ は連結だから,xRz.以上により,R は同値関係である.

問 4 2 点以上を含む集合 $X \subseteq \mathbb{Q}$ が連結でないことを示せばよい.2 点 $a,b \in X$ $(a<b)$ をとると,$a<r<b$ を満たす無理数 r が存在する (命題 5.15).このとき,$\mathbb{E}^1$ の開集合 $G=(-\infty,r)$,$H=(r,+\infty)$ は補題 13.5 の条件 (13.2) を満たすから,X は連結でない.

参考 位相空間 X の任意の連結成分が 1 点だけからなる集合であるとき,X は**完全不連結**であるという.$\mathbb{E}^1$ の部分空間 $\mathbb{Q}$ やカントル集合 $\mathbb{K}$ は完全不連結である.また,離散空間は完全不連結である.

問 5 数学的帰納法によって,すべての $n \geq 2$ に対して,問の主張が成立することを示す.$n=2$ のとき,$A_1 \cap A_2 \neq \varnothing$ だから,補題 13.9 より $A_1 \cup A_2$ は連結である.$n=k$ のとき主張が成立すると仮定して,$k+1$ 個の連結集合 $A_1, A_2, \cdots, A_{k+1}$ について,$A_i \cap A_{i+1} \neq \varnothing$ $(i=1,2,\cdots,k)$ が成り立つとする.このとき,帰納法の仮定より,$A_1 \cup A_2 \cup \cdots \cup A_k$ は連結である.さらに,$A_k \cap A_{k+1} \neq \varnothing$ だから,補題 13.9 より,$(A_1 \cup A_2 \cup \cdots \cup A_k) \cup A_{k+1}$ は連結である.以上により,帰納法は完成した.

問 6 $p=(x_1, x_2, \cdots, x_n)$,$q=(y_1, y_2, \cdots, y_n)$ とおく.補題 9.25 より,終域を $\mathbb{E}^n$ に変えた写像 $f: I \longrightarrow \mathbb{E}^n : t \longmapsto (1-t)\vec{p}+t\vec{q}$ の連続性を示せばよい.各 $i=1,2,\cdots,n$ に対して,E^n から第 i 座標への射影を pr_i とすると,$\mathrm{pr}_i \circ f: I \longrightarrow \mathbb{E}^1 ; t \longmapsto (1-t)x_i + t y_i$.これは,$t$ の 1 次関数だから連続である.ゆえに,定理 9.27 より f は連続である.

問 7 $Y = U(X, f(x), 1/4)$ とおく.解答図 A.9 が示すように,$Y \cap B$ は可算個の連結成分に分割される.その連結成分を右から順に番号を付けて,$B_1, B_2, \cdots, B_n, \cdots$ と表す.このとき,$Y \cap B = \bigcup_{n \in \mathbb{N}} B_n$.さらに,各 $n \in \mathbb{N}$ に対し,

$$(Y \cap A) \cup \bigcup_{i>n} B_i \subseteq G_n, \quad \bigcup_{i \leq n} B_i \subseteq H_n, \quad G_n \cap H_n = \varnothing \tag{A.10}$$

を満たす $\mathbb{E}^2$ の開集合 G_n, H_n が存在する.もし連結集合 $C \subseteq Y$ が A と B の両方と交わったとすると,ある $n \in \mathbb{N}$ に対して $C \cap B_n \neq \varnothing$.このとき,(A.10) より,$C \subseteq G_n \cup H_n$,$G_n \cap H_n \cap C = \varnothing$,$\varnothing \neq A \cap C \subseteq G_n \cap C$ かつ $\varnothing \neq B_n \cap C \subseteq H_n \cap C$.補題 13.5 より,これは C の連結性に矛盾する.

問 8 $H=[a,b)$ と $J=(c,d)$ $(a<b, c<d)$ が位相同型でないことを示す.もし $H \approx J$ な

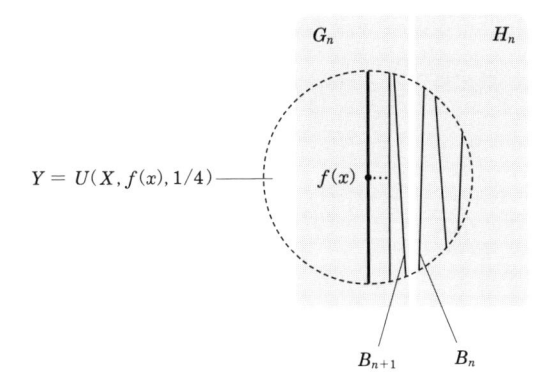

解答図 **A.9** $Y = U(X, f(x), 1/4)$ の拡大図.

らば,位相同型写像 $f : H \longrightarrow J$ が存在する.このとき,$f(H - \{a\}) = J - \{f(a)\}$.開区間 $H - \{a\} = (a, b)$ は連結であるが,$c < f(a) < d$ だから,$J - \{f(a)\}$ は連結でない.これは系 13.7 に矛盾する.ゆえに,$H \not\approx J$.

問 9 関数 $f : \mathbb{E}^1 \longrightarrow \mathbb{E}^1$ が連続ならば,$G(f) \approx \mathbb{E}^1$(例題 9.30).$\mathbb{E}^1$ は連結だから,系 13.8 より $G(f)$ も連結である.逆は必ずしも成立しない.たとえば,関数 $f : \mathbb{E}^1 \longrightarrow \mathbb{E}^1$ を,$x > 0$ のとき $f(x) = \sin(1/x)$,$x \leq 0$ のとき $f(x) = 0$ によって定義する(グラフを描いてみよ).このとき,$G(f)$ は連結であるが,f は $x = 0$ で連続でない.

参考 任意の関数 $f : \mathbb{E}^1 \longrightarrow \mathbb{E}^1$ に対して,次の (1)–(4) が同値であることが知られている.

(1) f は連続である.
(2) $G(f)$ は $\mathbb{E}^2$ の連結閉集合である.
(3) $G(f)$ は弧状連結である.
(4) $G(f)$ は連結で $\mathbb{E}^2 - G(f)$ は連結でない.

$(1) \Longleftrightarrow (2) \Longleftrightarrow (3)$ の証明は難しくない.$(1) \Longleftrightarrow (4)$ は,一般の連結空間 X 上の任意の実数値関数に対して成立することが,下記の参考文献の中で証明された.

M. R. Wójcik and M. S. Wójcik, *Characterization of continuity for real-valued functions in terms of connectedness*, Houston J. Math. Vol. **33**, No. 4 (2007), 1027–1031.

問 10 $f(x) = x \sin^2 x - (x-3)^2 \cos x$ とおくと,$f(0) < 0 < f(\pi)$.ゆえに,中間値の定理 13.24 より,$f(x) = 0$ を満たす点 $x \in [0, \pi]$ が存在する.

問 11 $f(x) = x^n + a_1 x^{n-1} + \cdots + a_{n-1} x + a_n$ とおくと,$x \neq 0$ のとき,

$$f(x) = x^n \left(1 + \frac{a_1}{x} + \cdots + \frac{a_{n-1}}{x^{n-1}} + \frac{a_n}{x^n}\right).$$

上の右辺のカッコ内の数式を $q(x)$ とおくと，$f(x) = x^n q(x)$．いま

$$b > \max\{n|a_1|, (n|a_2|)^{1/2}, \cdots, (n|a_n|)^{1/n}\}$$

を満たす b をとる．このとき，もし $|x| = b$ ならば，すべての $i = 1, 2, \cdots, n$ に対して，$|a_i/x^i| = |a_i|/b^i < 1/n$ だから，

$$\left|\frac{a_1}{x} + \frac{a_2}{x^2} + \cdots + \frac{a_n}{x^n}\right| \leq \left|\frac{a_1}{x}\right| + \left|\frac{a_2}{x^2}\right| + \cdots + \left|\frac{a_n}{x^n}\right| < n \cdot \frac{1}{n} = 1.$$

ゆえに，$q(b) > 0$ かつ $q(-b) > 0$．いま n は奇数だから，$f(b) = b^n q(b) > 0$ かつ $f(-b) = (-b)^n q(-b) < 0$，すなわち，$f(-b) < 0 < f(b)$．多項式関数 f は連続だから (例 9.24)，中間値の定理 13.24 より，$f(x) = 0$ を満たす実数 x が存在する．

問 12 任意の異なる 2 点 $a, b \in X$ に対して，X 上の関数 $f_a : X \longrightarrow \mathbb{E}^1 ; x \longmapsto d(a, x)$ と $f_b : X \longrightarrow \mathbb{E}^1 ; x \longmapsto d(b, x)$ は連続 (第 9 章，演習問題 7)．このとき，関数 $f = f_a - f_b$ は連続で，$f(a) < 0 < f(b)$ を満たす．したがって，中間値の定理 13.24 より，$f(x) = 0$ を満たす点 $x \in X$ が存在する．このとき，$d(a, x) = f_a(x) = f_b(x) = d(b, x)$ が成立する．

ブレイク・タイム ある時刻に，本州内に気温 0°C の地点と気温 10°C の地点が存在したとする．このとき，中間値の定理より，$0 < k < 10$ である任意の実数 k に対して，気温がちょうど k°C の地点が本州内のどこかに存在する．なぜなら，本州を X とすると，関数

$$f : X \longrightarrow \mathbb{E}^1 ; p \longmapsto p \text{ 地点の気温}$$

は連結空間 X 上の連続関数であると考えられるからである．したがって，特に気温が円周率 π や自然対数の底 e の値に完全に一致する地点が存在する！

A.14 第 14 章の問の解答例

問 1 距離空間の任意の有限集合は閉集合であることに注意しよう．もしある $\varepsilon > 0$ に対して，$U(x, \varepsilon) \cap A$ が有限集合であるとする．このとき，最初の注意より，$U(x, \varepsilon) \cap (A - \{x\})$ は x を含まない X の閉集合だから，補題 10.5 より $U(x, \delta) \cap (U(x, \varepsilon) \cap (A - \{x\})) = \varnothing$ を満たす x の δ-近傍が存在する．このとき，$\gamma = \min\{\varepsilon, \delta\}$ とおくと，$U(x, \gamma) \cap (A - \{x\}) = \varnothing$．これは，$x$ が A の集積点であることに矛盾する．

問 2 X は可分だから，X の高々可算な稠密集合 D が存在する．このとき，$f(D)$ が Y の高々可算な稠密集合であることを示せばよい．Y の任意の空でない開集合 U をとると，f は

全射連続写像だから，$f^{-1}(U)$ は X の空でない開集合である（定理 11.25）．補題 14.11 より $f^{-1}(U) \cap D \neq \emptyset$ だから，$U \cap f(D) \neq \emptyset$. ゆえに，再び補題 14.11 より $f(D)$ は Y で稠密である．また，制限写像 $f\!\restriction_D : D \longrightarrow Y$ の終域を $f(D)$ に変えると，D から $f(D)$ への全射が得られるから，$|f(D)| \leq |D| \leq \aleph_0$（命題 6.30）．ゆえに，$f(D)$ は高々可算である．

問 3 命題 10.10 を使って，完備距離空間 X の完備部分空間 A が閉集合であることを示す．X の任意の収束列 $x_n \longrightarrow x$ に対し，$\{x_n : n \in \mathbb{N}\} \subseteq A$ が成り立つとする．このとき，$\{x_n\}$ は X の基本列だから A の基本列でもある．したがって，A の完備性より $\{x_n\}$ はある点 $y \in A$ に収束する．極限点の一意性より $x = y \in A$ が成り立つから，A は X の閉集合である．逆に，A が X の閉集合であるとする．このとき，A の任意の基本列 $\{x_n\}$ をとると，それは X の基本列でもあるから，X の完備性より，$\{x_n\}$ はある点 $x \in X$ に収束する．いま A は X の閉集合だから，命題 10.10 より $x \in A$. ゆえに，$\{x_n\}$ は A において収束するから，A は完備である．

問 4 直積空間 X の任意の基本列 $\{p_k\}$ をとる．各 $i = 1, 2, \cdots, n$ に対して，X から第 i 座標への射影 pr_i はリプシッツ定数 1 のリプシッツ写像だから（例 9.10），$\{\mathrm{pr}_i(p_k)\}$ は X_i の基本列である（確かめよ）．したがって，X_i の完備性より，ある点 $x_i \in X_i$ が存在して，$\{\mathrm{pr}_i(p_k)\} \longrightarrow x_i$ $(k \longrightarrow \infty)$. このとき，$p = (x_1, x_2, \cdots, x_n) \in X$ とおくと，命題 8.21 より $p_k \longrightarrow p$. ゆえに，X は完備である．

問 5 (X, d_0) の任意の基本列 $\{x_n\}$ をとると，$\varepsilon = 1$ に対して，$n_1 \in \mathbb{N}$ が存在して，
$$(\forall m, n \in \mathbb{N})(m, n > n_1 \text{ ならば } d_0(x_m, x_n) < 1). \tag{A.11}$$
離散距離関数 d_0 の定義より，$d_0(x_m, x_n) < 1$ ならば $x_m = x_n$ だから，(A.11) は，$m = n_1 + 1$ とおくと，任意の $n > n_1$ に対して，$x_n = x_m$ であることを導く．ゆえに，$\{x_n\}$ は x_m に収束するから，(X, d_0) は完備である．次に，$f : (X, d_0) \longrightarrow (X, d_0)$ を縮小写像とすると，f はリプシッツ定数 $r < 1$ を持つ．このとき，任意の異なる 2 点 $x, y \in X$ に対して，$d_0(f(x), f(y)) \leq r \cdot d_0(x, y) = r < 1$ だから $f(x) = f(y)$. ゆえに，f は定値写像である．

参考 縮小写像 $f : (X, d_0) \longrightarrow (X, d_0)$ は定値写像だから，ある $y_0 \in X$ が存在して，すべての $x \in X$ に対して $f(x) = y_0$. このとき，明らかに y_0 が f の不動点である．

問 6 集合 $F = \{y \in X : d(x_n, y) \leq \varepsilon_n/2\}$ は X の閉集合（第 10 章，問 2 (134 ページ)）．いま $U_n \subseteq F$ が成り立つから，定理 11.12 より $\mathrm{Cl}_X U_n \subseteq F \subseteq U(x_n, \varepsilon_n)$.

問 7 $f : X \longrightarrow Y$ を位相同型写像とすると，任意の $A \subseteq X$ に対して，次が成り立つ．

(*) A は X で稠密 $\iff f(A)$ は Y で稠密（補題 14.11 を使って確かめよ）．

いま X がベールの性質をもつならば，Y もベールの性質をもつことを示す．Y の任意の稠密開集合の列 $H_1, H_2, \cdots, H_n, \cdots$ をとると，f の連続性より，各 $f^{-1}(H_n)$ は X の開集合．また，(*) より各 $f^{-1}(H_n)$ は X で稠密である．したがって，X のベールの性質より，$\bigcap_{n \in \mathbb{N}} f^{-1}(H_n)$ は X で稠密である．いま f は全単射だから，

$$f(\bigcap_{n \in \mathbb{N}} f^{-1}(H_n)) \overset{(\mathrm{i})}{=} f(f^{-1}(\bigcap_{n \in \mathbb{N}} H_n)) \overset{(\mathrm{ii})}{=} \bigcap_{n \in \mathbb{N}} H_n. \tag{A.12}$$

ここで，(i) は第 5 章，問 4 (4) (54 ページ)，(ii) は第 3 章，問 16 (4) (36 ページ) から導かれる．(*) より (A.12) の左辺は Y で稠密だから，$\bigcap_{n \in \mathbb{N}} H_n$ は Y で稠密である．

問 8 もし $\mathbb{Q}$ が $\mathbb{E}^1$ の G_δ 集合であるとすると，可算個の $\mathbb{E}^1$ の開集合 G_n ($n \in \mathbb{N}$) が存在して，$\mathbb{Q} = \bigcap_{n \in \mathbb{N}} G_n$ と表される．各 $n \in \mathbb{N}$ に対して，$\mathbb{Q} \subseteq G_n$ だから，G_n は $\mathbb{E}^1$ で稠密である．また，$\mathbb{Q}$ は可算集合だから，$\mathbb{Q} = \{x_n : n \in \mathbb{N}\}$ と書くことができる．このとき，各 $n \in \mathbb{N}$ に対して $H_n = \mathbb{E}^1 - \{x_n\}$ とおくと，H_n も $\mathbb{E}^1$ の稠密開集合．ところが，$\bigcap_{n \in \mathbb{N}} G_n \cap \bigcap_{n \in \mathbb{N}} H_n = \mathbb{Q} \cap (\mathbb{E}^1 - \mathbb{Q}) = \varnothing$．これは，$\mathbb{E}^1$ がベールの性質をもつことに矛盾する．

参考 上の証明より，無理数の集合 $\mathbb{E}^1 - \mathbb{Q}$ は $\mathbb{E}^1$ の G_δ 集合である．

問 9 背理法で証明する．もしすべての $n \in \mathbb{N}$ に対して，$\mathrm{Int}_X(\mathrm{Cl}_X A_n) = \varnothing$ であったとする．このとき，X の任意の空でない開集合 U に対して，$U \not\subseteq \mathrm{Cl}_X A_n$．したがって，$G_n = X - \mathrm{Cl}_X A_n$ とおくと，補題 14.11 より G_n は X の稠密開集合．ところが，

$$\bigcap_{n \in \mathbb{N}} G_n = \bigcap_{n \in \mathbb{N}} (X - \mathrm{Cl}_X A_n) = X - \bigcup_{n \in \mathbb{N}} \mathrm{Cl}_X A_n \subseteq X - \bigcup_{n \in \mathbb{N}} A_n = \varnothing$$

だから，X はベールの性質をもたない．定理 14.27 より，これは X が完備距離空間であることに矛盾する．

参考 位相空間 X の部分集合 A が $\mathrm{Int}_X(\mathrm{Cl}_X A) = \varnothing$ を満たすとき，A は X において**疎**であるという．上の証明は，ベールの性質をもつ位相空間 X は，X において疎である可算個の部分集合の和集合として表せないことを示している．

問 10 もし $|a_x - f_n(x)| > \varepsilon/4$ であったと仮定する．このとき，$\delta = |a_x - f_n(x)| - \varepsilon/4$ とおくと $\delta > 0$．いま $f_k(x) \longrightarrow a_x$ ($k \longrightarrow \infty$) だから，ある $m \geq n$ が存在して $|a_x - f_m(x)| < \delta$．これより，$|f_m(x) - f_n(x)| \geq |a_x - f_n(x)| - |a_x - f_m(x)| > (\delta + \varepsilon/4) - \delta = \varepsilon/4$．これは (14.11) に矛盾する．

別証明 一般に，実数列 $\{x_n\}$ の収束に関して，$x_n \longrightarrow x$ のとき，すべての n に対して $x_n < a$ ならば $x \leq a$ が成り立つことに注意しよう．この問の場合は，$f_m(x) \longrightarrow a_x$ だか

ら，$|f_m(x)-f_n(x)| \longrightarrow |a_x-f_n(x)|$ $(m \longrightarrow \infty)$. (14.11) より，すべての $m \geq n$ に対して，$|f_m(x)-f_n(x)|<\varepsilon/4$ だから，$|a_x-f_n(x)|\leq \varepsilon/4$ が導かれる．

問 11 第 8 章，演習問題 7 を用いる．任意の $z, z' \in X$ に対して，

$$|f_x(z)-f_x(z')| = |(d(x,z)-d(a,z))-(d(x,z')-d(a,z'))|$$
$$\leq |d(x,z)-d(x,z')| + |d(a,z)-d(a,z')| \leq 2d(z,z').$$

ゆえに，f_x はリプシッツ写像だから連続である．また，任意の $z \in X$ に対して，$|f_x(z)| = |d(x,z)-d(a,z)| \leq d(x,a)$ だから，f_x は有界である．ゆえに，$f_x \in C(X)$．

問 12 任意の点 $y \in X_1^*$ をとる．このとき，y は $h_1(X)$ の触点だから，任意の $n \in \mathbb{N}$ に対して，$U(y,1/n) \cap h_1(X) \neq \emptyset$. すべての $n \in \mathbb{N}$ に対して，点 $y_n \in U(y,1/n) \cap h_1(X)$ をとると，$\rho_1(y,y_n) \leq 1/n \longrightarrow 0$ だから $y_n \longrightarrow y$. 各 n に対し，$y_n \in h_1(X)$ だから $y_n = h_1(x_n)$ を満たす点 $x_n \in X$ が存在する．このとき，$\{x_n\}$ が求める X の点列である．

ブレイク・タイム 定理 14.18 の対偶は，「距離空間 X が完備でないならばコンパクトでない」である．これは，直観的にいえば「もし X にすき間があれば，X は無限に大きな空間と位相同型になる」ことを主張している．例題 9.28 で示した事実，$p_0 \in S^1$ のとき $S^1-\{p_0\} \approx \mathbb{E}^1$ は，この主張の具体例の 1 つである．

A.15　第 15 章の問の解答例

問 1 (15.1) より，$\bigcup \mathcal{A} = \bigcap \mathcal{A} = \emptyset$．

問 2 $\mathcal{B}$ を位相構造 $\mathcal{T}$ の基底とすると $\mathcal{T}=\mathcal{B}^\vee$. (15.3) より $\mathcal{B} \subseteq \mathcal{B}^\wedge$ だから，(15.4) より $\mathcal{B}^\vee \subseteq (\mathcal{B}^\wedge)^\vee$. また，$\mathcal{B} \subseteq \mathcal{T}$ だから，(15.4) より $(\mathcal{B}^\wedge)^\vee \subseteq (\mathcal{T}^\wedge)^\vee$. 位相構造 $\mathcal{T}$ は有限共通部分と和集合に関して閉じているから，$(\mathcal{T}^\wedge)^\vee = \mathcal{T}$. 以上の結果として，$\mathcal{T} = \mathcal{B}^\vee \subseteq (\mathcal{B}^\wedge)^\vee \subseteq (\mathcal{T}^\wedge)^\vee = \mathcal{T}$. ゆえに，$\mathcal{T} = (\mathcal{B}^\wedge)^\vee$ が成り立つから，$\mathcal{B}$ は $\mathcal{T}$ の部分基底である．

問 3 $\mathcal{S}^\wedge \subseteq \mathcal{B}$ が成り立つことを示せばよい．$\mathcal{B}$ は定義 (15.7) より有限共通部分に関して閉じていることに注意しよう．すなわち，$\mathcal{B}^\wedge = \mathcal{B}$. また，任意の $i \in \{1,2,\cdots,n\}$ と任意の $G_i \subseteq X_i$ に対して $\mathrm{pr}_i^{-1}(G_i) = X_1 \times \cdots \times X_{i-1} \times G_i \times X_{i+1} \times \cdots \times X_n$ だから，$\mathcal{S} \subseteq \mathcal{B}$ が成立する．ゆえに，(15.4) より $\mathcal{S}^\wedge \subseteq \mathcal{B}^\wedge = \mathcal{B}$. 結果として，$\mathcal{S}^\wedge = \mathcal{B}$ が成り立つ．

問 4 位相構造 $\mathcal{T}$ の基底 $\mathcal{B}$ に対し，$\mathcal{B} \subseteq \mathcal{A} \subseteq \mathcal{T}$ とする．このとき，(15.4) より $\mathcal{T} = \mathcal{B}^\vee \subseteq \mathcal{A}^\vee \subseteq \mathcal{T}^\vee = \mathcal{T}$ だから，$\mathcal{T} = \mathcal{A}^\vee$. ゆえに，$\mathcal{A}$ も $\mathcal{T}$ の基底である．次に，$\mathcal{T}$ の部分基底 $\mathcal{S}$ に対し，$\mathcal{S} \subseteq \mathcal{A} \subseteq \mathcal{T}$ とする．このとき，(15.4) より $\mathcal{T} = (\mathcal{S}^\wedge)^\vee \subseteq (\mathcal{A}^\wedge)^\vee \subseteq (\mathcal{T}^\wedge)^\vee = \mathcal{T}$ だか

ら，$\mathcal{T} = (\mathcal{A}^\wedge)^\vee$. ゆえに，$\mathcal{A}$ も $\mathcal{T}$ の部分基底である．

注意 位相構造 $\mathcal{T}$ 自身も $\mathcal{T}$ の基底であり部分基底である．

問 5 $\mathbb{E}^1$ のユークリッドの位相を $\mathcal{T}$ とし，$\mathcal{B} = \{(a,b) : a < b, a, b \in \mathbb{R}\}$ とおくと，$\mathcal{B}$ は $\mathcal{T}$ の基底である (例 15.9). このとき，$\mathcal{B} \subseteq \mathcal{S}^\wedge \subseteq \mathcal{T}$ が成り立つから，上の問 4 で示したことより，$\mathcal{S}^\wedge$ は $\mathcal{T}$ の基底である．ゆえに，$\mathcal{S}$ は $\mathcal{T}$ の部分基底である．

問 6 $\mathcal{B}^\vee = \mathcal{P}(X) = \mathcal{T}$ が成立するから，$\mathcal{B}$ は離散位相 $\mathcal{T}$ の基底である．

問 7 補題 11.14 (2) を使って示す．任意の点 $x = (x_\lambda : \lambda \in \Lambda) \in X - A$ をとると，$x \notin A$ だから，ある $\mu \in \Lambda$ に対して $x_\mu \notin A_\mu$. いま A_μ は X_μ の閉集合だから，X_μ における x_μ の近傍 G が存在して，$G \cap A_\mu = \varnothing$. このとき，$U = \mathrm{pr}_\mu^{-1}(G)$ とおくと，U は X における x の近傍で $U \cap A = \varnothing$ を満たす．ゆえに，A は X の閉集合である．

問 8 一般に，Λ が無限集合のとき，各 X_λ の空でない真部分集合である開集合 U_λ の直積集合 $U = \prod_{\lambda \in \Lambda} U_\lambda$ は直積空間 $X = \prod_{\lambda \in \Lambda} X_\lambda$ の開集合でないことを示そう．各 $\lambda \in \Lambda$ に対して点 $x_\lambda \in U_\lambda$ を選び，$x = (x_\lambda : \lambda \in \Lambda)$ とおくと $x \in U$. もし U が X の開集合であったとすると，有限個の $\lambda_1, \lambda_2, \cdots, \lambda_n \in \Lambda$ と X_{λ_i} の開集合 G_{λ_i} ($i = 1, 2, \cdots, n$) が存在して，

$$x \in \bigcap_{i=1}^n \mathrm{pr}_{\lambda_i}^{-1}(G_{\lambda_i}) \subseteq U \tag{A.13}$$

が成り立つ．いま Λ は無限集合だから，$\mu \in \Lambda - \{\lambda_1, \lambda_2, \cdots, \lambda_n\}$ が存在する．また，$U_\mu \subsetneq X_\mu$ だから，点 $z_\mu \in X_\mu - U_\mu$ が存在する．このとき，点 $y = (y_\lambda : \lambda \in \Lambda) \in X$ を，$\lambda \neq \mu$ ならば $y_\lambda = x_\lambda$, $y_\mu = z_\mu$ として定めると，すべての i に対して $\mathrm{pr}_{\lambda_i}(y) = x_{\lambda_i} \in G_{\lambda_i}$ だから，$y \in \bigcap_{i=1}^n \mathrm{pr}_{\lambda_i}^{-1}(G_{\lambda_i})$. ところが，$y_\mu = z_\mu \notin U_\mu$ だから，$y \notin U$. これは (A.13) に矛盾する．ゆえに，U は X の開集合でない．

問 9 $M = X_\mu(y)$ とおく．定義より，$h : X_\mu \longrightarrow M; t \longmapsto \hat{t}$ は全単射である．次に，h の連続性を示す．章末の演習問題 6 を使った証明を与えよう．補題 9.25 より，h の終域は X であると仮定してよい．各 $\lambda \in \Lambda$ に対して，X から X_λ への射影を pr_λ とすると，(i) $\lambda = \mu$ のとき，任意の $t \in X_\mu$ に対して，$(\mathrm{pr}_\lambda \circ h)(t) = t$, (ii) $\lambda \neq \mu$ のとき，任意の $t \in X_\mu$ に対して，$(\mathrm{pr}_\lambda \circ h)(t) = y_\lambda$. すなわち，$\lambda = \mu$ のとき $\mathrm{pr}_\lambda \circ h$ は恒等写像，$\lambda \neq \mu$ のとき $\mathrm{pr}_\lambda \circ h$ は定値写像だから，いずれの場合も $\mathrm{pr}_\lambda \circ h$ は連続である．ゆえに，演習問題 6 の結果から，h は連続である．

最後に，h^{-1} の連続性を示すために，X_μ の任意の開集合 G をとると，$(h^{-1})^{-1}(G) = h(G) = \mathrm{pr}_\mu^{-1}(G) \cap M$. このとき，$\mathrm{pr}_\mu^{-1}(G)$ は X の開集合だから，系 11.21 より $\mathrm{pr}_\mu^{-1}(G) \cap M$

は M の開集合. ゆえに, h^{-1} も連続だから, h は位相同型写像である.

問 10 $X = (X, \mathcal{T})$ とおくと, 任意の $V \subseteq Y$ に対し, $V \in \mathcal{T}(h) \Longleftrightarrow h^{-1}(V) \in \mathcal{T}$.

(O1): $h^{-1}(Y) = X \in \mathcal{T}$ だから $Y \in \mathcal{T}(h)$. $h^{-1}(\varnothing) = \varnothing \in \mathcal{T}$ だから $\varnothing \in \mathcal{T}(h)$.

(O2): 任意の $V_1, V_2, \cdots, V_n \in \mathcal{T}(h)$ をとると, 各 i に対して $h^{-1}(V_i) \in \mathcal{T}$ だから,

$$h^{-1}(V_1 \cap V_2 \cap \cdots \cap V_n) = h^{-1}(V_1) \cap h^{-1}(V_2) \cap \cdots \cap h^{-1}(V_n) \in \mathcal{T}$$

(第 5 章, 問 4 (4) (54 ページ) を見よ). ゆえに, $V_1 \cap V_2 \cap \cdots \cap V_n \in \mathcal{T}(h)$.

(O3): 任意の $V_\lambda \in \mathcal{T}(h), \lambda \in \Lambda$, をとると, 各 λ に対して $h^{-1}(V_\lambda) \in \mathcal{T}$ だから,

$$h^{-1}(\bigcup_{\lambda \in \Lambda} V_\lambda) = \bigcup_{\lambda \in \Lambda} h^{-1}(V_\lambda) \in \mathcal{T}$$

(第 5 章, 問 4 (3) (54 ページ) を見よ). ゆえに, $\bigcup_{\lambda \in \Lambda} V_\lambda \in \mathcal{T}(h)$.

問 11 商写像 f は連続だから, 逆写像 $f^{-1} : Y \longrightarrow X$ の連続性を示せばよい. X の任意の開集合 U に対して, $(f^{-1})^{-1}(U) = f(U)$ だから, $f(U)$ が Y の開集合であることを示せばよい (定理 11.25). いま f は単射だから, $U = f^{-1}(f(U))$ (第 3 章, 問 16 (36 ページ)). ここで, U は X の開集合で f は商写像だから, $f(U)$ は Y の開集合である.

問 12 例 15.28 と同様に考えると, 商空間 $\mathbb{E}^2/R$ は直積空間 $S^1 \times S^1$ と位相同型であることが証明できるが, $S^1 \times S^1$ は $\mathbb{E}^3$ におけるトーラス T (図 9.3 を参照) と位相同型である. いま, $\mathbb{E}^2/R \approx T$ であることの直接証明を与えよう.

$\mathbb{E}^3$ において, 点 $(3, 0, 0)$ を中心として半径 1 の xz-平面内の円周

$$S = \{(x, 0, z) : (x-3)^2 + z^2 = 1\} = \{(3 + \cos 2\pi x, 0, \sin 2\pi x) : x \in \mathbb{R}\} \subseteq \mathbb{E}^3$$

を z-軸のまわりに 1 回転してできるトーラス T は, 次のように表される.

$$T = \{((3 + \cos 2\pi x) \cos 2\pi y, (3 + \cos 2\pi x) \sin 2\pi y, \sin 2\pi x) : x, y \in \mathbb{R}\}. \tag{A.14}$$

なぜなら, 点 $p = (3 + \cos 2\pi x, 0, \sin 2\pi x) \in S$ を z 軸のまわりに回転させてできる円 S_p は, 平面 $z = \sin 2\pi x$ における, 原点 $(0, 0, \sin 2\pi x)$ を中心とする半径 $3 + \cos 2\pi x$ の円だから,

$$S_p = \{((3 + \cos 2\pi x) \cos 2\pi y, (3 + \cos 2\pi x) \sin 2\pi y, \sin 2\pi x) : y \in \mathbb{R}\}$$

と表される. ゆえに, すべての点 $p \in S$ に対する S_p の和集合として (A.14) が得られる. このとき, 写像

$$f : \mathbb{E}^2 \longrightarrow T \,;\, (x, y) \longmapsto ((3 + \cos 2\pi x) \cos 2\pi y, (3 + \cos 2\pi x) \sin 2\pi y, \sin 2\pi x)$$

は連続である. なぜなら, f の終域を $\mathbb{E}^3$ に変えて, 各射影との合成写像を考えると,

$$\mathrm{pr}_1 \circ f : \mathbb{E}^2 \longrightarrow \mathbb{E}^1 \,;\, (x,y) \longmapsto (3+\cos 2\pi x)\cos 2\pi y,$$
$$\mathrm{pr}_2 \circ f : \mathbb{E}^2 \longrightarrow \mathbb{E}^1 \,;\, (x,y) \longmapsto (3+\cos 2\pi x)\sin 2\pi y,$$
$$\mathrm{pr}_3 \circ f : \mathbb{E}^2 \longrightarrow \mathbb{E}^1 \,;\, (x,y) \longmapsto \sin 2\pi x$$

はすべて $\mathbb{E}^2$ 上の連続関数だからである (補題 9.25, 定理 9.27). 次に, f によって引き起こされる全単射 $g : \mathbb{E}^2/R \longrightarrow T$ が存在することを示す. 任意の $(x,y), (x',y') \in \mathbb{E}^2$ に対して,

$$(x,y)R(x',y') \Longleftrightarrow x-x' \in \mathbb{Z} \text{ かつ } y-y' \in \mathbb{Z}$$
$$\Longleftrightarrow \begin{cases} \cos 2\pi x = \cos 2\pi x' \text{ かつ } \sin 2\pi x = \sin 2\pi x' \text{ かつ} \\ \cos 2\pi y = \cos 2\pi y' \text{ かつ } \sin 2\pi y = \sin 2\pi y' \end{cases}$$
$$\Longleftrightarrow \begin{cases} (3+\cos 2\pi x)\cos 2\pi y = (3+\cos 2\pi x')\cos 2\pi y' \text{ かつ} \\ (3+\cos 2\pi x)\sin 2\pi y = (3+\cos 2\pi x')\sin 2\pi y' \text{ かつ} \\ \sin 2\pi x = \sin 2\pi x' \end{cases}$$
$$\Longleftrightarrow f(x,y) = f(x',y')$$

が成り立つ. したがって, 補題 4.18 より, f によって引き起こされる全単射 $g : \mathbb{E}^2/R \longrightarrow T$ が存在する. このとき, $f = g \circ h_R$. ここで, $h_R : \mathbb{E}^2 \longrightarrow \mathbb{E}^2/R$ は商写像だから, 定理 15.26 より g は連続である. さらに, 同値関係 R の定義より $h_R([0,1] \times [0,1]) = \mathbb{E}^2/R$ が成り立つから, 系 12.7 より $\mathbb{E}^2/R$ はコンパクト. ゆえに, 定理 12.13 より g は位相同型写像だから, $\mathbb{E}^2/R \approx T$ が成立する.

参考書

[1] 一樂重雄著『意味がわかる位相空間論』日本評論社，2008.
[2] 嘉田 勝著『論理と集合から始める数学の基礎』日本評論社，2008.
[3] 小林昭七著『円の数学』裳華房，1999.
[4] K. Kunen 著，藤田博司訳『集合論，独立性証明への案内』日本評論社，2008.
[5] 松坂和夫著『集合・位相入門』岩波書店，1968.
[6] 松坂和夫著『代数系入門』岩波書店，1976.
[7] 森田紀一著『位相空間論』岩波書店，1981.
[8] 野口 広著『不動点定理』数学ワンポイント双書 25, 共立出版，1979.
[9] 齋藤正彦著『数学の基礎集合・数・位相』東京大学出版会，2002.
[10] 関沢正躬著『数の理論入門』丸善書店，2004.
[11] 篠田寿一，米澤佳己著『集合・位相演習』サイエンス社，1995.
[12] 田中尚夫著『選択公理と数学 (増訂版)』遊星社，1999.
[13] 竹内外史著『現代集合論入門』日本評論社，1971.
[14] 田中一之，鈴木登志雄著『数学のロジックと集合論』培風館，2003.
[15] 寺澤 順著『トポロジーへの招待』日本評論社，2012.
[16] 寺澤 順著『現代集合論の探検』日本評論社，2013.
[17] 内田伏一著『集合と位相』裳華房，1986.
[18] R. Engelking, *General Topology, Revised and completed edition*, Heldermann Verlag, Berlin, 1989.
[19] P. Hájek, *Metamathematics of Fuzzy Logic*, Trends in Logic 4, Kluwer, Dordrecht, 1998.
[20] E. Hewitt and K. Stromberg, *Real and Abstract Analysis*, Springer-Verlag, 1969.
[21] F. Lárusson, *Lectures on Real Analysis*, Australian Mathematical Society Lecture Series 21, Cambridge Univ. Press, 2012.
[22] 大田春外著『はじめよう位相空間』日本評論社，2000.
[23] 大田春外著『解いてみよう位相空間』日本評論社，2006.
[24] 大田春外著『高校と大学をむすぶ幾何学』日本評論社，2010.

索　引

● 数字

0	18
1	18
1 次変換 (linear transformation)	38
1 対 1 写像 (one-to-one mapping)	35
$2^{\aleph_0}$	71

● 記号・アルファベット

$\aleph_0$	71
$\varnothing$	3
$\exists$	5
$\forall$	4
$\in, \ni, \notin, \not\ni$	1
$\not\subseteq$	5
$\subset$	4
$\subseteq, \supseteq$	4
$\subsetneq$	6
$[a,b], (a,b), [a,b), (a,b]$	3
$[a,+\infty), (a,+\infty), (-\infty,b], (-\infty,b)$	3
$a \equiv b \pmod{n}$	43
$\boldsymbol{a \leq b,\ b \geq a}$	73
$\boldsymbol{a < b,\ b > a}$	75
A^*, A_*	164, 243
$A^c, \sim\!A, \overline{A}$	9
A^d	148
$A \cup B,\ A \cap B$	7
$A - B,\ A \setminus B$	8
$A \times B$	25
$A_1 \times A_2 \times \cdots \times A_n, \prod_{i=1}^{n} A_i$	27
$A \triangle B$	52
$A = B$	5
$A \sim B$	66
$|A|,\ \operatorname{card} A$	71
$|A| = |B|$	66, 71
$|A| \leq |B|$	74
$\mathcal{A}^\wedge$	201
$\mathcal{A}^\vee$	201
$\bigcup \mathcal{A},\ \bigcap \mathcal{A}$	44, 54, 200
$\bigcup_{\lambda \in \Lambda} A_\lambda,\ \bigcap_{\lambda \in \Lambda} A_\lambda$	53
A を 1 点に縮めて得られる商空間	216
$\operatorname{Bd}_X A$	132, 147
B^n	102
Cantor の共通部分定理	63, 166, 199
Cantor の対関数	229
$\operatorname{Cl}_X A, \overline{A}$	146, 148
$C(x)$	173
$(C(I), d_1),\ (C(I), d_\infty)$	126
$(C(X), d_\infty)$	192
$d_0(x, y)$	104
$d_1(f, g),\ d_\infty(f, g)$	126, 192
$d_1(p, q),\ d_\infty(p, q)$	105
$d_2(f, g)$	130
$d_2(p, q)$	104
$\operatorname{diam}(A)$	183
$\operatorname{dom}(f)$	95
$d(p, q),\ d(x, y)$	101, 104
$d(x, A)$	168
$\mathbb{E}^n$	102
ε-近傍 (ε-neighborhood)	113
$\operatorname{Ext}_X A$	132, 147
f^{-1}	36
$f^{-1}(B)$	32
$f(x)$	28
$f(A)$	31

$f \upharpoonright_A$	30
$f = f'$	29
$f \pm g,\ fg,\ af,\ \|f\|,\ f/g$	121
$f \vee g,\ f \wedge g$	129
$f : X \longrightarrow Y$	28
G. Cantor	68
G_δ 集合 (G_δ set)	192
$G(f)$	29, 125, 136, 245
$g \circ f$	30
$i_{A,B} : A \longrightarrow B$	74
id_X	36
$\inf A$	164
$\mathrm{Int}_X A,\ A^\circ$	132, 146, 148
$\mathbb{K}$	64
Kuratowski (クラトフスキー) の閉包公理系 154	
Λ を添え字の集合とする集合族	53
$\lim_{n \to \infty} x_n = x,\ x_n \longrightarrow x$	109
$\max X$	85
$\min X$	85
$M(n, \mathbb{R})$	106
$\mathbb{N}$	2
$(\mathbb{N}, \preceq)$	85
$(\mathbb{N}^2, \trianglelefteq)$	93
n 次元開球体 (n-dimensional open ball) 125	
n 次元球面 (n-dimensional sphere)	102
n 次元閉球体 (n-dimensional closed ball) 102	
n 次元ユークリッド空間 (n-dimensional Euclidean space)	102
n 次元立方体 (n-dimensional cube)	160
$\omega(x)$	199
$\mathcal{P}(A)$	6
$P \equiv Q$	17
$p \Longrightarrow q,\ p \Longleftrightarrow q$	23
$[p, q]$	175
pr_i	31
pr_μ	206
$p \vee q,\ p \wedge q,\ \neg p,\ p \to q,\ p \leftrightarrow q$	14
$(\mathcal{P}(X), \subseteq)$	85
p 進展開 (p-adic expansion)	62
$\mathbb{Q}$	2
$\mathbb{Q}[x]$	83
$\mathbb{R}$	2, 59
$R_\mathcal{D}$	44
$(\mathbb{R}^n, d_1),\ (\mathbb{R}^n, d_\infty)$	105
$\mathrm{rng}(f)$	95
Schwarz (シュワルツ) の不等式	103
S^{n-1}	102
$\sup A$	164
$\mathbb{T}$	43
T_2-空間 (T_2-space)	158
$\mathcal{T}(h)$	214
Tukey (テューキー) の補題	89
$\mathcal{T} \upharpoonright_X$	149
$\mathcal{T}(X, d),\ \mathcal{T}(X),\ \mathcal{T}(d)$	138
U^n	125
$U(x, \varepsilon),\ U(X, d, x, \varepsilon),\ U(X, x, \varepsilon)$	113
V	70
Venn の図式 (Venn diagram)	5
$W_0, W_1, \cdots, W_n, \cdots$	70
$W_1 \equiv W_2$	97
Weierstrass (ワイエルシュトラス) の定理 165	
$W(x)$	94
x^+	93
$\{x_n\}$	108
$[x]_R,\ [x]$	45
xRy	41
$x \leq_A y$	85
$x < y,\ x \leq y$	58, 87

X/A	216
X/R	46
$X_\mu(y)$	210
$X \approx Y$	119, 152
$X \simeq Y$	86
(X, d)	104
(X, d_0)	104
$(X, \leq)$	85
$(X, \mathcal{T})$	143
$|X|$	66
$\prod_{i=1}^{n}(X_i, \rho_i)$	108
$\prod_{\lambda \in \Lambda} X_\lambda$	206
$\prod_{\lambda \in \Lambda}(X_\lambda, \mathcal{T}_\lambda)$	207
Y における X の開被覆 (open cover of X in Y)	156
$\mathbb{Z}$	2
$\mathbb{Z}_n$	47
Zorn (ツォルン) の補題	92

● あ行

値 (value)	28
アニュラス (annulus)	216
アルキメデス的順序体 (Archimedean ordered field)	60
アルキメデスの公理 (Archimedean principle)	59, 166
位相空間 (topological space)	143
位相構造, 位相 (topology)	143
位相的性質 (topological property)	152
位相的な変形	120
位相的に同値 (equivalent)	120, 139
位相同型 (homeomorphic)	119, 152
位相同型写像 (homeomorphism)	118, 138, 152
一様収束 (uniform convergence)	128

上に有界 (bounded from above)	58, 164
上への写像 (onto mapping)	35
埋め込まれる (embedded)	195
同じ写像	29

● か行

外延的記法	2
開基 (open base)	203
開区間 (open interval)	3
開写像 (open map)	208
開集合 (open set)	132, 143
開集合系 (system of open sets)	138
開集合の基本 3 性質	134, 144
開集合の公理	144
外点 (exterior point)	131
開被覆 (open cover)	155
外部 (exterior)	132, 147
下界 (lower bound)	164
可換な図式 (commutative diagram)	50
拡張 (extension)	30
下限 (infimum)	164
可算集合 (countable set)	72
可算濃度 (countable cardinal number)	72
可算無限集合 (countably infinite set)	72
可分 (separable)	184
可分空間 (separable space)	184
関係 (relation)	41
頑固 (rigid)	94
完全不連結 (totally disconnected)	244
カントル集合 (Cantor set)	64
完備 (complete)	186
完備化 (completion)	196
完備順序体 (complete ordered field)	59
基数 (cardinal number)	71
基底 (base)	203
帰納的 (inductive)	89

基本開集合 (basic open set)	204	孤立点 (isolated point)		147
基本列 (fundamental sequence)	185	コンパクト (compact)		156
逆 (converse)	22	コンパクト空間 (compact space)		156
逆元 (inverse)	57, 58	コンパクト集合 (compact set)		156
逆写像，逆関数，逆変換 (inverse)	36			
逆像 (inverse image)	32	● さ行		
境界 (boundary)	132, 147	鎖 (chain)		88
境界点 (boundary point)	131	最小元 (minimum element)		85
共通部分 (intersection)	7, 44, 53	最小上界 (least upper bound)		164
極限点 (limit point)	108	最大下界 (greatest lower bound)		164
極小元 (minimal element)	87	最大元 (maximum element)		85
極大元 (maximal element)	87	最大値・最小値の定理 (extreme value theorem)		126, 164
距離 (distance)	104			
距離位相 (metric topology)	144	差集合 (difference)		8
距離化可能 (metrizable)	160	座標，第 i 座標 (i-th coordinate)		25, 27, 206
距離関数 (metric)	104			
距離空間 (metric space)	104	三角不等式 (triangle inequality)		103, 104
距離空間の位相構造	144	辞書式順序 (lexicographic order)		93
距離の基本 3 性質	103	自然な写像 (natural map)		46
近傍 (neighborhood)	145, 148	下に有界 (bounded from below)		58, 164, 228
空集合 (empty set)	3			
区間 (interval)	3	実数 (real number)		59
グラフ (graph)	29, 125, 136	実数値関数 (real-valued function)		121, 163
結合法則 (associative law)	8, 17			
元 (element)	1	実数値連続関数 (real-valued continuous function)		121, 163
弧 (arc)	174			
交換法則 (commutative law)	8, 17	実数の完備性		59
恒真命題 (tautology)	18	実数の公理 (axioms of the real numbers) 59		
合成写像，合成関数，合成変換 (composition)	30			
		実数の連続性		59, 166
合成命題 (compound statement)	15	実数列 (sequence of real numbers)		109
合同 (congruent)	43	射影 (projection)		31, 206
恒等写像 (identity)	36	写像 (map, mapping)		28, 31
合同変換 (congruent transformation)	105	終域 (co-domain)		28
コーシー列 (Cauchy sequence)	185	集合 (set)		1
弧状連結 (arcwise connected)	174	集合演算の基本性質		8〜10

集合族 (family of sets)	43
集積点 (accumulation point)	147
収束する (converge)	55, 58, 108, 109, 228
縮小写像 (contraction map)	117
述語 (predicate)	13
循環小数 (repeating decimal)	57
準基底 (subbase)	203
順序関係, 順序 (order)	84
順序集合 (ordered set)	85
順序体 (ordered field)	58
順序単射 (order injection)	94
順序同型 (isomorphic)	86
順序同型写像 (order isomorphism)	86
順序保存写像 (order-preserving map)	86
商位相 (quotient topology)	214
上界 (upper bound)	92, 164
商空間 (quotient space)	214
上限 (supremum)	164
商写像 (quotient map)	214
商集合 (quotient set)	46
剰余類 (residue class)	48
触点 (contact point)	146
真部分集合 (proper subset)	6
真理値 (truth value)	16
真理値表 (truth table)	16
推移律 (transitive law)	6, 42, 69, 77, 84, 86, 119, 152
数学的帰納法 (induction)	234
図形	102
制限 (restriction)	30
生成される位相構造	203
正則行列 (regular matrix)	38
正の数 (positive number)	58
整列可能定理 (well-ordering theorem)	97
整列集合 (well-ordered set)	92
整列集合の比較定理	95
切片 (initial segment)	94
説明法	2
線形順序 (linear order)	85
全射 (surjection)	35
全順序 (total order)	85
全順序集合 (totally ordered set)	85
全体集合 (universal set)	8
選択関数 (choice function)	78
選択公理 (axiom of choice)	78, 99
全単射 (bijection)	35
線分 (segment)	175
全有界 (totally bounded)	183
疎 (nowhere dense)	248
素 (prime)	89
像 (image)	28, 31
相対位相 (relative topology)	241
添え字 (index)	53

● た行

体 (field)	48, 57
第 n 項 (n-th term)	108
対応関係 (correspondence relation)	31
対角線論法 (diagonal argument)	68
対偶 (contraposition)	22
大圏コース (great circle route)	107
対称差 (symmetric difference)	52
対称律 (symmetric law)	42, 69, 86, 119, 152
代数的数 (algebraic number)	83
対等 (equipotent, equinumerous)	66
高々可算な集合 (at most countable set)	72
多項式関数 (polynomial function)	122
多値論理 (many-valued logic)	20
単位元 (unit)	57
単射 (injection)	35

単調減少 (decreasing)	58, 228
単調増加 (increasing)	58
値域 (range)	33
中間値の定理 (intermediate value theorem) 178	
稠密 (dense)	184
超越数 (transcendental number)	83
超限帰納法 (transfinite induction)	234
直後の元 (successor)	93
直積集合，直積 (product)	25, 27
直積位相 (product topology)	207
直積位相空間 (product topological space) 207	
直積距離関数 (product metric)	108
直積距離空間 (product metric space) 108, 204	
直積空間 (product space)	207
直積集合 (product set)	206
直径 (diameter)	183
通常の位相 (usual topology)	144
定義域 (domain)	28
定値写像 (constant map)	117
点 (point)	104, 143
点列 (sequence)	108
等化空間 (identification space)	215
等距離写像 (isometry)	117
導集合 (derived set)	148
同相 (homeomorphic)	119, 152
同相写像 (homeomorphism)	118, 152
同値 (equivalent)	14
同値関係 (equivalence relation)	42
同値関係 R による商空間	215
同値類 (equivalence class)	45
トートロジー (tautology)	18
トーラス (torus)	121, 251
特徴関数 (characteristic function)	81
凸集合 (convex set)	175
ド・モルガンの公式 (De Morgan formulae) 10, 19, 54	

● な行

内点 (interior point)	131, 146
内部 (interior)	132, 146
内包的記法	2
二項関係 (binary relation)	41
二値論理 (binary logic)	20
濃度 (cardinal number)	71

● は行

排中律 (law of excluded middle)	18
ハウスドルフ空間 (Hausdorff space)	158
発散する (diverge)	55
半開区間 (half-open interval)	3
反射律 (reflexive law)	6, 42, 69, 77, 84, 86, 119, 152
半順序 (partial order)	85
半順序集合 (partially ordered set)	85
反対称律 (anti-symmetric law)	6, 77, 84
比較可能 (comparable)	85
非可算集合 (uncountable set)	72
非可算濃度 (uncountable cardinal number) 72	
引き起こされる写像	50
否定 (negation)	14
被覆 (cover, covering)	155
標準的写像 (canonical map)	46
ファジー論理 (fuzzy logic)	20
ブール代数 (Boolean algebra)	19
不動点 (fixed point)	189
負の数 (negative number)	58
部分基底 (subbase)	203
部分距離空間 (metric subspace)	107
部分空間 (subspace)	107, 140, 149

部分空間の位相構造　　　　　　　241
部分集合 (subset)　　　　　　　　4
部分集合族 (family of subsets)　　43
部分順序集合 (ordered subset)　　85
部分族 (subfamily)　　　　　　　89
部分列 (subsequence)　　　　　182
部分和 (partial sum)　　　　　　55
分割，直和分割 (decomposition, partition)　44
分割 $\mathcal{D}$ から導かれる同値関係　　44
分配法則 (distributive law)　　8, 17
分類，類別 (classification)　　　46
閉区間 (closed interval)　　　　　3
閉集合 (closed set)　　　　132, 145
閉集合の基本 3 性質　　　　　　145
閉包 (closure)　　　　　　　　146
ベールの性質 (Baire property)　190
べき集合 (power set)　　　　　　6
べき等法則 (idempotency)　　8, 17
変域 (domain)　　　　　　　　14
法 n に関する (modulo n)　　48
包含写像 (inclusion map)　　　　74
補集合 (complement)　　　　　　9

● ま行

交わらない (disjoint)　　　　　　8
交わる (intersect)　　　　　　　8
道 (path)　　　　　　　　　　174
道連結 (pathwise connected)　　174
密着位相 (trivial topology)　　　144
無限級数 (infinite series)　　　　55
無限集合 (infinite set)　　　　　　2
無限小数 (infinite decimal)　　　55
無限濃度 (infinite cardinal number)　72
矛盾命題 (contradictory proposition)　18
矛盾律 (law of contradiction)　　18

無理数 (irrational number)　　　57
無理数の稠密性 (density of the irrational numbers)　60
命題 (proposition)　　　　　　　13
命題関数 (propositional function)　13

● や行

有界 (bounded)　　　　162, 184, 192
有界集合 (bounded set)　　　　162
ユークリッドの位相 (Euclidean topology)　144
ユークリッドの距離 (Euclidean distance)　101
ユークリッドの距離関数 (Euclidean metric)　101
有限 (finite)　　　　　　　　　201
有限共通部分に関して閉じている　201
有限交叉性 (finite intersection property)　100
有限集合 (finite set)　　　　　　　2
有限小数 (finite decimal, terminating decimal)　55
有限特性，有限性 (finite character)　88
有限濃度 (finite cardinal number)　72
有限被覆 (finite cover)　　　　　155
有限部分集合族 (finite family of subsets)　201
有限部分被覆 (finite subcover)　155
有理関数 (rational function)　　122
有理数 (rational number)　　　　57
有理数の稠密性 (density of the rational numbers)　60
要素 (element)　　　　　　　　　1

● ら行

ラベル (label)　　　　　　　　53
離散位相 (discrete topology)　　144

離散位相空間 (discrete topological space) *145*
離散距離関数 (discrete metric) *104*
離散距離空間 (discrete metric space) *104*
離散空間 (discrete space) *145*
リプシッツ写像 (Lipschitz map) *117*
リプシッツ定数 (Lipschitz constant) *117*
ルベーグ数 (Lebesgue number) *183*
列記法 *2*
連結 (connected) *169, 170*
連結空間 (connected space) *169*
連結集合 (connected set) *170*
連結成分 (component) *173*
連結でない (disconnected) *169*
連続 (continuous) *115, 150, 245*
連続関数 (continuous function) *116*
連続写像 (continuous map) *115, 137, 150*
連続性の公理 *59, 166*
連続性の条件 (A), (B), (C) *114*
論理演算 (logical operation) *15*
論理演算子 (logical operator) *14*
論理演算の基本性質 *17〜19*
論理積 (logical product) *14*
論理的に同値 (equivalent) *17*
論理和 (logical sum) *14*

● わ行

和 (sum) *55*
和集合 (union) *7, 44, 53*
和集合に関して閉じている *201*

ギリシャ文字一覧表

$A,$	α	アルファ	$N,$	ν	ニュー
$B,$	β	ベータ	$\Xi,$	ξ	クシー
$\Gamma,$	γ	ガンマ	$O,$	o	オミクロン
$\Delta,$	δ	デルタ	$\Pi,$	π	パイ
$E,$	ϵ	エプシロン	$P,$	ρ	ロー
$Z,$	ζ	ゼェータ	$\Sigma,$	σ, ς	シグマ
$H,$	η	イータ	$T,$	τ	タウ
$\Theta,$	θ, ϑ	シータ	$\Upsilon,$	υ	ユプシロン
$I,$	ι	イオータ	$\Phi,$	ϕ, φ	ファイ
$K,$	κ	カッパ	$X,$	χ	カイ
$\Lambda,$	λ	ラムダ	$\Psi,$	ψ	プサイ
$M,$	μ	ミュー	$\Omega,$	ω	オメガ

大田 春外（おおた・はると）

略歴
1950年生まれ．
1973年　鳥取大学教育学部を卒業．
1976年　大阪教育大学大学院教育学研究科修士課程修了．
1979年　筑波大学大学院数学研究科博士課程修了．
現　在　静岡大学名誉教授．
　　　　理学博士．

専門は集合論的トポロジー．

「位相空間・質問箱」アドレスは下記を参照：
https://www.nippyo.co.jp/shop/author/827.html

著書
『はじめよう位相空間』，『解いてみよう位相空間』，
『高校と大学をむすぶ幾何学』（日本評論社）

はじめての集合と位相

2012年8月20日　第1版第1刷発行
2024年12月10日　第1版第10刷発行

著　者　　　　　　　　　　　　　　　　大田　春外
発行所　　　　　　　　　　　株式会社　日本評論社
　　　　　　　〒170-8474 東京都豊島区南大塚3-12-4
　　　　　　　　　　　　　電話　(03) 3987-8621 [販売]
　　　　　　　　　　　　　　　　(03) 3987-8599 [編集]
印　刷　　　　　　　　　　　　　　三美印刷株式会社
製　本　　　　　　　　　　　　　　　　井上製本所
装　釘　　　　　　　　　　　　　　　　銀山宏子

© Haruto Ohta 2012　　　　　　　　Printed in Japan
　　　　　　　　　　　　　ISBN978-4-535-78668-4

JCOPY　〈(社)出版者著作権管理機構　委託出版物〉
本書の無断複写は著作権法上での例外を除き禁じられています．複写される場合は，そのつど事前に，(社)出版者著作権管理機構（電話 03-5244-5088，FAX 03-5244-5089，e-mail: info@jcopy.or.jp）の許諾を得てください．また，本書を代行業者等の第三者に依頼してスキャニング等の行為によりデジタル化することは，個人の家庭内の利用であっても，一切認められておりません．

Ohta Haruto 大田春外【著】

はじめよう 位相空間

◆A5判／240頁　◆定価2,640円（税込）
※電子書籍あり

高校数学から位相空間論への橋渡しを目標にして、位相の背景とアイディアについて詳しく述べる。

高校と大学をむすぶ 幾何学

◆A5判／248頁　◆定価2,750円（税込）
※電子書籍あり

現行の高校数学の必須的内容ではないものの、大学で数学を学ぶ前提として知っておいてほしい幾何学的知識について概観する。

解いてみよう 位相空間[改訂版]

◆A5判／272頁　◆定価2,640円（税込）
※電子書籍あり

姉妹編『はじめよう位相空間』の全章末演習問題に解をつける形で再構成し、位相空間論の基本的な性質を身につける。

楽しもう 射影平面

◆A5判／224頁　◆定価2,750円（税込）
※電子書籍あり

目で見る組合せトポロジーと射影幾何学

射影平面をキーワードとして、「閉曲面の分類定理」と「デザルクの定理」を解説した入門書。幾何学の美しさと楽しさが味わえる。

深めよう 位相空間

◆A5判／392頁　◆定価4,180円（税込）
※電子書籍あり

カントール集合から位相次元まで

基礎的な内容に発展的な話題を加えた入門書。位相空間の発展の歴史の中から9つの話題を精選し、関連する結果を丁寧に解説。

※電子書籍は【kindle版】と【kinoppy版】があります。（2024年11月現在）

日本評論社　https://www.nippyo.co.jp/